图解万用表使用

TUJIE WANYONGBIAO SHIYONG

阳许倩　阳鸿钧　等编著

化学工业出版社

·北京·

本书介绍了万用表使用的基础知识、基本特点、性能参数、工作原理、使用方法和注意事项，重点介绍使用指针型万用表、数字型万用表、汽车专用万用表检测判断基本元器件、家用电器、手机、电脑维修以及低压电器中元器件的方法和参数指标。

本书可供电工、家电维修人员等人员学习和参考。

图书在版编目（CIP）数据

图解万用表使用 / 阳许倩等编著. —北京：化学工业出版社，2018.12（2020.1 重印）
ISBN 978-7-122-33131-1

Ⅰ．①图… Ⅱ．①阳… Ⅲ．①复用电表-使用方法-图解 Ⅳ．①TM938.107-64

中国版本图书馆 CIP 数据核字（2018）第 230475 号

责任编辑：刘　哲　　　　　　　　　　　　装帧设计：王晓宇
责任校对：边　涛

出版发行：化学工业出版社（北京市东城区青年湖南街 13 号　邮政编码 100011）
印　　装：河北鹏润印刷有限公司
787mm×1092mm　1/16　印张 16　字数 430 千字　2020 年 1 月北京第 1 版第 2 次印刷

购书咨询：010-64518888　　　　　　　售后服务：010-64518899
网　　址：http://www.cip.com.cn
凡购买本书，如有缺损质量问题，本社销售中心负责调换。

定　　价：68.00 元　　　　　　　　　　　　　版权所有　违者必究

前言
Preface

　　万用表作为一种最常用、最普及的测量仪表，其正确、熟练的使用是广大电气工作者在学习与工作中必须掌握的基本功。

　　本书从实用角度出发，全面系统地介绍了用万用表检测判断各种元器件的方法、要点和技巧。全书共6章。第1章介绍万用表使用的基础知识，具体包括万用表的分类与结构、性能参数、选择与使用方法、使用注意事项，汽车专用万用表的工作原理等。第2章对使用万用表检测常见参数进行了介绍，具体包括阻值、电流、电压、功率、频率、温度与电磁场等的检测与判断等。第3章介绍使用万用表检测判断常用元器件的方法和要点，具体包括电阻与电位器、电容、电感与线圈、二极管、三极管、光电管、场效应晶体管、集成电路等。第4章对使用万用表检测判断实用元器件进行了介绍，具体包括传感器与霍尔元件、保险管、红外管与光电开关、扬声器、传声器、变压器、继电器等。第5章对维修家用电器、电脑、手机、汽车等设备时使用万用表检测相关元器件的方法和要点进行了介绍，具体包括洗衣机、液晶电视机、电冰箱、空调、微波炉、热水器、电脑、手机、汽车等。第6章对使用万用表检测低压电器的相关元器件进行了介绍，具体包括变频器、电动机、数控机床、灯具与开关等。

　　本书给出了使用万用表检测判断元器件的技术指标，实用性强，内容全面，通俗易懂，适合电子工程师、电气维修工程师、家用电器维修人员、职业院校师生学习和参考。

　　为了保证本书的全面性、实用性和准确性，在编写中参考了相关技术资料，在此表示感谢。本书由阳许情、阳鸿钧、阳育杰、欧小宝、杨红艳、许秋菊、许四一、阳红珍、许满菊、许应菊、唐忠良、许小菊、阳梅开、任现杰、阳苟妹、唐许静、欧凤祥、罗小伍、任现超、罗奕、罗玲、许鹏翔、阳利军、谭小林、李平、李军、李珍、朱行艳、张海丽等人员参加编写或支持编写。

　　由于知识和水平所限，书中不足之处，敬请批评、指正。

编著者

目录

第 **1** 章

万用表使用基础

1.1 万用表的分类、结构、外形及按钮分布

1.1.1 万用表的分类

万用表又叫做复用表、三用表、多用表、繁用表等，是电子电气、建筑、机械等行业不可缺少的测量仪表、检测仪表。

根据显示方式，万用表可以分为指针万用表和数字万用表。根据量程转换方式，万用表可以分为手动量程（MAN RANGZ）、自动量程（AUTO RANGZ）、自动/手动量程（AUTO/MAN RANGZ）等。万用表的分类如图 1-1 所示。

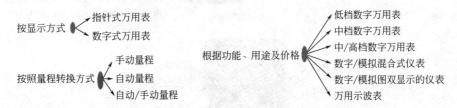

图 1-1　万用表的分类

指针万用表如图 1-2 所示；数字万用表如图 1-3 所示。

图 1-2　指针万用表

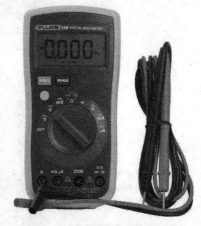

图 1-3　数字万用表

一般万用表，可以测量直流电流、直流电压、交流电流、交流电压、电阻、音频电平等，有的万用表还可以测交流电流、电容量、电感量、半导体的一些参数等。

1.1.2 万用表的结构、外形以及按钮分布

万用表由表头、测量线路、转换开关、表笔、表笔插孔等构成。

指针式表头——属于高灵敏度的磁电式直流电流表，表头上一般有刻度线。

数字式表头——一般由一只模拟/数字转换芯片＋外围元件＋液晶显示器组成。

测量线路——用来把各种被测量转换到适合表头测量的微小直流电流的一种电路。

转换开关——用来选择各种不同的测量线路。

表笔——一般有红表笔、黑表笔各 1 只。

表笔插孔——用于插接连接表笔用。

万用表面板如图 1-4 所示。

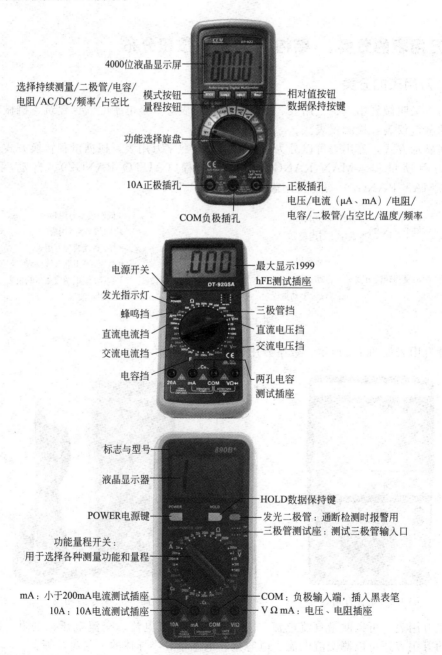

4000位液晶显示屏

选择持续测量/二极管/电容/
电阻/AC/DC/频率/占空比

模式按钮
量程按钮

相对值按钮
数据保持按键

功能选择旋盘

10A正极插孔

COM负极插孔

正极插孔
电压/电流（μA、mA）/电阻/
电容/二极管/占空比/温度/频率

电源开关

发光指示灯

蜂鸣挡

直流电流挡

交流电流挡

电容挡

最大显示1999
hFE测试插座

三极管挡

直流电压挡

交流电压挡

两孔电容
测试插座

标志与型号

液晶显示器

POWER电源键

功能量程开关：
用于选择各种测量功能和量程

HOLD数据保持键

发光二极管：通断检测时报警用

三极管测试座：测试三极管输入口

mA：小于200mA电流测试插座

10A：10A电流测试插座

COM：负极输入端，插入黑表笔

VΩmA：电压、电阻插座

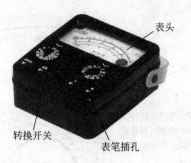

表头

转换开关

表笔插孔

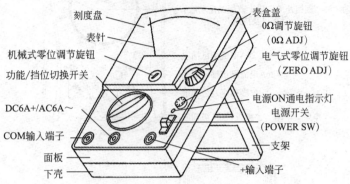

刻度盘

表针

机械式零位调节旋钮

功能/挡位切换开关

DC6A+/AC6A～

COM输入端子

面板

下壳

表盒盖

0Ω调节旋钮
（0Ω ADJ）

电气式零位调节旋钮
（ZERO ADJ）

电源ON通电指示灯

电源开关
（POWER SW）

支架

+输入端子

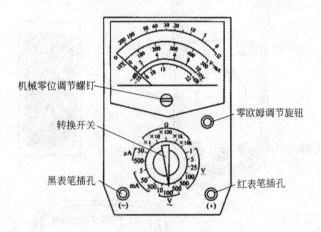

机械零位调节螺钉

转换开关

黑表笔插孔

零欧姆调节旋钮

红表笔插孔

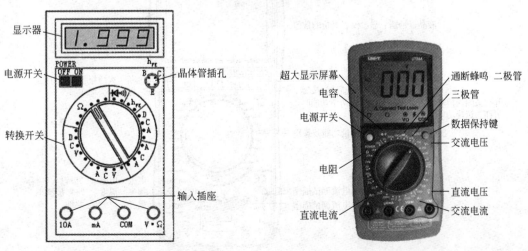

显示器

电源开关

转换开关

晶体管插孔

输入插座

超大显示屏幕

电容

电源开关

电阻

直流电流

通断蜂鸣 二极管

三极管

数据保持键

交流电压

直流电压

交流电流

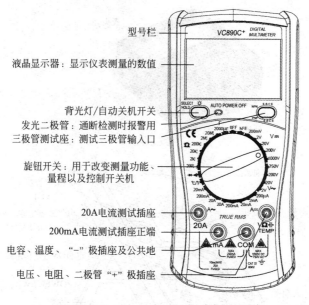

型号栏

液晶显示器：显示仪表测量的数值

背光灯/自动关机开关

发光二极管：通断检测时报警用

三极管测试座：测试三极管输入口

旋钮开关：用于改变测量功能、量程以及控制开关机

20A电流测试插座

200mA电流测试插座正端

电容、温度、"−"极插座及公共地

电压、电阻、二极管"+"极插座

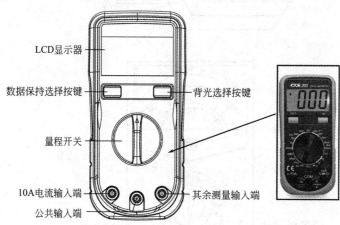

LCD显示器

数据保持选择按键

背光选择按键

量程开关

10A电流输入端

其余测量输入端

公共输入端

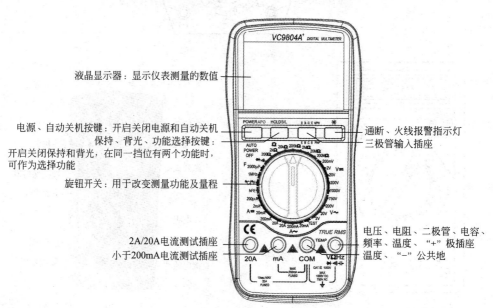

液晶显示器：显示仪表测量的数值

电源、自动关机按键：开启关闭电源和自动关机
保持、背光、功能选择按键：
开启关闭保持和背光，在同一挡位有两个功能时，
可作为选择功能

旋钮开关：用于改变测量功能及量程

通断、火线报警指示灯

三极管输入插座

2A/20A电流测试插座

小于200mA电流测试插座

电压、电阻、二极管、电容、频率、温度、"+"极插座

温度、"−"公共地

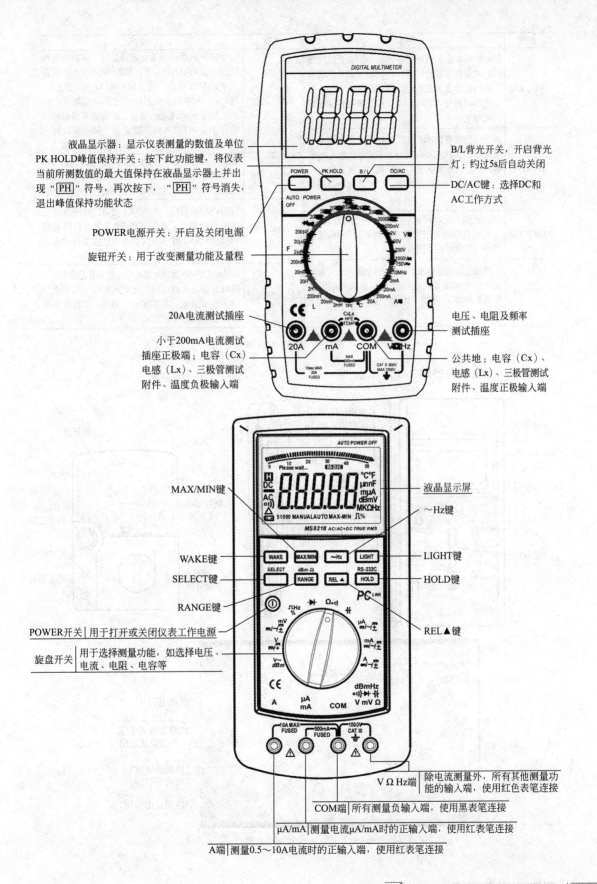

液晶显示器：显示仪表测量的数值及单位

PK HOLD峰值保持开关：按下此功能键，将仪表当前所测数值的最大值保持在液晶显示器上并出现"PH"符号，再次按下，"PH"符号消失，退出峰值保持功能状态

POWER电源开关：开启及关闭电源

旋钮开关：用于改变测量功能及量程

B/L背光开关，开启背光灯；约过5s后自动关闭

DC/AC键：选择DC和AC工作方式

20A电流测试插座

小于200mA电流测试插座正极端；电容（Cx）电感（Lx）、三极管测试附件、温度负极输入端

电压、电阻及频率测试插座

公共地；电容（Cx）、电感（Lx）、三极管测试附件、温度正极输入端

MAX/MIN键

液晶显示屏

～Hz键

WAKE键

LIGHT键

SELECT键

HOLD键

RANGE键

REL▲键

POWER开关｜用于打开或关闭仪表工作电源

旋盘开关｜用于选择测量功能，如选择电压、电流、电阻、电容等

V Ω Hz端｜除电流测量外，所有其他测量功能的输入端，使用红色表笔连接

COM端｜所有测量负输入端，使用黑表笔连接

μA/mA端｜测量电流μA/mA时的正输入端，使用红表笔连接

A端｜测量0.5～10A电流时的正输入端，使用红表笔连接

按键	使用	按键	使用
REL▲键	按动REL▲进入相对测量状态,仪表记忆按键时的测量值(称为初值),以后仪表显示值等于现行测量值减去初值,再按REL▲一次,则退出相对测量状态频率,二极管和电容测量时按此键无效	RANGE键	用于各种测量时,手动选择量程,在自动量程状态(显示AUTO)下,按RANGE一次,则进入手动量程状态(显示MANUAL),此后,按RANGE键则改变量程,液晶显示屏左下角的小数字指示现在的量程。逻辑频率测量和二极管测量时按RANGE键无效。dBm测量时,按RANGE键改变dBm计算时的虚拟电阻值
HOLD键	用于保持测量数据不变,再按一次恢复测量,当按着HOLD键2s才放开时,则仪表进入与PC机USB接口连接状态,向PC机发送测量信息,再按着HOLD键2s后放开,则停止向USB接口发送数据	SELECT键	旋盘开关拨到某一测量功能时,仪表进入它的第一次测量模式,按SELECT键可以选择第二或第三测量模式。但二极管和电容测量只有一种模式
LIGHT键	按动此键一次,液晶显示屏的背光打开,30s之后仪表自动关闭背景光,也可以在30s之前按LIGHT键提前关闭背光	WAKE键	仪表自动关机后,按WAKE键可以唤醒仪表,重新开始测量。在按POWER开关开机时若同时住WAKE键,则仪表处于连续工作状态,没有自动关机功能
～Hz键	在测量电压或者电流时,按～Hz键,仪表将进入线性频率测量状态,此时测量的是电压或电流的频率,再按～Hz键一次退出线性频率测量状态	MAX/MIN键	按动MAX/MIN键进入最大值,最小值记录状态,同时显示最大值,再按此键则可显示最小值、最大值-最小值,正常测量。频率、二极管和电容测量时按此键无效

图1-4　万用表面板

万用表组成结构如图1-5所示。

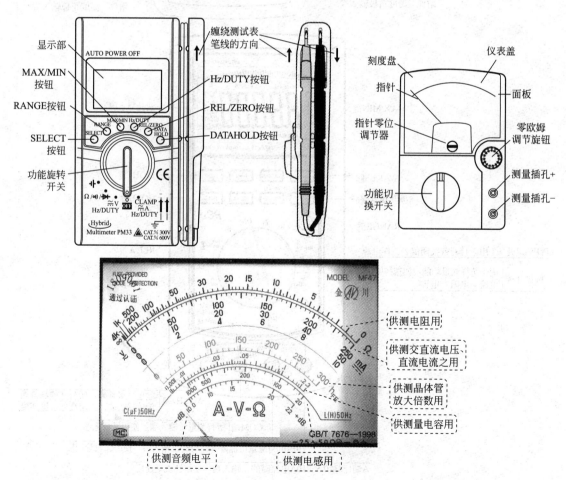

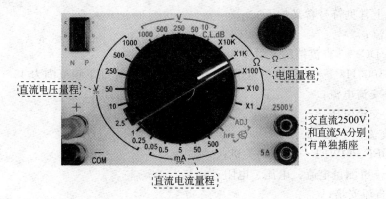

图 1-5　万用表组成结构图例

万用表附件如图 1-6 所示。

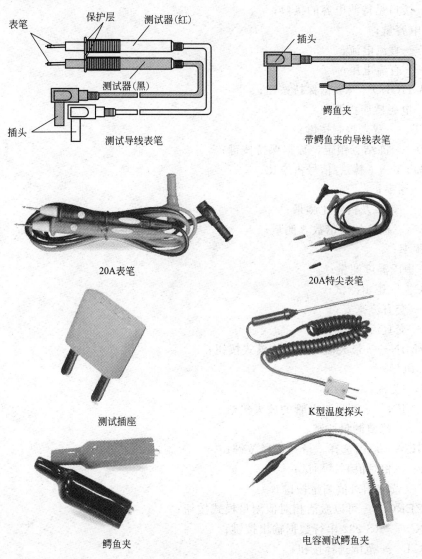

图 1-6　万用表附件图例

万用表表上常见符号含义如下：

～——交流；

2000Ω/V DC——直流挡的灵敏度为 2000Ω/V；

45-65-1000Hz——使用频率范围为 1000Hz 以下，标准工频范围为 45～65Hz；

ACA——交流电流；

ACV——交流电压；

AC——交流；

AUTO OFF POWER——自动关机；

A V Ω——可测量电流、电压、电阻；

A——交直流安培；

APO——自动关机功能；

com——公共端，电流、电压二极管、电阻、频率的测试共用的接口；

Cx——接口是待测电容的接口；

C——电容量；

DCA——直流电流；

DCV——直流电压；

DATA HOLD——数据保持按钮；

EF——电磁感应探测；

LIGHT——背光控制按键；

HOLD——冻结、锁定，数据保持按键；

Hz/DUTY——赫兹/信号占空比；

HZ——频率；

Hz%——频率及占空比测量；

hFE——三极管放大倍数 β 测量；

f——频率；

°F——华氏温度测量；

LOGIC——逻辑测试；

mA——交直流毫安；

mV——交直流毫伏电压；

MAX/MIN——最大值、最小值模式按钮；

nS——电导；

OFF——关机；

PNP、NPN——测量三极管的放大倍数；

PEAK——峰值测量按键；

RANGE——范围选择，量程选择按键；

REL△——相对值测量测试；

REL——读取相对值测量按键；

REL/ZERO——可以激活相对值测量模式按钮；

RS232C——RS-232 串行数据输出按键；

SELECT——范围选择按钮；

TRMS——真有效值测试；

T——温度；

V～——交流电压；

V-2.5kV 4000Ω/V——对于交流电压及 2.5kV 的直流电压挡，其灵敏度为 4000Ω/V；

VF——二极管正向压降；

μA——交直流微安；

Ω——欧姆，测量电阻阻值；

V－——电压，测量直流电压；

V～——电压，测量交流电压；

A－——电流，测量直流电流；

A～——电流，测量交流电流；

⊳|——二极管，测量二极管的极性；

－－——直流。

万用表常见符号图例如图 1-7 所示。

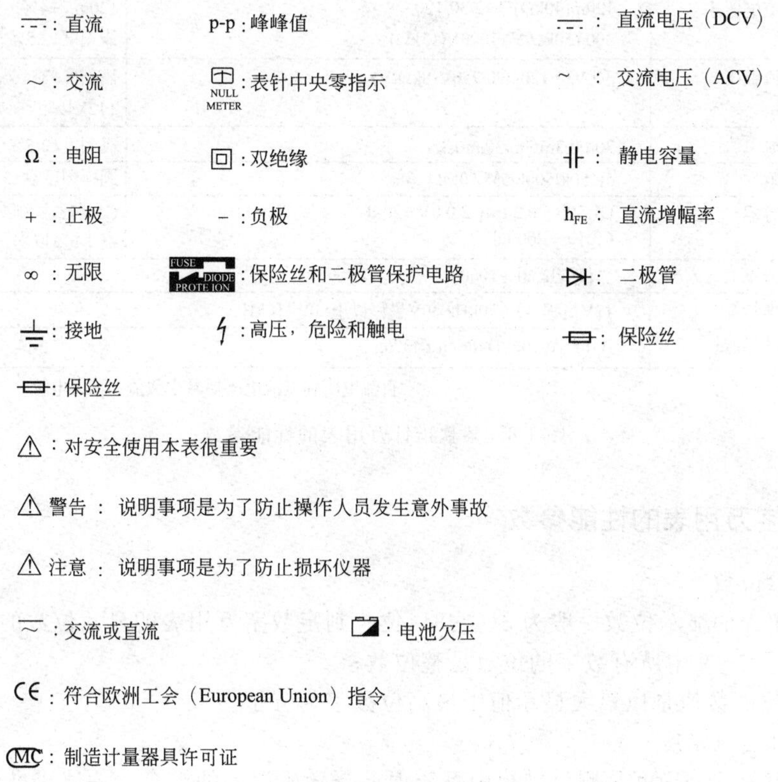

：直流
p-p：峰峰值
：直流电压（DCV）
～：交流
：表针中央零指示
NULL METER
～：交流电压（ACV）
Ω：电阻
：双绝缘
：静电容量
+：正极
-：负极
hFE：直流增幅率
∞：无限
FUSE DIODE PROTE ION
：保险丝和二极管保护电路
：二极管
：接地
：高压，危险和触电
：保险丝
：保险丝
：对安全使用本表很重要
警告：说明事项是为了防止操作人员发生意外事故
注意：说明事项是为了防止损坏仪器
：交流或直流
：电池欠压
CE：符合欧洲工会（European Union）指令
MC：制造计量器具许可证

图 1-7　万用表常见符号图例

1.2　万用表的性能参数

1.2.1　指针万用表的性能参数

① 准确度　万用表的准确度是指测量值与真值一致的程度，反映的是测量误差的大小。万用表的准确度越高，测量误差就越小。指针万用表的准确度主要有 1.0、1.5、2.5、5.0 等等级。

② 表头灵敏度　表头灵敏度是指指针表表头的满度电流。

③ 电流挡内阻　理想情况下，电流挡的内阻为0。实际上因表头总存在着一定的内阻，表头内阻会存在一定的数值。万用表的电流挡内阻越小越好。

④ 频率特性　万用表交流电压挡有一定的工作频率范围。便携万用表一般为45～2kHz。

⑤ 表头结构　传统万用表一般采用外磁式动圈结构的表头。高档的万用表有采用内磁式张丝结构的表头。

⑥ 电压灵敏度　电压灵敏度等于电压挡的等效电阻与满量程电压的比值，其单位是Ω/V或者kΩ/V。电压灵敏度一般标在仪表盘上。灵敏度越高，表明万用表的内阻越高，则该种仪表适合测量用，可以测量高内阻的信号电压。低灵敏度的万用表适合于电工测量。表头灵敏度与电压灵敏度的关系是：电压灵敏度＝1/表头灵敏度。

指针万用表的性能参数如图1-8所示。

功能	量程	最大精度
直流电压	120m(40kΩ)/3/12/30/120 300/(50kΩ/V)/1000V(15kΩ)	120m: ±4% 满刻度±2.5%
交流电压	3/12/30/120/300/750V(8kΩ/V)	满刻度±3% (12V以下: ±4%)
直流电流	30μ/0.3m/3m/30m/0.3A	满刻度±2.5%
电阻	5k/50k/500k/5M/50MΩ	圆弧刻度盘±3%
电容器	C1:50p～0.2μ、C2:0.01～20μF C3:1μ～2000μF	C1/C2: 圆弧刻度盘±6%以内
直流电流放大率	二极管h_{FE}:0～1000	
频率特征	12V量程:40～30kHz 30V量程以上:40～10kHz	
尺寸/重量	H165×W106×D46mm/约370g	

直流电压和交流电压括号中数值为输入电阻

图1-8　某款指针万用表的性能参数

1.2.2　数字万用表的性能参数

（1）显示位数

数字万用表的显示位数一般为3½～8½位。判定数字万用表的显示位数的原则：

① 能显示0～9中所有数字的位数是整位数；

② 分数位的数值是以最大显示值中最高位数字为分子。

（2）准确度（精度）

数字万用表的准确度是测量结果中系统误差与随机误差的综合。一般讲准确度愈高，测量误差就愈小，反之亦然。数字万用表的准确度远优于模拟指针万用表。对于数字万用表来说，精度一般使用读数的百分数来表示。例如，1%的读数精度的含义为数字万用表显示是100.0V时，实际的电压可能为99.0～101.0V。数字万用表说明书中可能会有特定数值加到基本精度中，其含义为对屏幕显示的最右端进行变换要加的字数。如果数字万用表读数是100.0V，则实际电压会为100.0－(100×1%＋0.2)到100.0＋(100×1%＋0.2)，也就是98.8～101.2V。例如，3位半数字万用表的直流电压2V挡准确度有的表达式为：±(0.5%＋1)，则2V挡在3位半表上最大显示为1.999，此时括号中的1就是指0.001V。如果测量7号干电池端电压为1.755V，则电池真实端电压的可能范围是1.755V±(1.755V×0.5%＋0.001V)，真实值为1.745～1.765V。

（3）分辨力（分辨率）

数字万用表在最低电压量程上末位 1 个字所对应的电压值，称作分辨力。分辨力（分辨率）反映出数字万用表灵敏度的高低。数字万用表的分辨力随显示位数的增加而提高。不同位数的数字万用表所能达到的最高分辨力指标不同。

（4）测量范围

多功能数字万用表中，不同功能均有其对应的测量最大值、最小值。

（5）测量速率

数字万用表每秒对被测电量的测量次数叫测量速率。

（6）输入阻抗

测量电压时，数字万用表应具有很高的输入阻抗，这样在测量过程中从被测电路中吸取的电流极少，不会影响被测电路或信号源的工作状态。

数字万用表的性能参数见表 1-1 所示。数字万用表的特性见表 1-2 所示。数字万用表的精度指标见表 1-3 所示。数字万用表的输出精度指标见表 1-4 所示。

表 1-1 某款数字万用表的性能参数

功能	量程	最大精度	分辨率	输入电阻
直流电压	600m/6/60/600V	±(0.8%＋3)	0.1mV	10MΩ
交流电压	6/60/600V	±(1.2%＋5)	0.001V	
电阻	600/46k/60k/600k/6M/60MΩ	±(1.5%＋5)	0.1Ω	
电容	60n/600n/6μ/60μ/600μF	±(3.0%＋10)	0.01nF	
频率	99.99/999.9/9.999k/99.99kHz	±(0.5%＋3)	0.01Hz	
通断	蜂鸣器鸣响 10～50Ω 开路电压：1.0V			
二极管测试	开路电压：3.2V			
带宽	45～500Hz			
内置电池	纽扣型锂电池 CR2032(3V)×1			
尺寸/重量	H110×W56×D13mm/84g H121×W63×D28mm/135g（储存时）			

表 1-2 某款数字万用表的特性

项目	特性或者参数
显示器	数字：4 位显示（电流测量和输出为 5 位）
显示刷新	2.5 次/s
工作温湿度范围	0～40℃，相对湿度 85％以下（无结露）
储存温湿度范围	−20～60℃，相对湿度 90％以下（无结露）
精确度保证温湿度范围	(23±5)℃，相对湿度 75％以下（无结露）
温度系数	0.1×基本精度/℃（温度范围<18℃或>28℃）
使用环境条件	室内、室外使用（不防水），海拔 0～2000m
超量程指示	OL
通断性/开路测试	蜂鸣器响表示电阻读数低于阀值，或表示开路
电池种类	碱性电池 1.5V（LR6）2 节

项目	特性或者参数
电池寿命	使用碱性电池时 测量任何参数：约100h DC电流输出（SIMULATE）：约50h DC电流输出（SOURCE）20mA（1000Ω负载）：约2.5h
电池低电	显示电池标志
自动关机	默认为无操作约5min，可调整
预热时间	10min
关闭仪表壳校准	不需内部调整
电池盖	更换电池而不会使仪表的校准失效
尺寸	$180(L)\text{mm}\times90(W)\text{mm}\times47(D)\text{mm}$

表1-3　某款数字万用表的精度指标

测量部分	量程	分辨力	精度	说明
直流电压	50V	10mV	0.5%+4	• 测量阻抗10MΩ（标称值） • 共模抑制：50Hz或60Hz>100dB • 串模抑制：50Hz或60Hz>45dB • 过压保护：600V（峰-峰值）
交流电压	500V	100mV	0.5%+20 （45～100Hz） 2%+20 （100～400Hz）	• 频响：45～400Hz • 适用于幅度范围的10%～100% • 交流转换：平均值 • 测量阻抗：10MΩ（标称值）<100pF • 共模抑制：50Hz或60Hz>60dB • 过压保护：600V（峰-峰值）
欧姆	5kΩ	0.001kΩ	0.5%+4	• 开路电压：<5V；短路电流：约0.1mA • 精度中不包含引线电阻 • 过压保护：600V（峰-峰值）
通断	500Ω	0.1Ω	短路报警约20Ω	• 开路电压：<5V • 短路电流：约1mA • 过压保护：600V（峰-峰值）
二极管	2V	0.001V	1%+20	
直流电流	20mA	0.001mA	0.2%+4	• 过载保护：63mA/250V快熔保险丝 • 负荷电压：约18mV/mA

表1-4　某款数字万用表的输出精度指标

输出功能	量程	输出设定范围	分辨率	准确度	说明
直流电流DCI	20mA	0.000～22.000mA	0.001mA	0.2%+4	20mA最大负载1kΩ
模拟变送器SIMULATE	−20mA	0.000～−22.000mA	0.001mA		• 外部供电：5～28V • 20mA最大负载1kΩ
回路电源LOOP	24V			±10%	最大输出电流25mA

输出端最大施加电压：约32V；输出端最大施加电流：约25mA
输出端保护：63mA/250V快速保险丝

注：精度是在校准后一年内，工作温度为（23±5）℃，相对湿度达75%时认定的。精度范围可标示为：±（［读数的%］+计数）（说明：“计数”代表最低有效数位所增加减少的数目）。

1.3.1 汽车专用万用表的操作键和显示屏

汽车专用万用表外形如图 1-9 所示。汽车专用万用表操作键和显示屏如图 1-10 所示，说明如下。

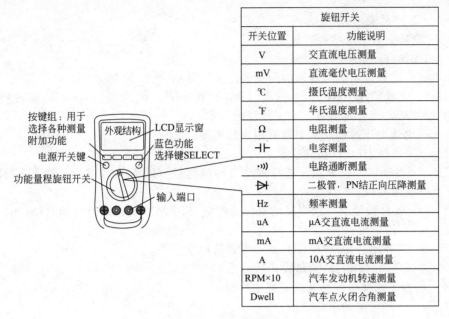

旋钮开关	
开关位置	功能说明
V	交直流电压测量
mV	直流毫伏电压测量
℃	摄氏温度测量
℉	华氏温度测量
Ω	电阻测量
╫	电容测量
·)))	电路通断测量
▷⊢	二极管，PN结正向压降测量
Hz	频率测量
uA	μA交直流电流测量
mA	mA交直流电流测量
A	10A交直流电流测量
RPM×10	汽车发动机转速测量
Dwell	汽车点火闭合角测量

按键组：用于选择各种测量附加功能
电源开关键
功能量程旋钮开关
外观结构
LCD显示窗
蓝色功能选择键SELECT
输入端口

图 1-9 汽车专用万用表外形

图 1-10 某款汽车专用万用表操作键和显示屏

ON/OFF 键——电源键，开关万用表。

DC/AC 键（STR 键）——选择直流电压与交流电压。转速挡（RPM），选择二行程发动机（直接点火式四行程发动机）和四行程发动机（数据显示在显示屏的 STR 前面）。在 Ω 挡，选择 Ω 和蜂鸣模式。

RANGE 键（CYL 键，量程）——选择量程模式与关闭"AT"符号。按下并保持 RANGE 键 2s，退出手动量程模式，返回自动量程模式，"AT"符号显示。在 Dwell 模式下，按下 RANGE 键，选择气缸数，数据显示在显示屏的 CYL 前面。

HOLD 键（Dwell Duty% Hz 键）——保持键，自动捕捉稳定的读数。按下 HOLD 键，可以逐一启用 ms-Pulse、Dwell、Duty cycle（%）与自动频率（Hz）测量模式。

TRIG（±）键——按下并保持 TRIG（±）键 2s，在脉宽或占空比测量模式下选择正极、负极。

CE——CE 产品资格标识。

AC——测量交流测量功能时显示。

AT——选择自动量程模式时显示。

O. F. L——过载显示。当输入的测量值过大时显示。

TRIG——选择转速（RPM）、脉宽（Pulse Width）、闭合角（Dwell）或占空比负荷（Duty%）模式后，当测量值有－或＋触发时显示。

BAT——电池电压过低。需更换万用表的电池。

HOLD——选择 HOLD 模式后显示。

8 STR——发动机冲程显示。选择发动机转速测量（RPM）模式后，按下 STR 键，可以选择二冲程或四冲程。

8 CYL——气缸数显示。选择发动机转速测量（RPM）模式或闭合角（Dwell）测量模式后，按下 CYL 键，可选择 1、2、3、4、5、6、8 气缸数。

DWL°——选择闭合角（Dwell）测量模式后显示。

%——选择负荷（Duty）测量模式后显示。

ms——毫秒。选择毫秒脉宽测量模式后显示。

MKΩHz——测量值的单位显示。

RPM——选择转速测量模式后显示。注意选择正确的发动机冲程。

8——选择转速（RPM）、脉宽（Pulse Width）、闭合角（Dwell）或占空比负荷（Duty%）模式，当测量值有确定的 4 级触发时显示。

RPM、V、Ω、Hz 接口——在所有测量方式中，红表笔插入该接口中。在测量温度时，将热电偶适配器插入其中。

数字式显示屏——可显示带有极性和小数点的 4000 条数据。开启万用表，在自测试期间所有段节与符号将短暂显示。显示修正每秒进行 4 次。

棒状图——棒状图每秒刷新 20 次，从左至右共有 2×41 个依次递增，有助于设置与数据分析。当测量转速、脉冲宽度、闭合角、占空比和频率时，棒状图不显示。

棒况图——模拟刻度显示。

蜂鸣符号——选择连续性（导通）测试功能时显示。

旋转开关——Adp mV：毫伏或适配器。V：直流或交流电压。Ω：电阻/连续性检测。RPM：二行程或四行程发动机转速测量。ms-Pulse、Dwell、Duty cycle（%）、Hz：脉宽、闭合角、占空比、频率（自动）测量。

公共接口——在所有测量方式中，黑表笔插入该接口中。在测量温度时，将热电偶适配器插入其中。

电压极限标识（CAT Ⅲ 600V）——最高测量电压为 600V（直流或交流）。

－——负号显示。

±——显示测量值的－或＋。

汽车专用万用表操作键和显示屏如图 1-11 所示。

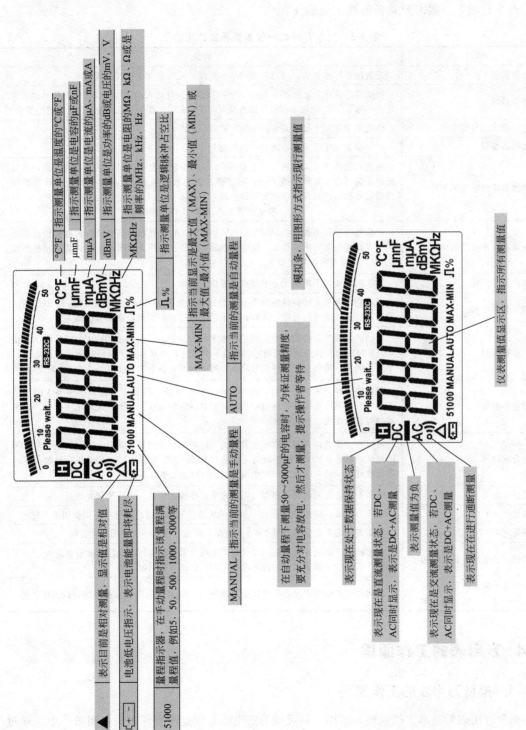

图1-11 某款汽车专用万用表操作键和显示屏

°C°F | 指示测量单位是温度的°C或°F

μnmF | 指示测量单位是电容的μF或nF

mμA | 指示测量单位是电流的μA、mA或A

dBmV | 指示测量单位是功率的dB或电压的mV、V

MKΩHz | 指示测量单位是电阻的MΩ、kΩ、Ω或频率的MHz、kHz、Hz

Π% | 指示测量单位是逻辑锯脉冲占空比

MAX-MIN | 指示当前显示是最大值(MAX)、最小值(MIN)、最大值−最小值(MAX-MIN)

AUTO | 指示当前的测量是自动量程

MANUAL | 指示当前的测量是手动量程

▲ | 表示目前是相对测量,显示值是相对值

━┼━ | 电池低电指示,表示电池能量即将耗尽

51000 | 量程指示器,在手动量程时指示该量程满量程值,例如5、50、500、1000、5000等

在自动量程下测量50~5000μF的电容时,为保证测量精度,要先分对电容放电,然后才测量,提示操作者等待

表示现在是直流测量状态,若DC、AC同时显示,表示是DC+AC测量

表示测量值为负

表示现在是交流测量状态,若DC、AC同时显示,表示是DC+AC测量

表示现在在进行通断测量

模拟条,用图形方式指示现测量值

仪表测量值显示区,指示所有测量值

1.3.2 汽车万用表一般需要具备的功能

汽车万用表一般需要具备的功能见表 1-5。

表 1-5 汽车万用表一般需要具备的功能

项目	解说
测量温度	配置温度传感器后，可以检测冷却水温度、尾气温度、进气温度等
触度检测	把功能选择开关置温度挡 Temp，然后把温度探针插入温度检测插座，再按动测量溢度选择钮 C/0F，把溢度探针接触被检测物体的表面，显示器即可显示出所检测的温度
记忆最大值与最小值	该功能主要用于检查某电路的瞬间故障
模拟条显示	该功能主要用于观测连续变化的数据
喷油器喷油脉宽的测量	先把功能选择开关转到占空比 DutyCycle 的位置，测量喷油器喷油的占空比，然后把功能选择开关置频率挡 Freq，测量喷油器的工作频率。再根据下列公式计算出喷油器喷油的脉冲宽度，也就是喷油时间： 喷油脉宽＝占空比/工作频率（s）
发动机启动电流的检测	把功能选择开关置 400mV 挡（1mV 相当于 1A），然后把霍尔效应式电流传感器的夹子夹在蓄电池的电源线 L，按动最小最大按钮，拆除点火线，并且转动发动机曲轴 2～3s，即可显示出启动电流
输出脉冲信号	该功能主要用于检测无分电器点火系统的故障
信号频率检测	把功能选择开关转到频率挡 Freq，公用接地插座 COM 的测试线接地，VflHz 插座的测试线接被测的信号线。这时，显示器上即可显示出被检测信号的频率
占空比检测	把功能选择开关转到占空比测量位置 Duty Cycle，公用接地插座 COM 的测试线接地，VflHz 插座的测试线接被检测的信号线。这时，显示器上即可显示出被测电路一个工作循环（周期）中脉冲信号所保持时间的相对百分数，也就是占空比
转速的测量	把功能选择开关置转速挡，把测量转速的专用插头插到公用接地插座与 VflHz 插座，然后把感应式转速传感器的夹子夹到某一缸的高压分线上。发动机工作时，显示器即可显示出发动机的转速
闭合角检测	可以把功能选择开关转到相应发动机气缸的闭合角测量位置 Dwell，接地插座 COM 的测试线接地，VflHz 插座的测试线接点火线圈的负极接线柱。发动机运转时，显示器就能够显示出点火线圈一次电流增长的时间，也就是导通角
测量大电流	汽车万用表配置电流传感器（霍尔式电流传感器）后，可以测量大电流
测量电流	汽车万用表需要能够测量大于 10A 的电流。如果测量范围再小，则使用不方便
测量电阻	汽车万用表需要能够测量 1MΩ 的电阻，测量范围大一些使用起来方便
测量交流电压、直流电压	考虑到电压的允许变动范围与可能产生的过载，汽车万用表需要能够测量大于 40V 的电压值。但是测量的范围也不能过大，以免读数的精度下降
测量脉冲波形的频宽比与点火线圈一次侧电流的闭合角	该功能用于检测喷油器、怠速稳定控制阀、EGR 电磁阀、点火系统等的工作状况

1.4 万用表的工作原理

1.4.1 指针万用表的工作原理

指针万用表的基本工作原理是利用一只灵敏的磁电式直流电流表作表头，当微小电流通过表头时，会有电流指示。由于指针万用表表头不能够通过大电流，因此，必须在指针万用表表头上并联与串联一些电阻进行分流或降压，从而可以测出电路中的电流、电压、电阻等。

指针万用表一些基本测量电路如图 1-12 所示。

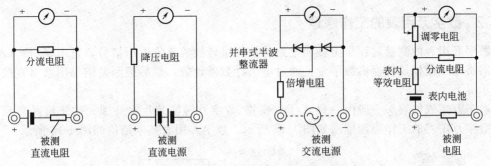

图 1-12　指针万用表基本测量电路

指针式万用表内部结构如图 1-13 所示。

图 1-13　指针式万用表内部结构

指针万用表线路图如图 1-14 所示。

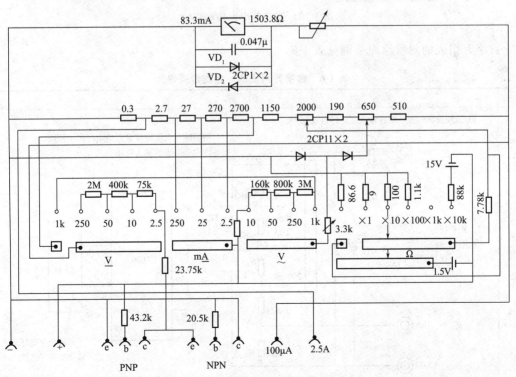

图 1-14　指针万用表线路图

1.4.2 数字万用表的工作原理

数字万用表的测量过程是由转换电路将被测量转换成直流电压信号，再由模/数（A/D）转换器将电压模拟量转换成数字量，通过电子计数器计数，最后把测量结果用数字直接显示在显示屏上。

数字万用表的表头一般由一只 A/D（模拟/数字）转换芯片＋外围元件＋液晶显示器组成。数字万用表的工作原理框图如图 1-15 所示。数字万用表基本结构如图 1-16 所示。

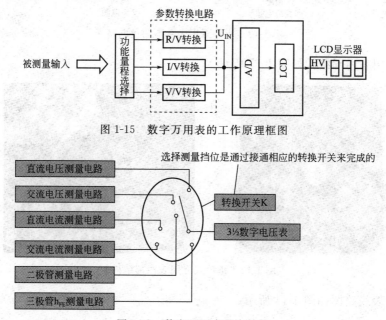

图 1-15　数字万用表的工作原理框图

图 1-16　数字万用表基本结构

数字万用表的测量原理举例见表 1-6。

表 1-6　数字万用表的一些测量原理

名称	图　解
直流电流测量电路	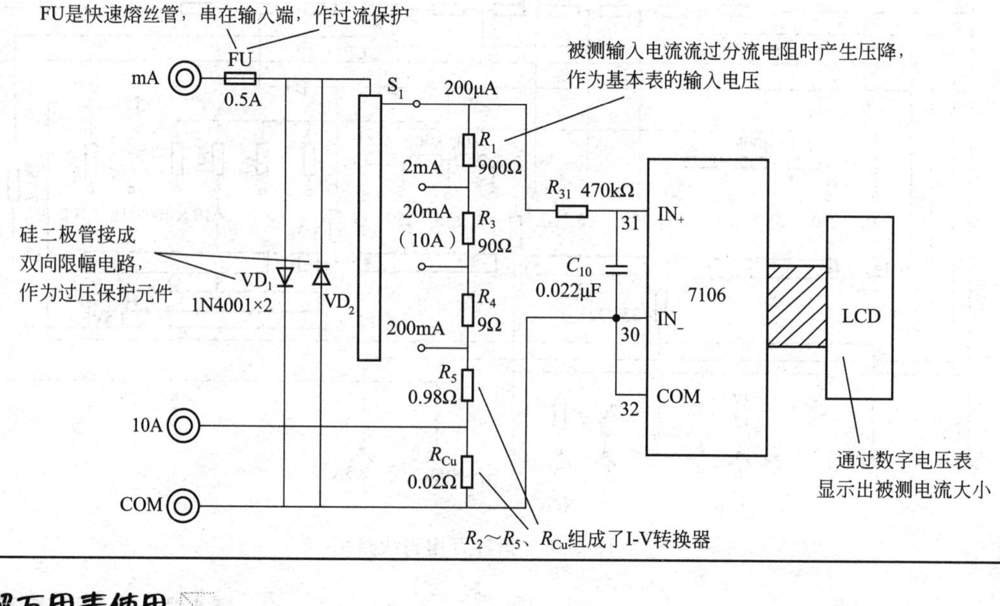 FU是快速熔丝管，串在输入端，作过流保护 被测输入电流流过分流电阻时产生压降，作为基本表的输入电压 硅二极管接成双向限幅电路，作为过压保护元件 $R_2 \sim R_5$、R_{Cu}组成了I-V转换器 通过数字电压表显示出被测电流大小

名称	图解

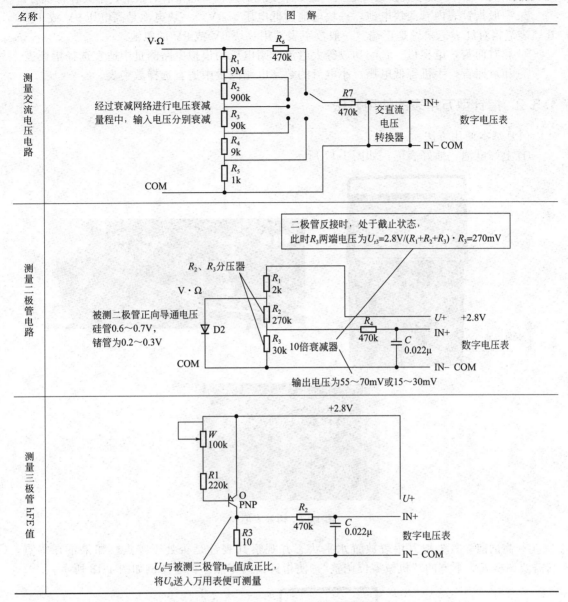

测量交流电压电路：经过衰减网络进行电压衰减量程中，输入电压分别衰减

$V \cdot \Omega$；R_6 470k；R_1 9M；R_2 900k；R_3 90k；R_4 9k；R_5 1k；COM；R_7 470k；交直流电压转换器；IN+；IN– COM；数字电压表

测量二极管电路：被测二极管正向导通电压硅管0.6~0.7V，锗管为0.2~0.3V

二极管反接时，处于截止状态，此时 R_3 两端电压为 $U_{r3}=2.8V/(R_1+R_2+R_3) \cdot R_3=270mV$

R_2、R_3 分压器；$V \cdot \Omega$；D2；R_1 2k；R_2 270k；R_3 30k 10倍衰减器；COM；R_4 470k；C 0.022μ；$U+$ +2.8V；IN+；IN– COM；数字电压表；输出电压为55~70mV或15~30mV

测量三极管 hFE 值：+2.8V；W 100k；$R1$ 220k；O PNP；$R3$ 10；R_2 470k；C 0.022μ；$U+$；IN+；IN– COM；数字电压表；U_0 与被测三极管 h_{FE} 值成正比，将 U_0 送入万用表便可测量

1.5 万用表的选择与使用方法

1.5.1 万用表的选择

① 电阻挡 指针表的表笔输出电流相对数字表来说要大很多。利用指针表的 R×1Ω 挡，可以使扬声器发出响亮的"哒哒"声。利用指针表的 R×10kΩ 挡，甚至可以点亮发光二极管。

② 电压挡 指针表内阻相对数字表来说比较小，测量精度相对比较差。

③ 数字表电压挡的内阻很大，至少为兆欧级，对被测电路影响很小。但是极高的输出阻抗容易受感应电压的影响，在一些电磁干扰比较强的场合测出的数据可能是虚的。

④ 指针表读取精度较差，但是指针摆动的过程比较直观，其摆动速度幅度也能够客观地

反映被测量的大小。数字表读数直观，但是数字变化的过程看起来有时杂乱，不太容易观看。

⑤ 一般指针表内有两块电池，一块电池为低电压 1.5V，一块电池是高电压 9V 或 15V，其黑表笔相对红表笔来说是正端。一般数字表常用一块 6V 或 9V 的电池。

⑥ 相对而言，电视机、音响功放等大电流、高电压的模拟电路测量中适宜选择指针表。

⑦ 相对而言，手机等低电压、小电流的数字电路测量中适宜选择数字表。

1.5.2 指针型万用表的使用方法

（1）基本使用方法

① 上好电池，插好表笔，如图 1-17 所示。

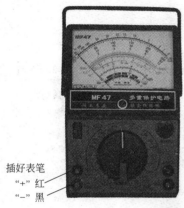

插好表笔
"+"红
"−"黑

图 1-17　插好表笔

② 测试前，首先把万用表放置水平状态并观察其表针是否处于零点。如果不在零点，则需要调整表头下方的"机械零位调整"，使指针指向零点。调零图例如图 1-18 所示。

测量前，注意水平放置时，表头指针是否处于交直流挡标尺的零刻度线上，否则读数会有较大的误差。

若不在零位，应通过机械调零的方法使指针回到零位（即使用小螺丝刀调整表头下方机械调零旋钮）

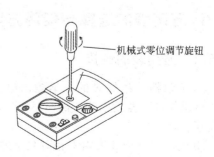

机械式零位调节旋钮

图 1-18　调零图例

③ 一般以指针偏转角不小于最大刻度的 30％ 为合理量程，如图 1-19 所示。

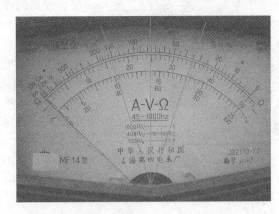

图 1-19　合理量程指针指示范围

④ 根据被测项，正确选择万用表上的测量项目和量程开关。如果已知被测量的数量级，则需要选择与其相对应的数量级量程。如果不知被测量值的数量级，则需要从最大量程开始测量，当指针偏转角太小而无法精确读数时，再把量程减小。

⑤ 测量电阻时，在选择了适当倍率挡后，需要将两表笔相碰，使指针指在零位。如果指针偏离零位，则需要调节"调零"旋钮，使指针归零，以保证测量结果准确。欧姆调零如图 1-20 所示。

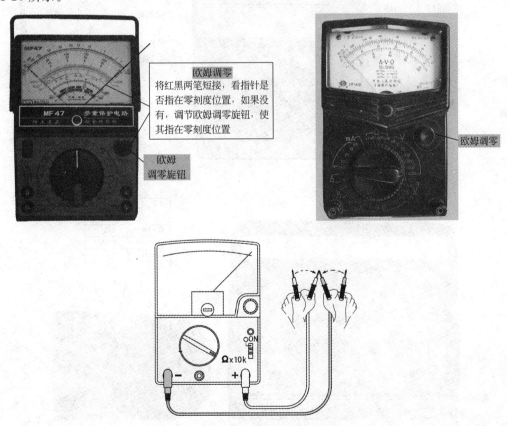

欧姆调零
将红黑两笔短接，看指针是否指在零刻度位置，如果没有，调节欧姆调零旋钮，使其指在零刻度位置

欧姆调零旋钮

欧姆调零

图 1-20　欧姆调零

⑥ 在测量某电路电阻时，必须切断被测电路的电源，不得带电测量。

⑦ 使用万用表进行测量时，需要注意人身、仪表设备的安全。测试中不得用手触摸表笔的金属部分，不允许带电切换挡位开关，以确保测量准确、安全。测量阻值时，不要用手触摸表笔以免产生并联电阻，如图 1-21 所示。

⑧ 万用表使用完毕，需要将转换开关置于交流电压的最大挡。如果长期不使用，还需要将万用表内部的电池取出来，以免电池腐蚀表内其他器件。

（2）指示的读取方法概述

指针万用表的指示线特点与读取方法如图 1-22 所示。

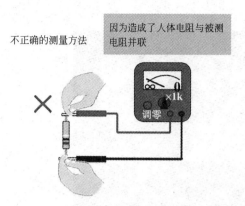

不正确的测量方法　因为造成了人体电阻与被测电阻并联

图 1-21　测量阻值时不要用手触摸表笔

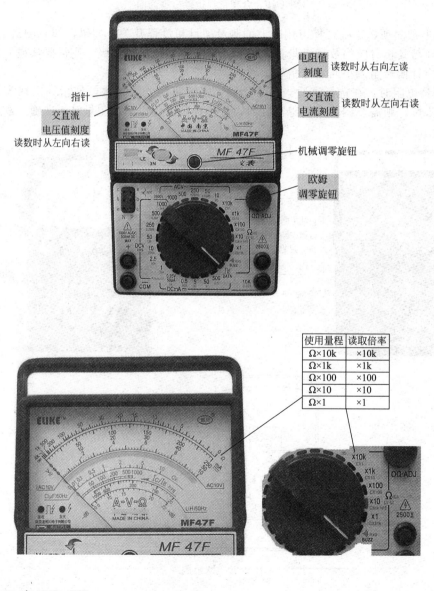

指针

交直流电压值刻度 读数时从左向右读

电阻值刻度 读数时从右向左读

交直流电流刻度 读数时从左向右读

机械调零旋钮

欧姆调零旋钮

使用量程	读取倍率
Ω×10k	×10k
Ω×1k	×1k
Ω×100	×100
Ω×10	×10
Ω×1	×1

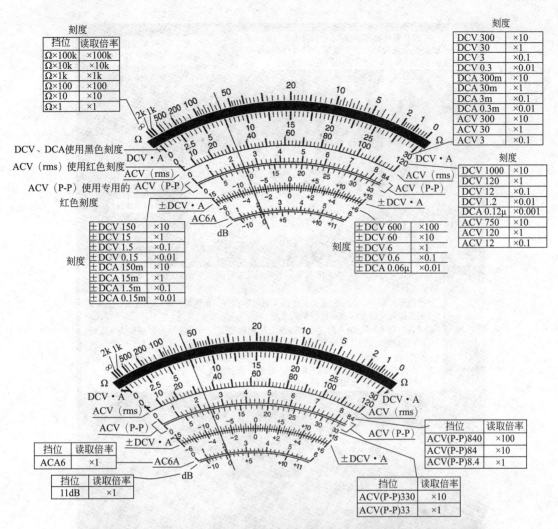

刻度

挡位	读取倍率
Ω×100k	×100k
Ω×10k	×10k
Ω×1k	×1k
Ω×100	×100
Ω×10	×10
Ω×1	×1

DCV、DCA使用黑色刻度

ACV（rms）使用红色刻度

ACV（P-P）使用专用的
红色刻度

刻度

挡位	读取倍率
DCV 300	×10
DCV 30	×1
DCV 3	×0.1
DCV 0.3	×0.01
DCA 300m	×10
DCA 30m	×1
DCA 3m	×0.1
DCA 0.3m	×0.01
ACV 300	×10
ACV 30	×1
ACV 3	×0.1

刻度

挡位	读取倍率
DCV 1000	×10
DCV 120	×1
DCV 12	×0.1
DCV 1.2	×0.01
DCA 0.12μ	×0.001
ACV 750	×10
ACV 120	×1
ACV 12	×0.1

刻度

挡位	读取倍率
±DCV 150	×10
±DCV 15	×1
±DCV 1.5	×0.1
±DCV 0.15	×0.01
±DCA 150m	×10
±DCA 15m	×1
±DCA 1.5m	×0.1
±DCA 0.15m	×0.01

刻度

挡位	读取倍率
±DCV 600	×100
±DCV 60	×10
±DCV 6	×1
±DCV 0.6	×0.1
±DCA 0.06μ	×0.01

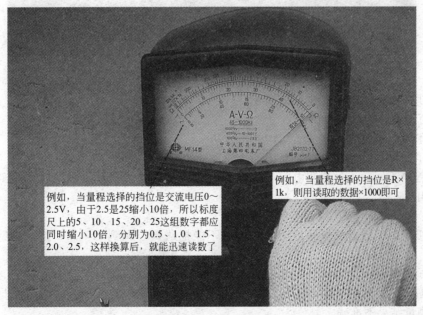

挡位	读取倍率
ACA6	×1

挡位	读取倍率
11dB	×1

挡位	读取倍率
ACV(P-P)840	×100
ACV(P-P)84	×10
ACV(P-P)8.4	×1

挡位	读取倍率
ACV(P-P)330	×10
ACV(P-P)33	×1

例如，当量程选择的挡位是交流电压0～2.5V，由于2.5是25缩小10倍，所以标度尺上的5、10、15、20、25这组数字都应同时缩小10倍，分别为0.5、1.0、1.5、2.0、2.5，这样换算后，就能迅速读数了

例如，当量程选择的挡位是R×1k，则用读取的数据×1000即可

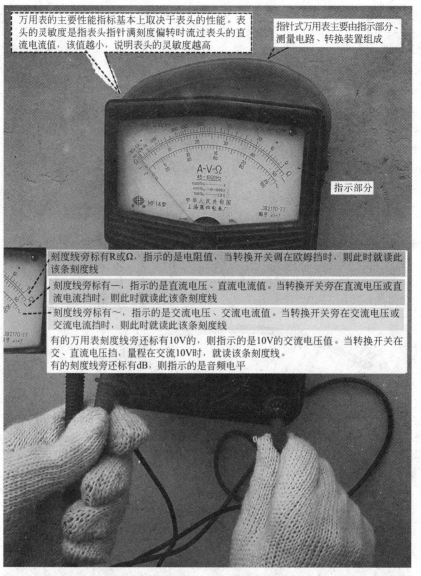

万用表的主要性能指标基本上取决于表头的性能。表头的灵敏度是指表头指针满刻度偏转时流过表头的直流电流值，该值越小，说明表头的灵敏度越高

指针式万用表主要由指示部分、测量电路、转换装置组成

指示部分

刻度线旁标有R或Ω，指示的是电阻值，当转换开关调在欧姆挡时，则此时就读此该条刻度线

刻度线旁标有—，指示的是直流电压、直流电流值。当转换开关旁在直流电压或直流电流挡时，则此时就读此该条刻度线

刻度线旁标有～，指示的是交流电压、交流电流值。当转换开关旁在交流电压或交流电流挡时，则此时就读此该条刻度线

有的万用表刻度线旁还标有10V的，则指示的是10V的交流电压值。当转换开关在交、直流电压挡，量程在交流10V时，就读该条刻度线。
有的刻度线旁还标有dB，则指示的是音频电平

图 1-22　指针万用表的指示线特点与读取方法

指针万用表读取举例如图 1-23 所示。

（3）万用表作为欧姆表使用

① 测量时，需要先调零。

② 为了提高测试的精度，需要正确选择合适的量程挡。

③ 量程挡不同，流过被测电阻上的测试电流大小不同。一般量程挡越小，测试电流越大，否则相反。

④ R×1、R×10 等挡属于小量程欧姆挡。

⑤ 二极管、三极管的极间电阻测量时，不能把欧姆挡调到 R×10k 挡，以免管子极间击穿。

⑥ 欧姆表使用时，内接干电池，黑表笔接的是干电池的正极。

⑦ 测量较大电阻时，手不可同时接触被测电阻的两端，不然，人体电阻会与被测电阻并联，使测量结果不准确。

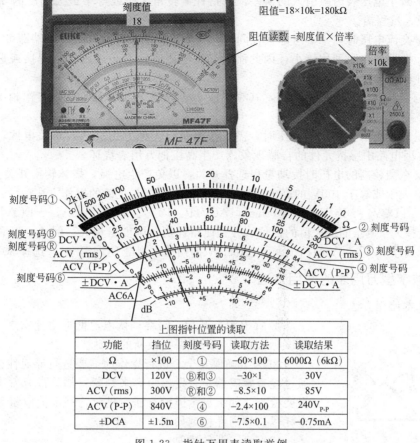

上图指针位置的读取				
功能	挡位	刻度号码	读取方法	读取结果
Ω	×100	①	−60×100	6000Ω（6kΩ）
DCV	120V	Ⓑ和③	−30×1	30V
ACV（rms）	300V	Ⓡ和②	−8.5×10	85V
ACV（P-P）	840V	④	−2.4×100	$240V_{P-P}$
±DCA	±1.5m	⑥	−7.5×0.1	−0.75mA

图 1-23　指针万用表读取举例

⑧ 测电路上的电阻时，需要将电路的电源切断，以免测量结果不准确、把表头烧坏等情况发生。

⑨ 使用万用表完毕后，不要将量程开关放在欧姆挡上，应把量程开关拨在直流电压或交流电压的最大量程位置上。

（4）万用表作为电流表使用

① 把万用表串接在被测电路中时，需要注意电流的方向。也就是把红表笔接电流流入的一端，黑表笔接电流流出的一端。如果不知道被测电流的方向，则可以在电路的一端先接好一支表笔，另一支表笔在电路的另一端轻轻地碰一下，如果指针向右摆动，则说明接线正确；如果指针向左摆动，则说明接线不正确，需要把万用表的两支表笔位置调换。

② 在指针偏转角大于或等于最大刻度 30％时，尽量选用大量程挡。因量程越大，分流电阻越小，电流表的等效内阻越小，被测电路引入的误差越小。

③ 测大电流时，不要在测量过程中拨动量程选择开关，以免产生电弧，烧坏转换开关。

（5）万用表作为电压表使用

① 万用表作为电压表使用时，需要把万用表并接在被测电路上。

② 测量直流电压时，需要注意被测点电压的极性，也就是把红表笔接电压高的一端，黑表笔接电压低的一端。如果不知道被测电压的极性，则可以采用试探法试一试，如果指针向右偏转，则说明可以进行测量；如果指针向左偏转，则需要把红表笔、黑表笔调换才能够

测量。

③ 为了减小电压表内阻引入的误差，在指针偏转角大于或等于最大刻度的30％时，测量尽量选择大量程挡。

④ 测量交流电压时，不必考虑极性问题，只要将万用表并接在被测两端即可。

⑤ 交流电源的内阻都比较小，因此测量交流电压时，不必选用大量程挡或选高电压灵敏度的万用表。

⑥ 被测交流电压只能是正弦波，其频率应小于或等于万用表的允许工作频率，否则会产生较大误差。

⑦ 测量有感抗的电路中的电压时，需要在测量后先把万用表断开再关电源，以免在切断电源时，因电路中感抗元件的自感现象，产生高压把万用表烧坏。

⑧ 不要在测较高的电压时拨动量程选择开关，以免产生电弧，烧坏转换开关。

⑨ 测量大于或等于100V的高电压时，必须注意安全与正确的操作方法。

⑩ 电压〔DCV，±DCV，ACV(rms)，ACV(P−P)〕、电流〔DCA，±DCA〕挡位的选择原则：选择大于测量的最大值的挡位，并且使指针摆动幅度尽量大。例如，测量DC 9V的电压时，不选择3V或30V的挡位，而选择12V的挡位；测量DC 15V时，选择30V的挡位。

1.5.3 数字型万用表的使用方法

（1）基本使用方法

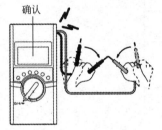

图 1-24　导通性检测

① 在电源打开后，需要确认电池低电量标志是否点亮。如果该标志点亮，则需要更换新的电池。

② 为了确保安全，进行操作前需要进行导通性检测。可以通过检查蜂鸣器是否发出声音来判断：如果没有发出声音，则需要检查。如果显示屏没有任何显示，则电池电量可能已经完全耗尽。导通性检测如图1-24所示。

（2）显示器的读取

显示器的读取需要看符号、数据，不同的数字万用表屏幕显示的符号有差异。数字万用表屏幕显示的符号如下：

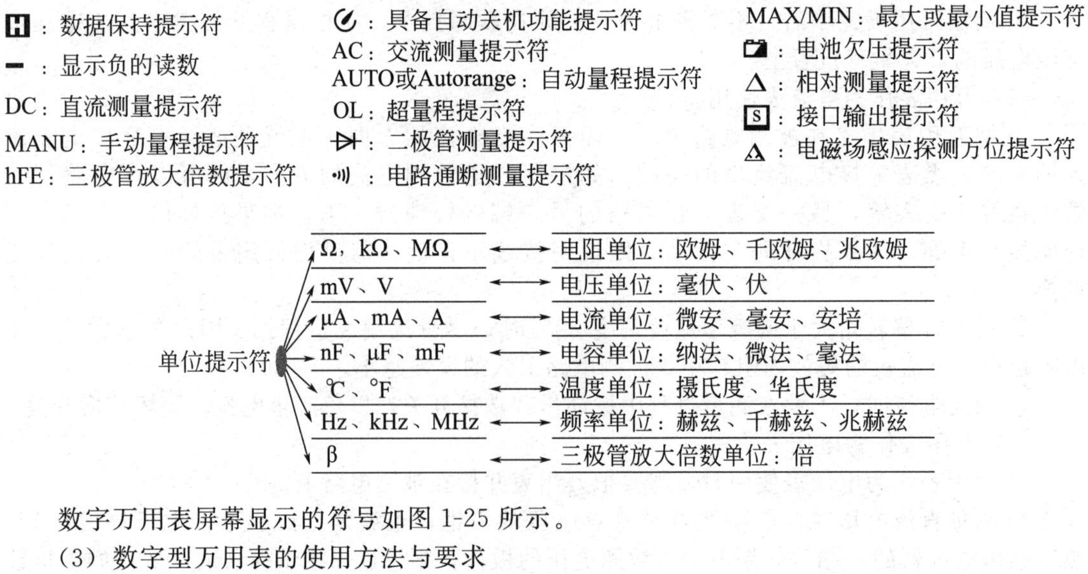

H：数据保持提示符	�：具备自动关机功能提示符	MAX/MIN：最大或最小值提示符
—：显示负的读数	AC：交流测量提示符	🔋：电池欠压提示符
DC：直流测量提示符	AUTO或Autorange：自动量程提示符	△：相对测量提示符
MANU：手动量程提示符	OL：超量程提示符	**S**：接口输出提示符
hFE：三极管放大倍数提示符	▷|：二极管测量提示符	△：电磁场感应探测方位提示符
	·))：电路通断测量提示符	

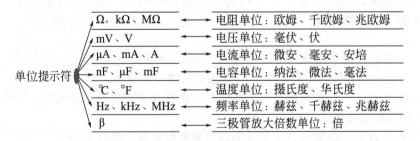

数字万用表屏幕显示的符号如图1-25所示。

（3）数字型万用表的使用方法与要求

① 测量电阻时，先将表笔插进"COM"和"VΩ"孔中，再把旋钮打旋到"Ω"中所需

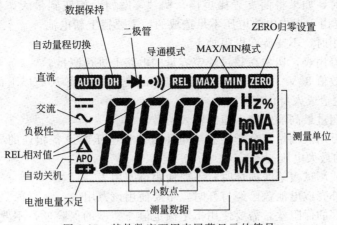
图 1-25 某款数字万用表屏幕显示的符号

的量程，然后用表笔接在电阻两端金属部位。测量中可以用手接触电阻，但不要把手同时接触电阻两端。读数时，要保持表笔与电阻有良好的接触，并且注意单位。

② 测量直流电压时，先将黑表笔插进"COM"孔，红表笔插进"VΩ"，再把旋钮转到比估计值大的量程，接着把表笔接电源或电池两端，并且保持接触稳定。数值可以直接从屏上读取，如果显示为"1."，则说明量程太小。如果在数值左边出现"一"，则说明表笔极性与实际电源极性相反，此时红表笔接的是负极。

③ 测量交流电压时，表笔插孔与直流电压的测量一样，只是旋钮需要打到交流挡"V～"处所需的量程即可。交流电压无正负之分。

④ 测量直流电流时，先将黑表笔插入"COM"孔。如果测量大于 200mA 的电流，则要将红表笔插入"10A"插孔，并将旋钮打到直流"10A"挡。如果测量小于 200mA 的电流，则需要将红表笔插入"200mA"插孔，并且将旋钮打到直流 200mA 以内的合适量程。如果屏幕显示为"1."，则说明需要加大量程。如果在数值左边出现"一"，则说明电流从黑表笔流进万用表。

⑤ 普通万用表的表笔都存在阻值较大的问题，爱好者可以自行制作一副表笔：准备 1m 左右的优质音箱线或者多芯铜电线，带绝缘套的夹子一对，用于音箱接线的香蕉插一对。线的一端焊牢在夹上，另一端相应接入香蕉插中。

1.6 万用表的使用注意事项

1.6.1 指针万用表的使用注意事项

万用表属于比较精密的仪器，如果使用不当，不仅造成测量不准确，甚至会损坏指针万用表。为此，需要掌握万用表的使用方法、注意事项。

① 指针万用表测量电流、电压时，不能旋错挡位。如果误用电阻挡或电流挡去测电压，易烧坏电表。

② 测量直流电压、直流电流时，需要注意"＋""－"极性，不要接错。如果发现指针开始反转，需要立即调换表棒，以免损坏指针、表头。

③ 如果不知道被测电压、电流的大小，需要先用最高挡，再根据情况选用合适的挡位来测试，以免表针偏转过度而损坏表头。

④ 测量电阻时，不要用手触及元件裸体的两端或两支表棒的金属部分，以免人体电阻与被测电阻并联，使测量结果不准确。

⑤ 测量电阻时，如果将两支表棒短接，调"零欧姆"旋钮到最大，指针仍然达不到 0 点，该现象一般是由于表内电池电压不足造成的，需要换上新电池。

⑥ 万用表不用时，不要旋在电阻挡上。

⑦ 使用指针万用表，切勿在超过规定容量的电路上进行测量。

⑧ 当测量有效值 33V（峰值为 46.7V）以上的交流电压或 70V 以上的直流电压时，必须特别小心，避免造成人身伤害。

⑨ 不要施加超过最高额定输入值的输入信号。

⑩ 不要使用万用表测量与会产生感应电压或浪涌电压的设备相连的导线，因为电压可能会超过所允许的最大电压。

⑪ 当万用表或测试表笔线损坏时，不要使用该万用表。

⑫ 当万用表外壳或电池盖已经打开时，不要使用该万用表。

⑬ 万用表内部的保险丝，需要使用指定额定值与类型的保险丝，不要使用其他替代物，或将保险丝短路。

⑭ 进行测量时，需要将手指保持在表笔的手指保护翼后面。

⑮ 切换功能或量程时，需要将测试表笔从电路中断开。

⑯ 开始测量前，需要确保万用表的功能、量程已经适当地进行了设置。

⑰ 不要在万用表潮湿时或用湿手操作万用表。

⑱ 需要使用指定型号的万用表测试表笔。

⑲ 除了更换电池、保险丝以外，不要打开万用表外壳。

⑳ 为了确保安全和保持精度，需要定期对万用表进行校准和检验。

㉑ 有的万用表仅限于室内使用。

㉒ 面向小容量电路而设计的高灵敏度万用表，其主要用于测量小型通信设备、家电产品的各部电压，电灯线、电池的电压，反复出现的电压波形的 P-P 值，μA 级别的微小电流。

㉓ 选择、使用万用表时，需要注意不要超过万用表的过载保护最大输入值，也就是不同万用表信号输入端与 COM 端间等最大电压是有规定的。例如万用表的过载保护最大输入值见表 1-7。

表 1-7　过载保护最大输入值（容量 6kV·A 以内）

功能		输入端子	过载保护最大输入[①]	
DCV	1000V	$\left[\dfrac{COM}{-}\right]\cdot\left[\dfrac{V\cdot A\cdot\Omega}{+}\right]$	DC·AC 1000V 或峰值 V_{P-P} 1400V	
ACV	750V			
DCV	1.2/3/12/30V		DC·AC 240V 或峰值 V_{P-P} 340V	
ACV	120/300V		DC·AC 750V 或峰值 V_{P-P} 1100V	
DCV	0.3V		DC·AC 50V 或峰值 V_{P-P} 70V	
DCA	0.12μA			
	0.3/3mA		DC·AC 10mA	DC·AC 100V 或峰 V_{P-P} 140V[②]
	30/300mA		DC·AC 500mA	
Ω	×1~×100kΩ		DC·AC 50V 或峰值 V_{P-P} 70V[②][③]	
DCA	6A	$\left[\dfrac{COM}{-}\right]\cdot\left[\dfrac{DC6A}{AC6A}\right]$	DC·AC 20A[④]	
ACA	6A			

① 过载保护最大输入值的信号施加时间为 5s 以内，并且 AC 电压信号波形为正弦波。

② 对电压的过压保护电路是保险丝（500mA）与二极管。

③ 对电压的过压保护电路是保险丝（500mA）与二极管，但是由于输入信号的时序（直流信号的极性），有时会导致电阻等器件损坏。

④ 过载保护电路是保险丝（6.3A）。

1.6.2 数字万用表的使用注意事项

为避免电击和人员伤害，使用数字万用表前，需要掌握数字万用表的安全信息、警告及注意点、使用方法等知识。

① 如果数字万用表损坏，不要使用。

② 使用数字万用表前，应检查外壳、接线端子旁的绝缘等。

③ 使用数字万用表前，应使用万用表测量一个已知的电压来确认万用表是正常的。

④ 测量电流时，连接数字万用表到电路前，需要关闭电路的电源。

⑤ 测量有效值为30V的交流电压、峰值达42V的交流电压或者60V以上的直流电压时，需要特别注意，因为该类电压会产生电击的危险。

⑥ 使用数字万用表前，检查表笔是否有损坏的绝缘或裸露的金属，以及检查表笔的通断。表笔损坏，则需要更换表笔。

⑦ 当非正常使用后，不要再使用数字万用表，其保护电路有可能失效。有所怀疑时，需要将数字万用表送修。

⑧ 一般数字万用表，勿在爆炸性气体、水蒸气或多尘的环境中使用。

⑨ 使用有的数字万用表时，需要保持手指一直在表笔的挡板之后。

⑩ 测量时，在连接红表笔前，要先连接黑表笔（公共端）。当断开连接时，要先断开红表笔，再断开黑表笔。

⑪ 数字万用表的外壳打开或者松动时，不要使用该数字万用表。

⑫ 为避免得到错误的读数而导致电击危险或人员伤害，需要在数字万用表指示低电压时，马上更换电池。

⑬ 测量时，不得超过数字万用表的限制电压，不能弄错电压的类别。

⑭ 不要在功能开关处于Ω位置时，将电压源接入。

⑮ 不要施加超过最高额定输入值的输入信号。

⑯ 不要使用万用表测量与会产生感应电压或浪涌电压的设备相连的导线，因为电压可能会超过所允许的最大电压。

⑰ 切换功能或量程时，需要将测试表笔从电路中断开。

⑱ 开始测量前，需要确保万用表的功能、量程已经适当地进行了设置。

⑲ 不要在万用表潮湿时或用湿手操作万用表。

⑳ 需要使用指定型号的万用表测试表笔。

㉑ 测量逆变器等特殊波形，有的万用表可能无法正确测量或有误动作发生。

㉒ 测量变频器时，有的万用表可能会发生误动作。

㉓ 测量正弦波之外的交流波形时，有的万用表指示值会比较小，注意不要测量过载信号。

㉔ 为了确保安全和保持精确度，需要对万用表定期进行校准和检验。

㉕ 有的万用表仅限于室内使用。

㉖ 当在变压器、高电流电路和无线电设备附近进行测量时，由于存在强磁场或强电场，测量结果可能会不准确。

㉗ 有的便携式数字万用表，主要用于测量弱电电路。其不仅可以对小型通信设备、家用电器、墙壁插座的电压、多种类型的电池进行测量，还有其他附加功能，有助于进行电路分析。有为用于测量低压电路而专门设计的数字万用表。

㉘ 选择、使用万用表时，注意不要超过万用表的过载保护最大输入值。数字万用表的过载保护最大输入值见表1-8。

表 1-8　某款数字万用表的过载保护最大输入值

功能	测量插孔	最大额定输入值	最大过载保护输入值
V	V/ADP/Ω/·))/▷⊦/⊣⊦/TEMP/Hz·COM	DC·AC 1000V	1050Vrms，1450V（峰值）
ADP		DC·AC 400mV	600VDC/AC rms
Ω··))·▷⊦·⊣⊦·TEMP		⚠禁止施加电压或电流输入	
Hz		20VAC rms	
μA·mA	μA/mA·COM	DC·AC 400mA	0.63A/500V 保险丝熔断容量：200kA
A	A·COM	DC·AC 10A（10A 量程可进行连续测量）	12.5A/500V 保险丝熔断容量：20kA

另外一款数字万用表的过载保护最大输入值见表 1-9。

表 1-9　另外一款数字万用表的过载保护最大输入值

功能	输入端子	最大输入值	最大过载保护值
DCV·ACV	红表笔＋黑表笔－	DC/AC 600V	DC/AC 600V
Hz/Duty			
Ω/·))/▷⊦		禁止输入电流、电压	
电容			
DCA·ACA	钳式电流探头	禁止输入电压	DC/AC 100A

第 2 章

使用万用表检测常见参数

2.1 阻值的检测判断

2.1.1 用指针万用表检测判断阻值

① 把红表笔的插头插入＋输入端子，把黑表笔的插头插入 COM 输入端子。

② 打开电源开关。有的指针万用表没有电源开关，则无该步骤。

③ 转动功能/挡位切换开关到 Ω 刻度盘的左端无穷大∞的位置。

④ 短接红表笔与黑表笔，调整 0Ω 调节旋钮，使指针指向刻度盘右端的 0Ω 位置。

⑤ 把红表笔与黑表笔分别触碰被测物的两端。

⑥ 测量值由 Ω 刻度盘上读出指示值。

⑦ 从被测电路移开表笔。

⑧ 关闭电源开关。有的指针万用表没有电源开关，则无该步骤。

用指针万用表检测判断阻值如图 2-1 所示。

说明 电阻测量时，各挡位的测试电流相差较大，测量的电阻值会随着测试电流不同而异。同一器件的测量结果会随着测试挡位不同而有细微变化。

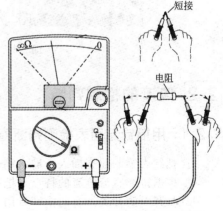

图 2-1　用指针万用表检测判断阻值

2.1.2 用数字万用表检测判断阻值

① 转动功能旋转开关，调到 Ω 挡位。

② 把红表笔、黑表笔触碰被测物两端。

③ 在显示屏幕上读取测量值。

④ 测量后，从被测电路移开表笔。

数字万用表测量电阻如图 2-2 和图 2-3 所示。

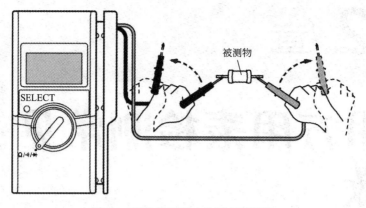

图 2-2 用数字万用表检测判断阻值

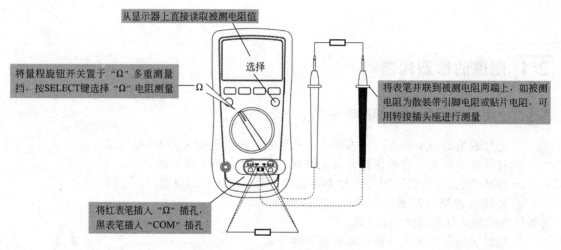

从显示器上直接读取被测电阻值

将量程旋钮开关置于 "Ω" 多重测量挡，按SELECT键选择 "Ω" 电阻测量

将表笔并联到被测电阻两端上，如被测电阻为散装带引脚电阻或贴片电阻，可用转接插头座进行测量

将红表笔插入 "Ω" 插孔，黑表笔插入 "COM" 插孔

图 2-3 一款数字万用表测量电阻图

2.2 电流的检测判断

2.2.1 用指针万用表检测判断直流电流

① 把红表笔的插头插入＋输入端子，黑表笔的插头插入 COM 输入端子。

② 根据待测直流电流的特点，把指针万用表挡位调到相应的直流电流（DCA）挡位。

③ 打开电源开关。有的指针万用表没有电源开关，则无该步骤。

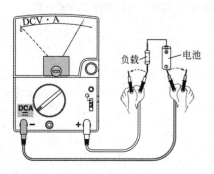

图 2-4 指针万用表检测判断直流电流

④ 旋转电气式零位旋钮，使指针指向 DCVA 刻度盘的零刻度位置。

⑤ 把黑表笔接到被测电路的负电位，红表笔接到经过负载后的＋电位。

⑥ 测量值由 DCVA 刻度盘上读出。单位根据使用挡位选择 μA（微安）或 mA（毫安）。

⑦ 从被测电路移开表笔。

⑧ 关闭电源开关。有的指针万用表没有电源开关，则无该步骤。

指针万用表检测判断直流电流如图 2-4 所示。

2.2.2　用数字万用表检测判断直流电流

① 把黑表笔插入 COM 孔。如果测量大于 200mA 的电流，则要把红表笔插入 "10A" 插孔，以及将旋钮打到直流 10A 挡。如果测量小于 200mA 的电流，则需要把红表笔插入 200mA 插孔，以及把旋钮调到直流 200mA 内的合适量程。

有的数字万用表，当测量最大值为 200mA 的电流时，红表笔插入 mA 插孔，当测量最大值为 20A 的电流时，红表笔插入 20A 插孔，如图 2-5 所示。

② 把万用表串进电路中，保持稳定，读出数即可。如果显示为 "1."，则说明要加大量程。如果在数值左边出现"—"，则说明电流从黑表笔流进万用表。

③ 如果使用前不知道被测电流范围，则需要把功能开关调到最大量程并逐渐下降。

数字万用表检测判断直流电流如图 2-6 所示。

图 2-5　直流电流挡

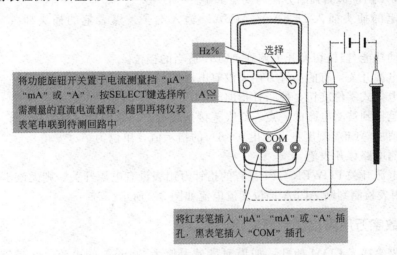

将功能旋钮开关置于电流测量挡 "μA" "mA" 或 "A"，按 SELECT 键选择所需测量的直流电流量程，随即再将仪表表笔串联到待测回路中

将红表笔插入 "μA" "mA" 或 "A" 插孔，黑表笔插入 "COM" 插孔

图 2-6　某款数字万用表的直流电流检测判断

2.2.3　使用钳式电流探头数字万用表检测判断电流

有的数字万用表可以测量低压 600V 以下的线路，利用钳式电流探头检测电流。例如 ACA 挡：可以测量频率为 40～400Hz 的正弦波电流的电源设备的电流等。DCA 挡：可以测量汽车电路的电流、直流设备的消耗电流等。

使用钳式电流探头数字万用表检测判断电流方法与要点如下。

① 将钳式电流探头支出来。

② 把功能旋转开关调到 CLAMP A 挡位，按选择按钮选定 AC 或 DC 功能。如果是 ACA 挡，可以不要调整零点。如果是 DCA 挡，则测量前使用 ZERO 设置功能，使显示为 0.0A。

③ 探头夹入被测导体，并且注意尽量夹在靠中央的位置。

④ 在显示部读取测量值。

⑤ 测量完后，从被测电路移开表笔。

使用钳式电流探头数字万用表检测判断电流如图 2-7 所示。

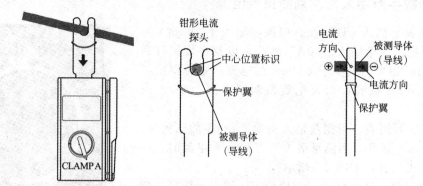

图 2-7　使用钳式电流探头数字万用表检测判断电流

2.2.4　用指针万用表检测判断交流电流

有的指针万用表具有交流电流（AC6A）的挡位，可测量小型电源电路等 6A 以下的交流电流。AC6A 挡位检测判断方法与要点如下。

① 红表笔的插头插入 DC6A＋/AC6A～输入端子，黑表笔的插头插入－COM 输入端子。

② 把转动功能/挡位切换开关调到 AC6A 适当的挡位。

③ 打开电源开关。有的指针万用表没有电源开关，则无该步骤。

④ 旋转电气式零位旋钮，使指针指向 AC6A 刻度盘零刻度位置。

⑤ 黑表笔接到被测电路的一点，红表笔接到经过负载后的另一点。

⑥ 测量值由 AC6A 刻度盘上读出 0～6A 的指示值，单位为 A（安培）。

⑦ 从被测电路移开表笔。

⑧ 关闭电源开关 POWER-OFF。有的指针万用表没有电源开关，则无该步骤。

指针万用表检测判断 AC6A 挡位交流电流如图 2-8 所示。

2.2.5　用数字万用表检测判断交流电流

① 把黑表笔插入 COM 插孔。如果测量最大值为 200mA 的电流，红表笔插入 mA 插孔。如果测量最大值为 20A 的电流时，红表笔插入 20A 插孔，如图 2-9 所示。

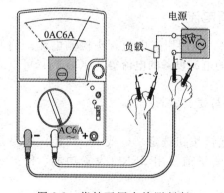

图 2-8　指针万用表检测判断
AC6A 挡位交流电流

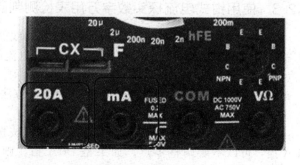

图 2-9　插入表笔

② 把功能开关调到交流电流挡 A～相应量程，把测试表笔串联接入到待测电路中。保

持稳定，读出数即可。

数字万用表的交流电流检测判断如图 2-10 所示。

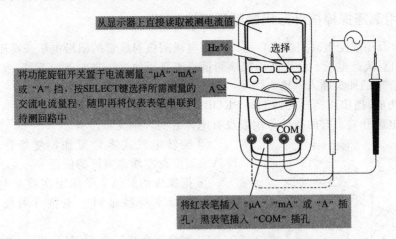

从显示器上直接读取被测电流值

Hz% 选择

将功能旋钮开关置于电流测量 "μA" "mA"
或 "A" 挡，按SELECT键选择所需测量的
交流电流量程，随即再将仪表表笔串联到
待测回路中

A∿

COM

将红表笔插入 "μA" "mA" 或 "A" 插
孔，黑表笔插入 "COM" 插孔

图 2-10　某款数字万用表的交流电流检测判断

2.3　电压的检测判断

2.3.1　用指针万用表检测判断直流电压

直流电压指针万用表可以测量电池或直流电路的电压，检测判断的方法与要点如下。

① 把红表笔的插头插入＋输入端子，黑表笔的插头插入－COM 输入端子。

② 根据待测的直流电压，把指针万用表挡位调到相应的直流电压（DCV）挡位。

③ 打开电源开关。有的指针万用表没有电源开关，则无该步骤。

④ 旋转电气式零位旋钮，使指针指向 DCVA 刻度盘左端零刻度的位置。

⑤ 把黑表笔触碰到被测电路的负电位，红表笔触碰到被测电路的正电位。

⑥ 测量值由指示在 DCVA 刻度盘上的 V（电压）单位读出。

⑦ 从被测电路移开表笔，如图 2-11 所示。

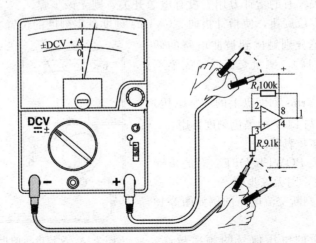

±DCV・A

R_f100k

2
8
4
1
3

R_i9.1k

DCV
─┴─±

－　　＋

图 2-11　直流电压指针的万用表检测判断

⑧ 关闭电源开关 POWER-OFF。有的指针万用表没有电源开关，则无该步骤。

说明 对电视的水平输出电路，测量其含有很多高频谐波的电压时，指针有时会误动作而摆向相反的方向。

2.3.2 使用高压探棒指针万用表测量直流高压

有些指针万用表配上高压探棒，可以检测电视阴极射线管的阳极电压或高阻抗（微小电流的电路）的直流高电压。使用高压探棒测量直流高压的方法与要点如下。

① 把红表笔的插头插入＋输入端子，黑表笔的插头插入 COM 输入端子。

② 转动功能/挡位切换开关到 HV PROBE 挡位。

③ 打开电源开关。有的指针万用表没有电源开关，则无该步骤。

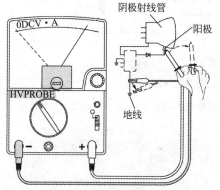

图 2-12 使用高压探棒测量直流高压

④ 旋转电气式零位旋钮，使指针指向黑色的 DCVA 刻度盘左端零刻度的位置。

⑤ 把探棒的黑色夹子固定在被测电路的负电位地线，探棒本身触碰到＋电位（阴极射线管的阳极）。

⑥ 测量值由指示在 DCVA 的 0～30V 刻度盘上kV（千伏）单位读出。

⑦ 从被测电路取下探棒时，要先移开探棒，然后取下黑色夹子。

⑧ 关闭电源开关。有的指针万用表没有电源开关，则无该步骤。

使用高压探棒测量直流高压图例如图 2-12 所示。

说明 许多指针万用表不能检测测量交流高压。

2.3.3 用指针万用表检测判断交流电压实效值

交流电压 ACVrms 为测量正弦波交流电压的实效值（rms）。指针万用表检测判断交流电压实效值方法与要点如下。

① 把红表笔的插头插入＋输入端子，黑表笔的插头插入 COM 输入端子。

② 根据待测的交流电压，把指针万用表挡位调到相应的交流电压（ACVrms）挡位。

③ 打开电源开关。有的指针万用表没有电源开关，则无该步骤。

④ 旋转电气式零位旋钮，使指针指向 ACVrms 刻度盘零刻度的位置。

⑤ 把红、黑表笔分别触碰到被测电路的两个测量点（与负载并联）。测量交流时，表笔不分正负极。

⑥ 测量值由 ACVrms 刻度盘上的 V（电压）单位读出。刻度数字与 DCV 的黑色刻度共用。

⑦ 从被测电路移开表笔。

⑧ 关闭电源开关 POWER-OFF。有的指针万用表没有电源开关，则无该步骤。

指针万用表检测判断交流电压图例如图 2-13所示。

说明 如果测量的电压信号的频率越高，则测量结果的误差会增加。

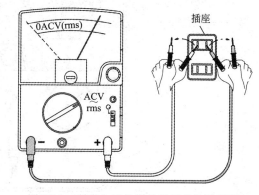

图 2-13 交流电压的指针万用表检测判断

2.3.4 用指针万用表检测判断交流电压（ACVP-P）

交流电压（ACVP-P）是测量不规则波形交流信号的最大值、最小值间的电压（P-P）值。指针万用表检测判断交流电压（ACVP-P）方法与要点同2.3.3节，图例如图2-14所示。

2.3.5 用数字万用表检测判断直流电压

① 把黑表笔插入COM插孔，红表笔插入VΩ插孔，如图2-15所示。

② 把功能开关调到比估计值大的直流电压挡V－量程范围（图2-16）。如果不知被测电压范围，则需要把功能开关调到最大量程并逐渐下降。然后将表笔连接到待测电源（测开路电压）或负载上（测负载电压降），并且保持接触稳定。红表笔所接端的极性将同时显示于显示器上，数值可以直接从显示屏上读取。

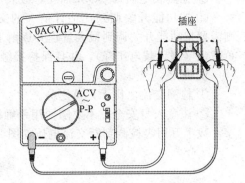

图 2-14　检测判断指针万用表交流电压（ACVP-P）

图 2-15　插好表笔

图 2-16　调到直流电压挡V－

说明

① 如果显示器只显示"1"，则说明过量程，需要把功能开关调到更高量程。

② 测量高电压时，注意避免触电。

③ 如果在数值左边出现"－"，则说明表笔极性与实际电源极性相反，此时红表笔接的是负极。

数字万用表检测判断直流电压如图2-17所示。

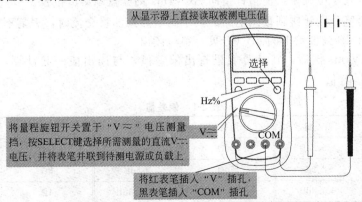

从显示器上直接读取被测电压值

选择

Hz%

将量程旋钮开关置于"V≈"电压测量挡，按SELECT键选择所需测量的直流V电压，并将表笔并联到待测电源或负载上

将红表笔插入"V"插孔，黑表笔插入"COM"插孔

图 2-17　某款数字万用表的直流电压检测判断

2.3.6　用数字万用表检测判断交流电压

①把黑表笔插入 COM 插孔，红表笔插入 V Ω 插孔。

②把功能开关调到比估计值大的交流电压挡 V～量程范围。如果不知被测电压范围，则需要把功能开关调到最大量程并逐渐下降。然后将表笔连接到待测电源（测开路电压）或负载上（测负载电压降），并且保持接触稳定。数值可以直接从显示屏上读取。

说明

①检测交流电压无正负之分。

②注意人身安全，不要随便用手触摸表笔的金属部分。

数字万用表检测判断交流电压如图 2-18 所示。

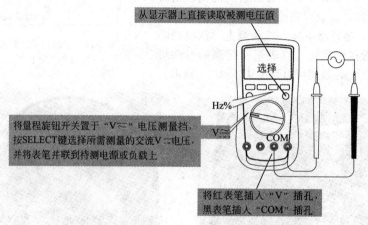

图 2-18　某款数字万用表的交流电压检测判断

2.4　功率、频率和占空比的检测判断

2.4.1　用指针万用表检测判断低频信号输出功率（dB）

①把红表笔的插头插入＋输入端子，黑表笔的插头插入－COM 输入端子。

②把指针万用表挡位调到相应的 $\underset{\smile}{\text{ACVrms}}$ 挡位。

③打开电源开关。有的指针万用表没有电源开关，则无该步骤。

④旋转电气式零位旋钮，使指针指向 $\underset{\smile}{\text{ACVrms}}$ 刻度盘零刻度位置。

⑤把红黑表笔分别触碰到被测电路的两个测量点。测量交流时，表笔不分正负极。

⑥测量值由 dB 刻度盘上的 dB（分贝）单位读出。

⑦选定 $\underset{\smile}{\text{ACVrms}}$ 挡后，在计算表里查出偏差值，与读出值一起计算，具体见表 2-1。该值为测量点的 dB 值。

表 2-1　偏差值

阻抗	偏差量	阻抗	偏差量	阻抗	偏差量
2kΩ	−5.2dB	300Ω	＋3dB	16Ω	＋15.8dB
1kΩ	−2.2dB	150Ω	＋6dB	8Ω	＋18.8dB
500Ω	＋0.8dB	50Ω	＋10.8dB	4Ω	＋21.8dB

注：不同的指针万用表偏差值不同。

⑧ 从被测电路移开表笔。

⑨ 关闭电源开关 POWER-OFF。有的指针万用表没有电源开关，则无该步骤。

低频信号输出功率（dB）指针万用表的检测判断如图 2-19 所示。

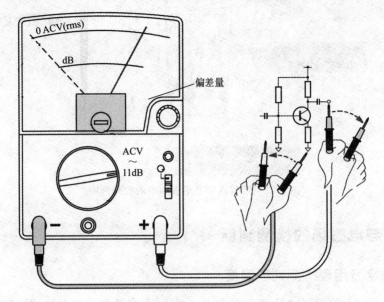

图 2-19　低频信号输出功率（dB）指针万用表的检测判断

2.4.2　用数字万用表检测判断频率和占空比

① 把功能旋转开关转到 V 挡位，然后按 SELECT 按钮选择 ACV 功能。

② 按 Hz/DUTY 按钮，选择频率或占空比功能。

③ 将红表笔、黑表笔触碰被测物体的两端。

④ 读取显示数值。

⑤ 从被测物（电路）移开表笔。

频率和占空比数字万用表的检测判断如图 2-20 所示。

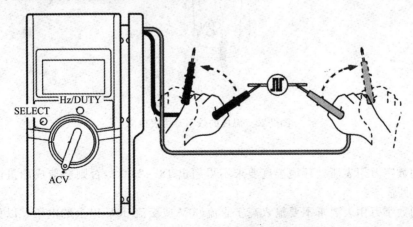

图 2-20　频率和占空比数字万用表的检测判断

数字万用表频率的检测判断如图 2-21 所示。

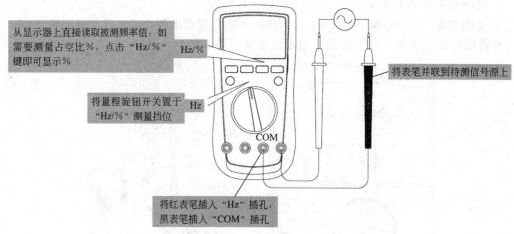

从显示器上直接读取被测频率值，如需要测量占空比%，点击"Hz/%"键即可显示%

Hz/%

将表笔并联到待测信号源上

将量程旋钮开关置于"Hz/%"测量挡位

Hz

COM

将红表笔插入"Hz"插孔，黑表笔插入"COM"插孔

图 2-21　某款数字万用表频率的检测判断

2.5 温度与电磁场的检测判断

2.5.1　用数字万用表检测判断温度

① 把量程旋钮开关调到"℃ ℉"挡位，一般 LCD 默认显示室温为"℃"。

② 把 K 型热电偶的香蕉插头插入对应孔位，把温度探头放在被测温度表面上。

③ 数秒后从 LCD 上直接读取被测表面温度值。

④ 如要读取华氏温度，则按下 SELECT 键，LCD 显示即可转换为℉值。

⑤ 完成所有的测量操作后，取下温度探头，如图 2-22 所示。

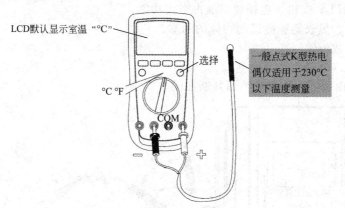

LCD默认显示室温 "℃"

选择

℃ ℉

COM

一般点式K型热电偶仅适用于230℃以下温度测量

图 2-22　温度的数字万用表检测

说明

① 有的数字万用表所处环境温度要求不得超出 18～23℃，否则会造成测量误差，并且低温测量更明显。

② 有的数字万用表要求不要输入高于直流 60V 或交流 30V 以上的电压，以免伤害人身安全。

2.5.2　用数字万用表感应探测电磁场

① 把量程旋钮开关调到"EF"挡位，并且拔下表笔。

② 将数字万用表的前端靠近被测物体进行感应探测。当探测到电磁场时，数字万用表 LCD 会以数字大小与声光三重提示显示探测电磁场的强弱程度，如图 2-23 所示。

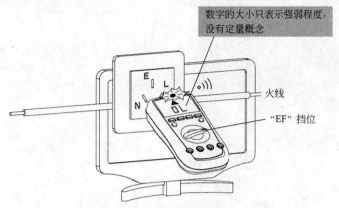

图 2-23　电磁场的数字万用表感应探测

说明　一般数字万用表电磁场的探测，LCD 显示数字的大小只表示强弱程度，没有定量概念。

第 3 章

使用万用表检测判断常用元器件

3.1 电阻与电位器的检测判断

3.1.1 电阻的检测判断

　　检测电阻的好坏，可以利用测量的数值与其标准值进行比较：如果吻合，则说明所检测的电阻是好的；如果相差较大，超过了允许误差范围，则说明所检测的电阻是坏的。

　　检测电阻阻值的间接测试法是通过测试电阻两端的电压，以及流过电阻中的电流，然后利用欧姆定律计算出该电阻的阻值。

　　指针万用表检测判断电阻如图3-1所示。

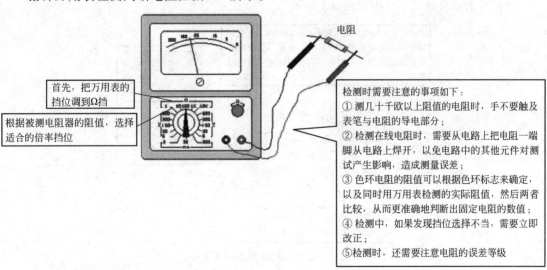

首先，把万用表的挡位调到Ω挡

根据被测电阻器的阻值，选择适合的倍率挡位

电阻

检测时需要注意的事项如下：
① 测几十千欧以上阻值的电阻时，手不要触及表笔与电阻的导电部分；
② 检测在线电阻时，需要从电路上把电阻一端脚从电路上焊开，以免电路中的其他元件对测试产生影响，造成测量误差；
③ 色环电阻的阻值可以根据色环标志来确定，以及同时用万用表检测的实际阻值，然后两者比较，从而更准确地判断出固定电阻的数值；
④ 检测中，如果发现挡位选择不当，需要立即改正；
⑤检测时，还需要注意电阻的误差等级

图 3-1　指针万用表检测判断电阻

　　数字万用表检测判断电阻如图3-2所示。

3.1.2 电位器的检测判断

　　① 把万用表调到合适的电阻挡。

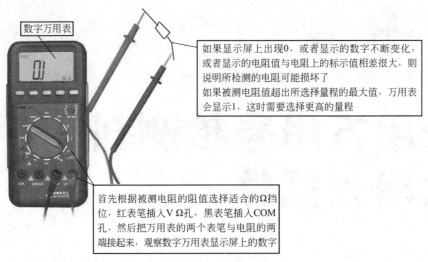

如果显示屏上出现0，或者显示的数字不断变化，或者显示的电阻值与电阻上的标示值相差很大，则说明所检测的电阻可能损坏了

如果被测电阻值超出所选择量程的最大值，万用表会显示1，这时需要选择更高的量程

数字万用表

首先根据被测电阻的阻值选择适合的Ω挡位，红表笔插入V Ω孔，黑表笔插入COM孔，然后把万用表的两个表笔与电阻的两端接起来，观察数字万用表显示屏上的数字

图 3-2　数字万用表检测判断电阻

②认准活动臂端、固定臂两端。

③用万用表的欧姆挡测固定臂两端，正常的读数应为电位器的标称阻值。如果万用表的指针不动或阻值相差很大，则说明该电位器已经损坏。

④检测电位器的活动臂与固定臂两端接触是否良好，即一表笔与活动臂端连接，另一表笔与固定臂两端中的任一端连接，然后转动转轴，这时电阻值也随之慢慢旋转逐渐变化，增大还是减小与逆时针方向旋转还是顺时针方向旋转有关。

如果万用表的指针在电位器的轴柄转动过程中有跳动现象，则说明活动触点有接触不良的现象。

指针万用表检测判断电阻如图 3-3 所示。

② 用万用表的欧姆挡测固定臂端两端，正常的读数应为电位器的标称阻值。如果万用表的指针不动或阻值相差很大，则说明该电位器已经损坏

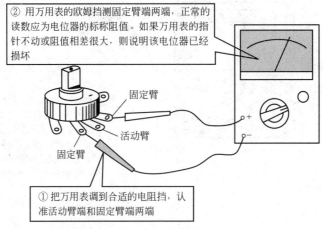

固定臂

活动臂

固定臂

① 把万用表调到合适的电阻挡，认准活动臂端和固定臂端两端

图 3-3　指针万用表检测判断电阻

3.2 电容的检测判断

3.2.1 容量小固定电容的检测判断

检测时，选择万用表 R×10k 或者 R×1k 挡，然后用两表笔分别任意接电容的两引脚，

正常阻值应为无穷大。如果测得阻值（指针向右摆动）为零，则说明该电容漏电损坏或内部击穿。

如果在线测量时，电容两引脚的阻值为 0，则可能是因为电路板上两引脚间线路是相通的。

指针万用表检测判断容量小的固定电容如图 3-4 所示。

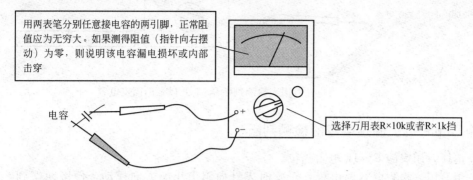

图 3-4　指针万用表检测判断容量小的固定电容

3.2.2　10pF～0.01μF 小电容的检测判断

用万用表检测判断 10pF～0.01μF 小电容，需要借助复合三极管来进行。选择的三极管一般选择 β 值 100 以上，以及穿透电流小的管子，例如可以选择 3DG6、3DC6、9013 等。

用万用表检测判断时，三极管根据图 3-5 所示连接成复合三极管，万用表的红表笔与黑表笔分别与复合管的发射极 e、集电极 c 相连接。性能良好的电容，接通的瞬间万用表的表针有较大的摆幅，并且容量越大，表针的摆幅也越大；如果表针不摆动，则说明该电容可能损坏了。

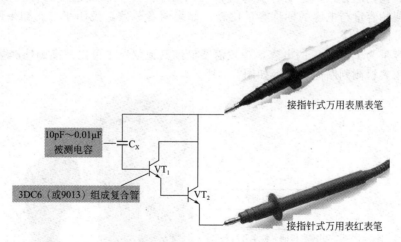

图 3-5　用万用表检测判断 10pF～0.01μF 小电容

3.2.3　0.01μF 以上固定电容的检测判断

把万用表调到 R×10k 挡，直接检测电容有无充电过程，有无内部短路或漏电，根据指针向右摆动的幅度大小估出电容的容量。

用指针万用表检测判断 $0.01\mu F$ 以上的固定电容，如图 3-6 所示。

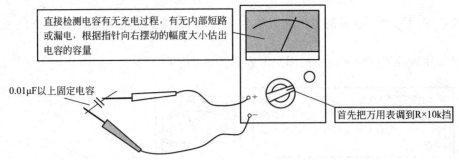

直接检测电容有无充电过程，有无内部短路或漏电，根据指针向右摆动的幅度大小估出电容的容量

$0.01\mu F$ 以上固定电容

首先把万用表调到R×10k挡

图 3-6　用指针万用表检测判断 $0.01\mu F$ 以上的固定电容

3.2.4　$1\mu F$ 以上固定电容的检测判断

① 选择万用表的 R×1k 电阻挡位。

② 用万用表检测电容两电极，正常时表针向阻值小的方向摆动，慢慢回摆到∞附近。再交换表笔检测一次，观察表针的摆动情况来判断：

a. 摆幅越大，说明该电容的电容量越大；

b. 如果表笔一直碰触电容引线，表针应指在∞附近，否则，说明该电容存在漏电现象，阻值越小，说明该电容漏电量越大，也就可以判断该电容质量差；

c. 如果测量时表针不动，则说明该电容已失效或断路；

d. 如果表针摆动，但是不能够回到起始点，则说明该电容漏电量较大，也就可以判断该电容质量差。

3.2.5　固定电容数字的检测判断

把万用表调到电容挡，把电容引脚直接插入数字万用表测量电容的相应插孔座检测即可。根据检测的容量与电容的标称容量比较，如果两者一致，说明正常。如果两者不一致，说明该电容可能损坏了。

说明　容量为 $1\mu F$ 以下的电容，一般需要借助其他仪器才可以较准确地测量出容量。

数字万用表检测判断固定电容如图 3-7 所示。

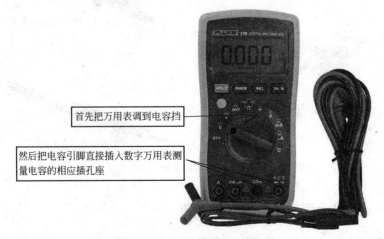

首先把万用表调到电容挡

然后把电容引脚直接插入数字万用表测量电容的相应插孔座

图 3-7　数字万用表检测判断固定电容

另一种数字万用表（图3-8）检测电容的方法与要点如下：

① 把功能旋转开关转到电容挡位；

② 把红表笔、黑表笔触碰到被测电容两端脚；

③ 在显示部读出测量值；

④ 测量后即把红表笔、黑表笔从被测电容两端脚上移开。

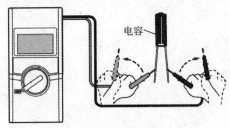

图3-8　另一种数字万用表检测电容的方法

说明

① 不要在测量插孔上施加任何电压或电流。

② 进行测量前，需要将电容器放电。

③ 测量电容容量越大，测量时间越长。

④ 不适用于测量漏电电流比较大的电解电容。

⑤ 由于周围的杂讯和表笔本身的残留电容容量，可能会使显示不够稳定。

3.3　电感与线圈的检测判断

3.3.1　用指针万用表检测判断电感与线圈

把万用表的挡位调到R×10挡，再对万用表进行调零校正。把万用表的红表笔、黑表笔分别搭在电感两端的引脚端上，即可检测出当前电感的阻值，一般情况下，能够测得相应的固定阻值。

如果电感的阻值趋于0Ω，则说明该电感内部可能存在短路现象。如果被测电感的阻值趋于无穷大，则需要选择最高阻值的量程继续检测。如果更换高阻量程后，检测的阻值还是趋于无穷大，则说明该被测电感可能已经损坏了。

用指针万用表检测判断电感与线圈如图3-9所示。

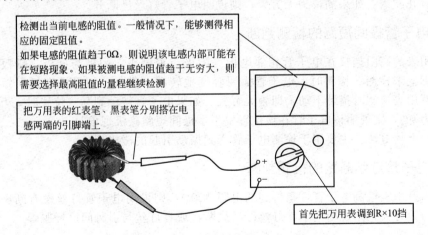

检测出当前电感的阻值。一般情况下，能够测得相应的固定阻值。
如果电感的阻值趋于0Ω，则说明该电感内部可能存在短路现象。如果被测电感的阻值趋于无穷大，则需要选择最高阻值的量程继续检测

把万用表的红表笔、黑表笔分别搭在电感两端的引脚端上

首先把万用表调到R×10挡

图3-9　指针万用表检测判断电感与线圈

3.3.2　用数字万用表检测判断电感与线圈

首先把数字万用表的功能/量程开关调到L挡。如果被测的电感大小是未知的，则需要先选择最大量程再逐步减小。根据被测电感的特点，用带夹短测试线，插入数字万用表的Lx两测试端子进行检测并保证可靠接触，数字万用表的显示器上即显示出被测电感值，如

图 3-10 所示。

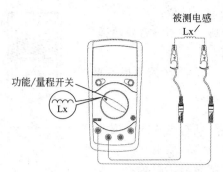

图 3-10　数字万用表检测判断电感与线圈

使用 2mH 量程时，需要先把数字万用表的表笔短路，然后检测引线的电感，再在实测值中减去该值。如果检测非常小的电感，最好采用小测试孔。

有的数字万用表不能检测电感的品质因素。

3.4　电子管的检测判断

3.4.1　电子管好坏的检测判断

① 检测是否衰老、老化　主要通过测量电子管阴极的发射能力来判断：首先单独给灯丝提供工作电压（即其他各极电压不加），并且预热大约 2min，然后用万用表 R×100 挡，黑表笔接栅极，红表笔接电子管阴极，一般正常的栅阴极间的电阻应小于 3kΩ。偏离该阻值越来越大，则说明该电子管老化越严重。

② 检测灯丝电压　一般采用万用表 R×1 挡，测量电子管两个灯丝引脚的电阻值，一般正常值只有几欧姆。如果测得为无穷大，则说明电子管灯丝已断开。

3.4.2　电子管极间短路的检测判断

用万用表的高阻挡接在电子管相邻电极（阳极与帘栅极、阳极与栅极、栅极与阴极间等）的引脚上来检测。检测时，电子管需要轻度地转动、敲击。如果没有极间短路碰极现象，则用万用表检测时指针不动，即为无穷大。如果电子管转动到某一位置时，万用表指示的电阻值为 0Ω，则说明该电子管在该位置发生了极间短路碰极现象。

说明　上述方法，主要用于检测电子管受到振动引起的碰极现象。

3.4.3　电子管灯丝断路的检测判断

如果用万用表检测电子管灯丝得到的电阻为 0Ω，则说明电子管灯丝没有断路。如果得到的阻值为无穷大，则说明电子管灯丝已经烧断，或者灯丝与引脚间已经脱焊。

3.4.4　电子管衰老的检测判断

首先给电子管只接通灯丝电压，并且预热 2min。然后把万用表调到 R×100 挡，正表笔接阴极 K，负表笔接栅极 G，也就是相当于给电子管加上 1.5V 的正栅偏压，这样阴极发射的电子被栅极吸收，并且形成栅流，会引起万用表表针的偏转。一般偏转角度越大，说明阴极发射电子的能力越强。

另外，也可以直接读出栅流值（即阴极电流 I_K）来判断电子管是否衰老。

3.4.5 电压放大级电子管衰老的检测判断

扩音机等一些设备作电压放大级用的电子管，一般是工作在甲类放大状态。电源电压稳定，阳极电流会随信号呈线性变化，如果这时用万用表的直流电压挡检测电子管的阳极电压，无信号输入时检测出一个值，然后检测有信号输入时阳极电压值。如果阳极电压在上述两种状态下均保持不变，则说明该电子管没有衰老。如果阳极电压存在变化，则说明该电子管已经衰老。

3.4.6 功率放大级电子管衰老的检测判断

由于一些推挽功率放大初级绕组两半边阻值相等，推挽两管的电路条件相同，静态时电子管的阳极电流分别通过两初级绕组产生的压降也相等。如果两电子管衰老，则两绕组电压降也同时减小，减小的量越大，说明该电子管衰老越严重。如果两绕组压降不平衡，则压降小的一边的电子管衰老较严重。

一些功率放大级采用双臂推挽放大，工作在甲乙类或乙类状态，电子管阳极电流不会随信号呈线性变化，因此，不能采用电极电流来判断。

3.5 二极管的检测判断

3.5.1 用指针万用表检测判断二极管类型

① 如果用指针万用表的 R×100 挡检测，得到二极管的正向电阻为 $500\Omega\sim1k\Omega$，则说明该管是锗管。

② 如果用指针万用表的 R×100 挡检测，得到二极管的正向电阻为几千欧到几万欧，则说明该管是硅管。指针万用表的 R×100 挡如图 3-11 所示。

图 3-11 指针万用表的 R×100 挡

③ 二极管类型用指针万用表检测，也可以通过检测压降来判断：锗管一般为 0.2V 左右，硅管一般为 0.6V 左右。

④ 利用指针万用表检测二极管的最高工作频率来判断是否为高频管：选择指针万用表的 R×1k 挡进行检测，一般正向电阻小于 $1k\Omega$ 的多为高频管。

⑤ 用指针万用表判断普通二极管与稳压二极管的方法与要点如下：首先把指针万用表调到 R×1k 挡，检测其正向、反向电阻，再确定被测管的正极端、负极端。然后把指针万用表调到 R×10k 挡，指针万用表黑表笔接负极，红表笔接正极，如图 3-12 所示。这样利用指针万用表表内的 9～15V 叠层电池提供反向电压。然后根据读数来判断：电阻读数较小（万用表指针向右偏转较大角度）的为稳压管，电阻为无穷大的则为普通二极管。

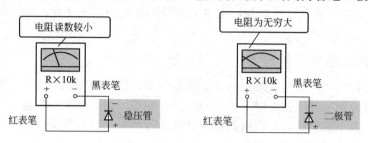

图 3-12　指针万用表法的判断

⑥ 用指针万用表二极管挡判断开关二极管与齐纳二极管的方法与要点如下：首先把指针万用表调到二极管挡，然后进行检测。其中，开关二极管的正向导通压降一般为 0.55V 左右，齐纳二极管的正向导通压降一般为 0.72V 左右。

3.5.2　用指针万用表判断二极管极性

① 把指针万用表调到 R×100 挡或 R×1k 挡。

② 把指针万用表两表笔分别接二极管的两个电极端，检测得出一个结果数值后，对调指针万用表两表笔，再检测出一个结果数值。

③ 两次检测的结果中，检测得出的阻值较大的为反向电阻，阻值较小的为正向电阻。以阻值较小的一次检测为依据，指针万用表黑表笔所接的是二极管的正极端，红表笔所接的是二极管的负极端。

3.5.3　用指针万用表检测判断二极管性能

① 用指针万用表检测二极管的正向、反向电阻值。阻值相差越大，则说明该二极管单向导电性能越好，如图 3-13 所示。

② 用指针万用表检测二极管，如果测得二极管的正向、反向电阻值均接近 0Ω 或阻值较小，则说明该二极管内部已经击穿短路或漏电损坏，如图 3-14 所示。

图 3-13　正向、反向电阻相差越大

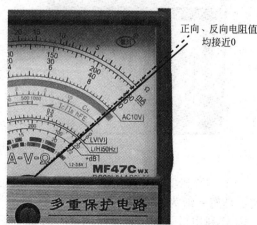

图 3-14　正向、反向电阻值均接近 0Ω 或阻值较小

③ 用指针万用表检测二极管，如果测得二极管的正向、反向电阻值均为无穷大，则说明该二极管已开路损坏。

④ 硅管：靠近∞位置。用万用表检测二极管时，表针一般在左端基本不动，极靠近∞位置，则说明该硅管是正常的。硅面接触型的 2CP 型二极管正向电阻一般在 5kΩ 左右，反向电阻一般在 1000kΩ 以上，则说明该管是正常的。

⑤ 锗管：不超过满刻度的 1/4。用万用表检测二极管时，表针从左端启动一点，但不应超过满刻度的 1/4，则说明该锗管是正常的。锗点接触型的 2AP 型二极管正向电阻一般在 1kΩ 左右，反向电阻一般在 100kΩ 以上，则说明该管是正常的。

⑥ 一般小功率二极管的正、反向电阻检测，不宜使用万用表的 R×1 和 R×10k 挡。R×1 挡通过二极管的正向电流较大，可能会烧毁二极管。R×10k 挡加在二极管两端的反向电压太高，容易将二极管击穿。

⑦ 检波二极管或锗小功率二极管好坏的检测如下：选择指针万用表 R×100 挡，检测二极管的正向电阻，一般大约为 100～1000Ω，则说明该二极管是正常的。如果与该数值相差很大，则该检波二极管或锗小功率二极管可能损坏了。

说明 检测时，需要根据二极管的功率大小、不同的种类，选择指针万用表不同倍率的欧姆挡：

小功率二极管——一般选择 R×100 或 R×1k 挡；

中功率、大功率二极管——一般选择 R×1 或 R×10 挡；

普通稳压管（只有两只脚的结构）——一般选择 R×100 挡。

3.5.4 用数字的检测判断二极管极性

① 把数字万用表调到 NPN 挡（C 孔带正电，E 孔是负极），如图 3-15 所示。

② 把二极管插入 C 孔、E 孔。如果数字万用表数字显示溢出，则说明 C 孔接的是二极管的正极端，E 孔接的是二极管的负极。如果显示 000，则说明 E 孔接的是二极管的正极，C 孔接的是二极管的负极。

3.5.5 用数字万用表检测判断二极管好坏

① 把数字万用表功能旋转开关调到 Ω 挡位，按选择按钮选择二极管功能。

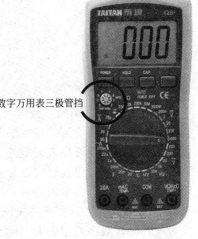

数字万用表三极管挡

② 把红表笔触碰被测二极管的阳极，黑表笔触碰阴极。

③ 在显示屏幕读取顺方向压降值。

④ 调换连接二极管的阴极与阳极。

⑤ 如果显示值与开路时的显示值均为 OL，则说明该二极管是好的。

⑥ 测量后，即把红表笔、黑表笔从被测二极管两端脚上移开。

图 3-15　数字万用表 NPN 挡

二极管数字万用表的检测如图 3-16 所示。

说明 如果测量时顺方向电压大于开路电压，即使是顺方向连接，显示仍然为 OL 警告。

另外一种用数字万用表检测二极管是否良好的方法与要点如下。

① 把数字万用表黑表笔插入 COM 插孔，红表笔插入 V Ω 插孔。

② 把功能开关调到二极管挡，把表笔连接到待测二极管，读出二极管正向压降的近似值。其中，肖特基二极管的压降大约为 0.2V，发光二极管为 1.8～2.3V，普通硅整流管（1N4000、1N5400 等）大约为 0.7V。

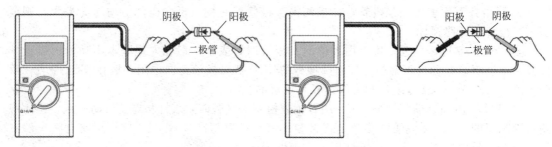

图 3-16　二极管数字万用表的检测

③ 根据二极管正向压降的近似值来判断待测的二极管是否正常。

④ 也可以进一步再判断：调换表笔，如果显示屏显示"1."，则说明该待测的二极管为正常。

说明　红表笔极性为＋。

还有一种数字万用表检测二极管是否良好的方法与要点如下。

① 把数字万用表红表笔插入"Ω ▸⊦ ·)))"插孔，黑表笔插入 COM 插孔，如图 3-17 所示。

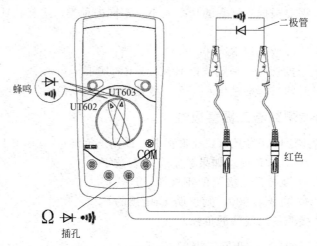

图 3-17　数字万用表检测二极管

② 把功能开关调到二极管与蜂鸣通断测量挡位。如果把红表笔连接到待测二极管的正极，黑表笔连接到待测二极管的负极，则数字万用表 LCD 上的读数为二极管正向压降的近似值。如果把数字万用表表笔连接到待测线路的两端，被测线路两端间的电阻值在 10Ω 以下时，数字万用表内置蜂鸣器会发出声音。如果被测线路两端间的电阻值大于 10Ω，数字万用表内置蜂鸣器不会发出声音，同时 LCD 显示被测线路两端的电阻值。

③ 如果被测二极管开路或极性接反（也就是黑表笔连接的电极为＋，红表笔连接的电极为－）时，数字万用表 LCD 会显示 1。

④ 用数字万用表的二极管挡，可以检测二极管及其他半导体器件 PN 结的电压降。对一个结构正常的硅半导体，正向压降的读数一般为 500～800mV。为避免数字万用表损坏，在线检测二极管前，需要先确认电路已切断电源，相关电容已放完电。

⑤ 一般数字万用表检测时，不要输入高于直流 60V 或交流 30V 的电压，以免损坏数字万用表与伤害检测操作者。

3.5.6　用数字万用表检测判断二极管类型

用数字万用表检测二极管的正向压降，如果数字万用表显示 0.550～0.700V，则说明该管为硅管；如果显示 0.15~0.300V，则说明该管为锗管。

3.6 整流二极管的检测判断

3.6.1 用指针万用表检测判断整流二极管极性

首先把指针万用表调到电阻挡，检测整流二极管两端的电阻，更换表笔再检测一次，以检测电阻较小的一次为依据，万用表红表笔接触的为整流二极管的正极 P。

3.6.2 整流二极管好坏的检测判断

整流二极管的判断与普通二极管的判断方法基本一样，也是根据检测正向、反向电阻来判断。例如，1N4007 正常的正向电阻为 500Ω 左右（图 3-18），反向电阻为无穷大。如果检测的正反电阻值与正常参考值相差很大，则说明整流二极管 1N4007 可能损坏了。

图 3-18　1N4007 正常的正向电阻为 500Ω 左右

3.7 开关二极管与发光二极管的检测判断

3.7.1 玻封硅高速开关二极管的检测判断

玻封硅高速开关二极管的万用表检测方法与普通二极管的万用表检测方法相同。但是，需要注意它们之间的差异：

① 开关二极管比普通二极管正向电阻较大；

② 开关二极管用 R×1k 电阻挡测量，一般正向电阻值为 5~10kΩ，反向电阻值为无穷大，如图 3-19 所示。

图 3-19　反向电阻值为无穷大

3.7.2　红外发光二极管极性的检测判断

首先把万用表调到 R×1k 挡，然后对红外发光二极管进行检测。正常情况下，正向电阻一般为 20～40kΩ（图 3-20），并且这时黑表笔接的一端为红外发光二极管的正极端，另外一端就是红外发光二极管的负极端。

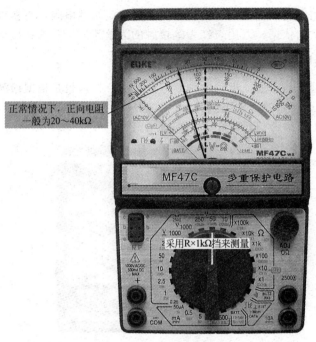

正常情况下，正向电阻一般为20～40kΩ

图 3-20　正常正向电阻

说明　红外发光二极管要求反向电阻越大越好。

另外，单色发光二极管极性的万用表＋干电池检测方法与要点如下。

在万用表外部附接一节 1～5V 干电池，检测电路如图 3-21 所示，然后把万用表调到 R×10 或 R×100 挡，这样就相当于给万用表串接上了 1～5V 电压，使检测电压增加到 3V，而发光二极管的开启电压一般为 2V。检测时，把万用表两表笔轮换接触发光二极管的两脚端，如果单色发光二极管性能良好，则有一次能够正常发光，这时的黑表笔所接的单色发光二极管端脚为正极端，红表笔所接的为负极端。

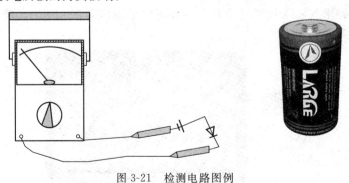

图 3-21　检测电路图例

说明　指针万用表电阻挡的表笔输出的电流，相对于数字万用表而言要大一些，因此，指针万用表的 R×10k 挡有时可以点亮发光二极管。

3.7.3　红外发射管与普通发光二极管的检测判断

根据极性，正确地把待判断的元件插入万用表的检测插座 e 与 c 孔内。如果能够发光的，则说明是普通发光二极管；如果不能够发光的，则需要进一步用检测光摄镜头法等方法来判断。

MF47 万用表判断红外发射管与普通发光二极管的方法与要点如下。

把 MF47 型万用表调到 R×10k 挡，检测管子的正向、反向电阻值。检测每一只管子时，当检测得到阻值较小的一次时，就是正向阻值。根据正向阻值来判断，发光二极管的正向阻值一般约为 45kΩ，红外线发射二极管的正向阻值一般约为 25kΩ。

如果采用 R×1k 挡来测量，则红外线发射二极管的正向电阻值一般约为 40kΩ（图 3-22）。发光二极管的正向、反向阻值皆为无穷大。

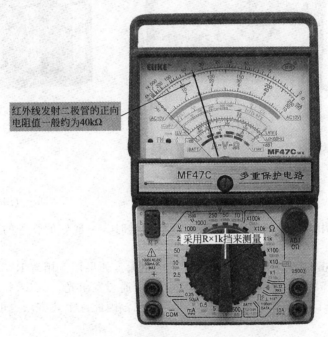

红外线发射二极管的正向电阻值一般约为40kΩ

采用R×1k挡来测量

图 3-22　红外线发射二极管的正向电阻

说明　不管采用 R×10k 挡测量，还是采用 R×1k 挡测量，两种管子的反向电阻值均应为无穷大。

3.7.4　发光二极管好坏的检测判断

（1）用万用表检测判断

发光二极管（图 3-23）的好坏用万用表检测判断。首先把万用表调到 R×1k 挡位，检测其正向、反向电阻值。一般正向电阻小于 50kΩ（图 3-24），反向电阻大于 200kΩ 以上为正常。如果检测得到其正向、反向电阻为零或为无穷大，则说明该被测发光二极管已经损坏。

也可以采用万用表的 R×10k 挡来检测。把万用表调到 R×10k 挡，内部电池是 9V 或更

图 3-23　发光二极管

大，如图 3-25 所示。一般发光二极管的正向阻值在 10kΩ 的数量级，反向电阻在 500kΩ 以上，并且发光二极管的正向压降比较大。在检测正向电阻时，可以同时看到发光二极管发出微弱的光。如果检测得到的正向、反向电阻均很小，则说明该发光二极管内部击穿短路。如果检测得到的正向、反向电阻均为无限大，则说明发光二极管内部开路。

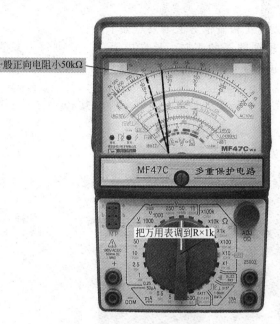

一般正向电阻小50kΩ

把万用表调到R×1k

图 3-24　一般正向电阻

图 3-25　万用表内部 9V 电池

发光二极管在用万用表 R×10k 电阻挡进行测量时，一般好的管子的正向电阻≥15kΩ，反向电阻≥200kΩ。

发光二极管的正向阻值比普通二极管正向电阻大。如果用万用表 R×1k 以下各挡检测，因表内电池仅为 1.5V，不能够使发光二极管正向导通与发出光。

另外，由于 LED 数码管也是由发光二极管组成，因此，上述方法也可以检测判断 LED 数码管。

（2）用双万用表检测

发光二极管的好坏，也可以采用双万用表来检测。准备好两块指针万用表，用一根导线把其中一块万用表的＋接线柱与另一块表的－接线柱连接好。剩下的负－表笔连接到被测发光二极管的正极端（即 P 区端），剩下的正＋表笔连接到被测发光二极管的负极端（即 N 区端）。然后把两块指针万用表均调到 R×10 挡。正常情况下，接通后就能够正常发光。如果亮度很低或不发光，则可以把两块指针万用表均调到 R×1 挡。如果依旧很暗或不发光，则说明该发光二极管性能不良或损坏。

说明　不能一开始检测就采用指针万用表 R×1 挡，以免电流过大，损坏被测的发光二极管。

（3）用万用表＋电容检测

发光二极管的好坏，还可以采用万用表＋电容来检测。选择一个容量大于 100μF 的电解电容（图 3-26），把万用表调到 R×100 挡，并且对该电容充电，其中万用表的黑表笔接电容正极，红表笔接负极，充电完毕后，黑表笔改接电容负极，并且将被测发光二极管接在红表笔与电容正极间。如果发光二极管亮后逐渐熄灭，则说明该发光二极管是好的。此时红表笔接的是发光二极管的负极，电容正极接的是发光二极管的正极。如果发光二极管不亮，将其两端对调重新接上测试。如果还不亮，则说明该检测的发光二极管已经损坏。

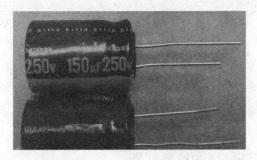

图 3-26   容量大于 $100\mu F$ 的电解电容

3.7.5   自闪二极管电极好坏的检测判断

首先把万用表调到 R×1k 挡，红表笔、黑表笔分别接在自闪二极管（图 3-27）的两引脚端进行检测，并且读出数值。然后调换一次表笔再检测一次，并且读出数值。比较两次检测的数值，以检测数值电阻大的一次为依据：黑表笔所接的为自闪二极管的正极端，红表笔所接的为负极端。

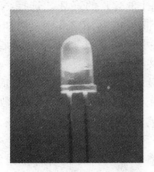

图 3-27   自闪二极管

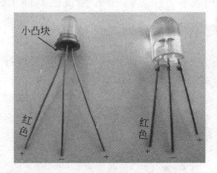

图 3-28   变色发光二极管

也可以采用万用表的 R×10k 挡来检测。把万用表调到 R×10k 挡，红表笔、黑表笔分别接自闪二极管的两引脚进行检测，并且读出数值。然后调换一次表笔检测一次，并且读出数值。比较两次数值，电阻大的一次表针具有 1cm 多的摆幅，并且自闪二极管有一闪一闪亮光，说明该自闪二极管是正常的。

3.7.6   变色发光二极管好坏的检测判断

三端变色发光二极管（图 3-28）是把一只红色发光二极管与一只绿色发光二极管封装在一起，并且它们的负极连在一起，引出作为公共端。它们的阳极各自单独引出。内部电路结构如图 3-29 所示。两端变色发光二极管外形与内部电路结构如图 3-30 所示。

三端变色发光二极管可以采用 MF47 等万用表来检测。把万用表调到 R×10k 挡，红表笔接任一脚，黑表笔接另外两引脚。如果出现两次低电阻，即大约 $20k\Omega$，则红表笔所接的就是变色发光二极管的公共负极端。然后，判断各自的阳极端，具体方法如下：先采用 3V 电池串一只 200Ω 电阻，再将电池负极接其公共负极端，200Ω 电阻一端分别接另外两端，当接触它一端脚就会发出相应的光，则该端就是变色发光二极管的阳极端。电路示意图如图 3-31 所示。

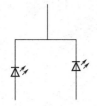
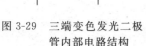
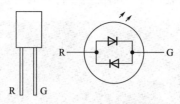
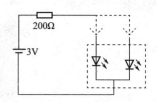

图 3-29　三端变色发光二极
管内部电路结构

图 3-30　两端变色发光二极管外形
与内部电路结构

图 3-31　变色发光二极管引脚的判
断示意图

3.7.7　发光二极管灯珠好坏的检测判断

发光二极管灯珠有的采用多个发光二极管串接而成，判断哪个单个发光二极管损坏，可以采用相应数值的电压电源接触各单个发光二极管的两引脚，看是否能点亮。例如接触某一单个发光二极管不亮，则说明该单个发光二极管损坏了。

串联成组结构，只要有一个发光二极管损坏，整组就不会亮。

3.7.8　LED 数码管好坏的检测判断

用数字万用表的 hFE 插口法判断 LED 数码管（图 3-32）的好坏。选择 NPN 挡时，C 孔带正电，E 孔带负电（图 3-33）。例如检查共阴极 LED 数码管时，可以从 E 孔插入一根单股细导线，把该导线引出端接共阴极端。再从 C 孔引出一根导线，依次接触各笔段电极端，根据是否显示所对应的笔段来判断即可。如果发光暗淡，则说明该 LED 数码管已经老化。如果显示的笔段残缺不全，则说明该 LED 数码管已经局部损坏。

图 3-32　LED 数码管

说明　对于型号不明、又无引脚排列图的 LED 数码管，可以预先假定某个电极为公共极，然后根据笔段发光或不发光加以验证。如果笔段电极接反或公共极判断错误时，该笔段就不能发光。

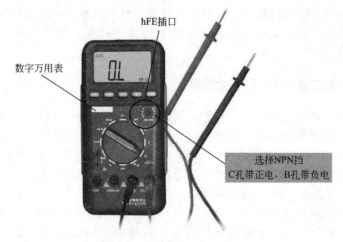

hFE插口

数字万用表

选择NPN挡
C孔带正电，B孔带负电

图 3-33　数字万用表 hFE 插口

3.8 稳压二极管的检测判断

3.8.1 稳压二极管等级的检测判断

① 把稳压二极管"带圈"的符号一端与万用表的直流电压 50V 挡的正极相连接，另一脚端分别与万用表的负极相连接。稳压二极管"带圈"的符号如图 3-34 所示。

② 如果检测出的电压读数为 +18V，则说明该稳压二极管的稳压值就是 +18V。如果检测出的电压读数为 +24V，则说明该稳压二极管的稳压值就是 +24V。以此类推。

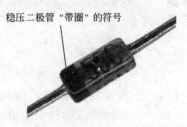

图 3-34　稳压二极管"带圈"的符号

3.8.2 稳压二极管极性的检测判断

① 把万用表调到 R×100 挡，两表笔分别接到稳压管的两脚端。

② 根据测得阻值较小的一次为依据来判断：黑表笔所接的引脚端为稳压管的正极端，红表笔所接引脚端则为稳压管的负极端。

另外，检测稳压二极管极性也可以采用万用表的 R×1k 挡来进行。调好挡位后，将万用表两表笔分别接稳压二极管的两个电极端，测得一个数值后，再对调两表笔测量，测得另一个数值。在两次测量结果数值中，选择数值较小的那一次，其红表笔接的是稳压二极管的负极，黑表笔接的是稳压二极管的正极。

3.8.3 稳压二极管稳压值的检测判断

（1）用万用表判断稳压二极管的稳压值

用 0~30V 连续可调直流电源，把电源正极串接一只 1.5kΩ 的限流电阻，再与被测稳压二极管的负极相连接，电源负极与稳压二极管的正极相连接。用万用表检测稳压二极管两端的电压值，该测量的电压数值就是稳压二极管的稳压值，电路如图 3-35 所示。对于 13V 以下的稳压二极管，可以把稳压电源的输出电压调到 15V。如果稳压二极管的稳压值高于 15V，则需要把稳压电源调到 20V 以上。

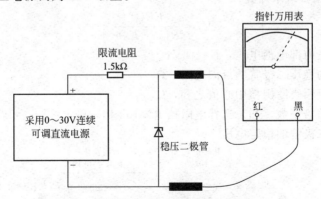

图 3-35　判断稳压二极管稳压值电路

（2）用万用表+计算法判断稳压二极管的稳压值

把万用表调到 R×10k 挡，红表笔接稳压管的正极，黑表笔接稳压管的负极。等万用表的指针偏转到一稳定值后，读出万用表的直流电压挡 DC10V 刻度线上的表针所指示的值，再根据下式计算出稳压二极管的稳压值（单位为 V）：

$$稳压值 V_Z = (10V - 读数) \times 1.5$$

例如，用上述方法测得某一稳压管的读数为直流电压3V，则：

$$被测管稳压值(V) = (10V - 3V) \times 1.5 = 10.5V$$

（3）用指针万用表＋计算法判断 $V_Z < 9V$ 稳压二极管的稳压值

把万用表调到 R×10k（万用表内部电池电压 $E = 9V$）挡，万用表黑表笔接稳压二极管的负极，红表笔接稳压二极管的正极，稳压二极管处于反向接通状态（图3-36），然后根据公式来计算：

$$V_Z = \frac{E R_{DW}}{R_{DW} + R_0 n}$$

式中　E——万用表内部电池电压，$E = 9V$；

　　R_{DW}——测出的稳压二极管的反向电阻，Ω；

　　R_0——万用表欧姆挡中心值，Ω；

　　n——电阻挡倍率数，如果选择电阻挡 R×10k 挡，则 $n = 10k = 10000$；

　　V_Z——稳压二极管的稳定电压，V。

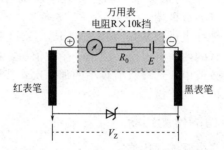

图3-36　$V_Z < 9V$ 稳压二极管稳压值检测

（4）用双万用表＋计算法判断 V_Z（9～18V）稳压二极管的稳压值

先把两只万用串联起来，把万用表调到 R×10k（万用表内部电池电压 $E = 9 + 9 = 18V$）挡，然后万用表黑表笔接稳压二极管的负极，红表笔接正极，稳压二极管处于反向接通状态（图3-37），然后根据公式来计算：

$$V_Z = \frac{E R_{DW}}{R_{DW} + R_0 n}$$

式中　E——万用表内部电池电压，$E = 18V$；

　　R_{DW}——测出的稳压二极管的反向电阻，Ω；

　　R_0——两只万用表欧姆挡中心值之和，Ω；

　　n——电阻挡倍率数，如果选择电阻挡 R×10k 挡，则 $n = 10k = 10000$；

　　V_Z——稳压二极管的稳定电压。

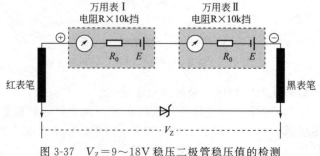

图3-37　$V_Z = 9 \sim 18V$ 稳压二极管稳压值的检测

说明 稳压二极管的稳定电压在 9～18V，如果用一只万用表是不能满足需要的，因它提供的电压不能使稳压二极管工作在反向击穿状态。

（5）用万用表＋兆欧表判断稳压二极管的稳压值

把兆欧表正端与稳压二极管的负极端相连接，兆欧表的负端与稳压二极管的正极端相连接，然后按要求匀速摇动兆欧表手柄，同时用万用表检测稳压二极管两端电压值，等万用表的指示电压稳定时，该稳定的电压值就是稳压二极管的稳压值。电路如图 3-38 所示。

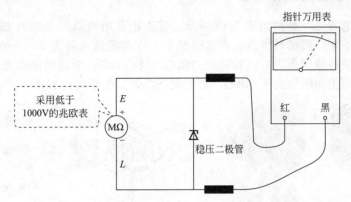

图 3-38　判断稳压二极管的稳压值

说明 万用表的电压挡，需要根据稳定电压值的大小来选择。一般情况，选择低于1000V 的兆欧表即可。当稳压二极管进入稳压区后，可以略加快速度摇动兆欧表，但是不能过快，以免电压过高，损坏稳压二极管。有时，还需要稳压管与一个 20kΩ 电阻串联后接在兆欧表的输出上。

3.8.4　稳压二极管好坏的检测判断

① 把万用表调到 R×1k 或者 R×100 挡。

② 把两表笔分别接稳压二极管的两个电极端，检测出一个结果后再对调万用表两表笔进行检测。如果测得稳压二极管的正向、反向电阻均很小或均为无穷大，则说明该稳压二极管已经击穿或者开路损坏，如图 3-39 所示。

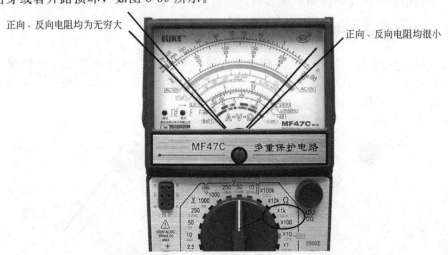

图 3-39　正向、反向电阻均很小或均为无穷大

说明 判断普通稳压二极管是否断路或者击穿损坏，与检测判断检波二极管好坏的方法基本相同。使用万用表的低电阻挡测量稳压管的正向、反向电阻时，其阻值应和普通二极管是一样的。

3.9 激光二极管与光电二极管(光敏二极管)的检测判断

3.9.1 激光二极管的检测判断

激光二极管的外形与类型如图 3-40 所示。首先把万用表调到 R×1k 或 R×10k 挡，再把激光二极管拆下来，测量其阻值。正常情况下，正向阻值一般为 20～40kΩ，反向阻值一般为无穷大。如果所检测激光二极管的正向阻值大于 50kΩ，则说明该激光二极管性能已经下降。如果检测的正向阻值大于 90kΩ，则说明该激光二极管已经损坏。

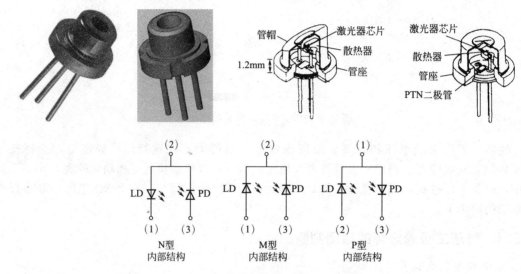

图 3-40　激光二极管的外形与类型

说明 由于激光二极管的正向压降比普通二极管要大，因此，检测激光二极管的正向电阻时，万用表指针可能仅略微向右偏转而已，而反向电阻则为无穷大。

3.9.2 光敏二极管与光敏三极管的检测判断

先把万用表调到 R×1k 挡。让被测光敏二极管与光敏三极管在不受光的情况下，检测两种光敏管的正向、反向电阻。正向、反向电阻差别大的，则为光敏二极管。正向、反向电阻差别小的，则为光敏三极管。

光敏二极管外形如图 3-41 所示。

图 3-41　光敏二极管外形

3.9.3　用万用表＋遥控器检测判断红外光敏二极管灵敏度

把万用表调到 R×1k 挡，检测光敏二极管的正向、反向电阻值。正常时，正向电阻值（黑表笔所接引脚为正极）一般为 3～10kΩ 左右，反向电阻值一般为 500kΩ 以上。

在检测红外光敏二极管反向电阻值的同时，可以用电视机的遥控器对着被检测红外光敏二极管的接收窗口。正常情况下，红外光敏二极管在按动遥控器上按键时，其反向电阻值会由 500kΩ 以上减小到 50～100kΩ。阻值下降越多，说明该红外光敏二极管的灵敏度越高，如图 3-42 所示。

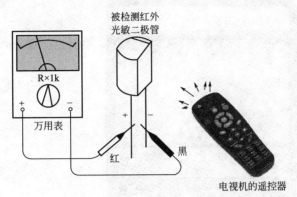

图 3-42　检测红外光敏二极管灵敏度

3.9.4　红外光敏二极管好坏的检测判断

把万用表调到 R×1k 挡，检测光敏二极管的正向、反向电阻值。正常时，正向电阻值（黑表笔所接引脚为正极）一般为 3～10kΩ，反向电阻值一般为 500kΩ 以上。如果检测得到的正向、反向电阻值均为 0Ω 或均为无穷大，则说明该光敏二极管已经击穿或开路损坏，如图 3-43 所示。

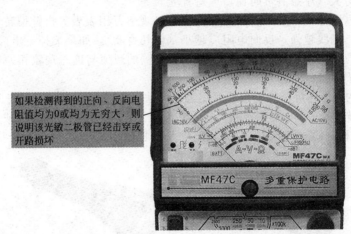

如果检测得到的正向、反向电阻值均为0或均为无穷大，则说明该光敏二极管已经击穿或开路损坏

图 3-43　红外光敏二极管正向、反向异常数值

3.9.5　光电二极管灵敏度的检测判断

把万用表调到 R×1k 挡，再把光电二极管的窗口遮住，检测光电二极管两引脚引线间正向、反向电阻，正常应一大一小，正向电阻应在 10～20kΩ（图 3-44），反向电阻应为无穷

大。然后不遮住光电二极管的窗口，让光电二极管接收窗口对着光源，这时万用表表针正常应向右偏转，偏转角度越大，灵敏度越高。

说明　光电二极管又称为光敏二极管，是一种将光能转换为电能的特殊二极管，其管壳上有一个嵌着玻璃的窗口，以便于接受光线。光电二极管工作在反向工作区。无光照时，光电二极管与普通二极管一样，反向电流很小（一般小于 $0.1\mu A$），光电管的反向电阻很大（几十兆欧以上）。有光照时，反向电流明显增加，反向电阻明显下降（几千欧到几十千欧）。

正向电阻应在10～20kΩ

图 3-44　光电二极管正向电阻

3.9.6　用指针万用表检测判断光电二极管好坏

把光电二极管用黑纸盖住，把万用表调到 R×1k 挡，两表笔分别接两引脚，如果指针读数为几千欧，则说明黑表笔接的为正极。再将两表笔对调测反向电阻，正常情况一般读数为几百千欧～无穷大（注意测量时窗口应避开光）。

再用手电筒（图 3-45）光照管子的顶端窗口，观察万用表表头指针偏转情况：正常应具有明显加大现象。光线越强，反向电阻应越小（仅几百欧）。如果关掉手电筒，即停止光照，万用表指针读数应立即恢复到原来的阻值。如果检测的数值与这一现象相差较大，则说明该光电二极管可能损坏了。

光电二极管的好坏还可以采用指针万用表电压法来判断。把指针万用表调到直流 1V 挡，红表笔接光电二极管的正极，黑表笔接负极。在光照下，其电压与光照强度成比例，一般可达 $0.2\sim0.4V$。如果检测的数值与这一现象相差较大，则说明该光电二极管可能损坏了。

图 3-45　手电筒

另外，光电二极管的好坏还可以采用指针万用表短路电流测量法来判断。先把指针万用表调到直流 $50\mu A$ 或 $500\mu A$ 挡，红表笔接光电二极管的正极，黑表笔接负极，在白炽灯下（一般不能用日光灯），随着光照强度的增加，光电二极管的电流也相应地增大，并且其短路电流可达数十到数百微安。如果检测的数值与这一现象相差较大，则说明该光电二极管可能损坏了。

说明 光电二极管的检测方法与普通二极管基本相同。不同之处在于有光照与无光照两种情况下，光电二极管反向电阻相差很大。如果检测结果相差不大，则说明该光电二极管已损坏或该光电二极管不是光电二极管。

3.9.7 用数字万用表检测判断光电二极管好坏

采用数字万用表的二极管挡（图 3-46），红表笔接正极，黑表笔接负极，检测正向压降一般为 0.6V 左右。如果黑表笔接正极，红表笔接负极，光线不强时，则会显示 1。在灯光下，其阻值会随光线强度增加而减小。如果检测的数值与这一现象相差较大，则说明该光电二极管可能损坏了。

数字万用表的二极管挡

图 3-46　数字万用表的二极管挡（一）

3.10　变容二极管的检测判断

3.10.1 变容二极管极性的检测判断

用数字万用表的二极管挡（图 3-47）检测变容二极管的正向、反向电压降。正常的变容二极管，检测其正向电压降时，一般为 0.58～0.65V；检测反向电压降时，一般显示溢出符号 1。

说明 检测变容二极管的正向电压降时，数字万用表的红表笔要接变容二极管的正极端，黑表笔要接负极端。

3.10.2 变容二极管好坏的检测判断

把指针式万用表调到 R×10k 挡，检测变容二极管的正向、反向电阻值。正常的变容二极管，其正向、反向电阻值均为无穷大（图 3-48）。如果被检测的变容二极管的正向、反向电阻值均为一定阻值或均为 0Ω，则说明该变容二极管存在漏电或击穿损坏了。

说明 变容二极管容量消失、内部的开路性故障，采用万用表检测判别不出。这时，可采用替换法进行检测、判断。

图 3-47　数字万用表的二极管挡（二）

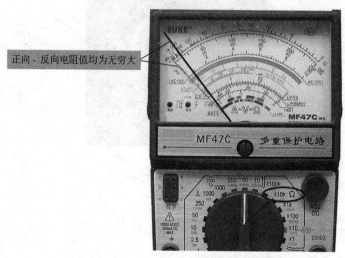

图 3-48　正向、反向电阻值均为无穷大

3.11　肖特基二极管的检测判断

3.11.1　二端肖特基二极管好坏用万用表的检测判断

先把万用表调到 R×1 挡，然后测量。正常时的正向电阻值一般为 2.5～3.5Ω（图 3-49），反向电阻一般为无穷大。

如果测得正向、反向电阻值均为无穷大或均接近 0Ω，则说明所检测的二端肖特基二极管异常。

3.11.2　三端肖特基二极管好坏的检测判断

① 找出公共端，判别出共阴对管还是共阳对管。

图 3-49　正常时的正向电阻值一般为 $2.5 \sim 3.5\Omega$

② 测量两个二极管的正、反向电阻值：正常时的正向电阻值一般为 $2.5 \sim 3.5\Omega$，反向电阻一般为无穷大（图 3-50）。

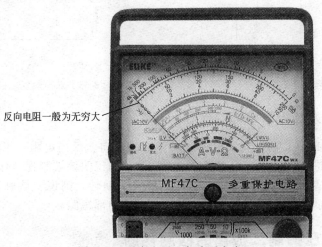

图 3-50　反向电阻一般为无穷大

3.12 快恢复二极管与功率二极管的检测判断

3.12.1　快/超快恢复二极管的检测判断

把万用表调到 R×1k 挡，检测其单向导电性。正常情况下，正向电阻一般大约为 $45k\Omega$，反向电阻一般为无穷大。然后，再检测一次，正常情况下，正向电阻一般大约为几十欧，反向电阻一般为无穷大。如果与此有较大差异，则说明该快/超快恢复二极管可能损坏了。

说明　用万用表检测快/超快恢复二极管的方法基本与检测塑封硅整流二极管的方法相同。

3.12.2　小功率二极管电极的检测判断

采用万用表检测小功率二极管（图 3-51）的正向、反向电阻，以阻值较小的一次测量为准，黑表笔所接的一端为其正极端，红表笔所接的一端为其负极端。

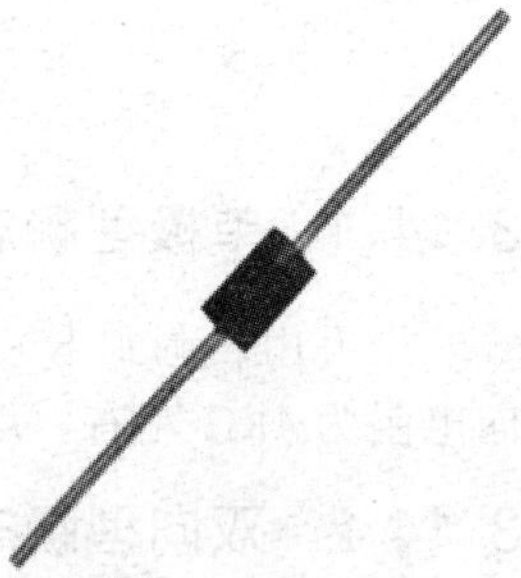

图 3-51　小功率二极管

3. 13 触发二极管的检测判断

3. 13. 1 用万用表+兆欧表检测判断双向触发二极管性能

双向触发二极管的结构、符号如图 3-52 所示。把兆欧表的正极端（E）与负极端（L）分别接在双向触发二极管的两端，用兆欧表提供击穿电压，用万用表的直流电压挡检测电压值（图 3-53），然后把双向触发二极管的两极对调，再检测一次。比较两次检测的电压值的偏差（一般为 3~6V），偏差值越小，则说明该双向触发二极管的性能越好。

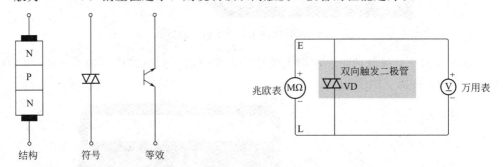

图 3-52　双向触发二极管结构与符号　　　　图 3-53　双向触发二极管性能的判断

3. 13. 2 双向触发二极管好坏的检测判断

把万用表调到 R×1k 挡，测双向触发二极管的正向、反向电阻，正常均为无穷大。如果交换万用表表笔进行检测，万用表指针向右摆动，则说明该被测管具有漏电现象。

如果采用万用表 R×10k 挡检测，指针有较大的偏转，则说明该触发二极管的性能不好。如果检测得到的阻值为零，则说明该触发二极管内部短路。

3. 14 瞬态电压抑制二极管的检测判断

瞬态电压抑制二极管（TVS）符号与外形如图 3-54 所示。

单向　　　　　　　　　双向
瞬态电压抑制二极管TVS　瞬态电压抑制二极管TVS
符号　　　　　　　　　符号

图 3-54　瞬态电压抑制二极管符号与外形

3. 14. 1 单极型瞬态电压抑制二极管（TVS）好坏的检测判断

把万用表调到 R×1k 挡，检测单极型瞬态电压抑制二极管的正向、反向电阻，一般正向电阻为 4kΩ 左右，反向电阻为无穷大。

3. 14. 2 双向型瞬态电压抑制二极管（TVS）好坏的检测判断

把万用表调到 R×1k 挡，检测双向极型瞬态电压抑制二极管（TVS）正向、反向电阻，任意调换红表笔、黑表笔，正常电阻均应为无穷大，否则，说明所检测的双向极型瞬态电压抑制二极管性能不良或已经损坏。

3.15 变阻二极管的检测判断

3.15.1 变阻二极管好坏的检测判断

把万用表调到 R×10k 挡，检测变阻二极管的正向、反向电阻。正常情况下，高频变阻二极管的正向电阻值（黑表笔接正极端）一般为 4.5～6kΩ，反向电阻一般为无穷大。如果检测得到其正向、反向电阻值均很小或均为无穷大，则说明该被测变阻二极管已经损坏。

3.15.2 高频变阻二极管好坏的检测判断

把 500 型万用表（图 3-55）调到 R×1k 挡，然后检测。正常的高频变阻二极管的正向电阻一般为 5～5.5kΩ，反向电阻一般为无穷大。

调到R×1k挡

图 3-55　500 型万用表

3.16 贴片二极管的检测判断

3.16.1 普通贴片二极管正、负极的检测判断

把万用表调到 R×100 或 R×1k 挡，用万用表红表笔、黑表笔任意检测贴片二极管（图 3-56）两引脚端间的电阻，然后对调表笔再检测一次。在两次检测中，以阻值较小的一次为依据：黑表笔所接的一端为贴片二极管的正极端，红表笔所接的一端为负极端。

3.16.2 普通贴片二极管好坏的检测判断

把万用表调到 R×100 挡或 R×1k 挡，检测普通贴片二极管的正向、反向电阻。贴片二极管正向电阻一般为几百欧到几千欧，反向电阻一般为几十千欧到几百千欧。

贴片二极管的正向、反向电阻相差越大，说明该贴片二极管单向导电性越好。如果检测的正向、反向电阻相差不大，则说明该贴片二极管单向导电性能变差。如果正向、反向电阻均很小，则说明该贴片二极管已经击穿失效。如果正向、反向电阻均很大，则说明该贴片二极管已经开路失效。

万用表电阻挡法判断贴片二极管好坏的示意如图 3-57 所示。

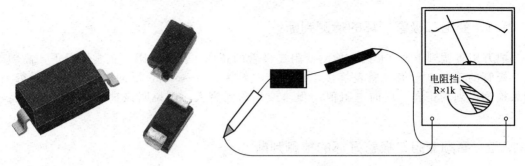

图 3-56　普通贴片二极管　　　　　　图 3-57　判断二极管好坏

3.16.3　贴片稳压二极管好坏的检测判断

贴片稳压二极管（图 3-58）的好坏，可以万用表电压挡来检测，也可以万用表欧姆挡来检测。

SMA　　　SMB　　　SMC　　　MBS　　SOD-123　　SOD-323　　SOD-523

图 3-58　贴片稳压二极管

（1）用万用表电压挡检测贴片稳压二极管的好坏

利用万用表电压挡检测普通贴片二极管导通状态下的结电压，硅管的为 0.7V 左右，锗管的为 0.3V 左右。以检测其实际"稳定电压"（即实际检测值）是否与其"稳定电压"（即标称值）一致来判断，一致为正常（稍有差异也是正常的）。

（2）用万用表欧姆挡检测贴片稳压二极管的好坏

用万用表欧姆挡检测，正常时一般正向电阻为 10kΩ 左右，反向电阻为无穷大。如果与此相差较大，一般说明该稳压贴片二极管异常。

说明　稳压贴片二极管性能好坏的判别与普通贴片二极管的判别方法基本相同。

3.16.4　贴片发光二极管正、负极的检测判断

把万用表调到 R×10k 挡，用万用表的红表笔、黑表笔分别接发光贴片二极管的两端，然后以指针向右偏转过半的，以及发光贴片二极管能够发出微弱光点的一组为依据，这时的黑表笔所接的为发光贴片二极管的正极端，红表笔所接为负极端。

说明　发光贴片二极管的开启电压一般为 2V，因此，万用表调到 R×10k 挡才能够使发光贴片二极管导通。

3.16.5　贴片整流桥好坏的检测判断

把万用表调到 R×10k 或 R×100 挡，检测贴片整流桥的交流电源输入端正向、反向电阻，正常时，阻值一般都为无穷大。如果 4 只整流贴片二极管中有一只击穿或漏电时，均会导致其阻值变小。检测交流电源输入端电阻后，还应检测＋与－间的正向、反向电阻，正常情况下，正向电阻一般为 8～10kΩ，反向电阻一般为无穷大。

3.17 高压硅堆与整流桥的检测判断

3.17.1 高压硅堆的检测判断

高压硅堆在彩电中有应用，高压硅堆内部由多只高压整流二极管串联组成。高压硅堆万用表的检测，可以通过电阻法或者整流原理法来进行。

（1）万用表电阻法判断高压硅堆的好坏

把万用表调到 R×10k 挡，测量其正向、反向电阻值，一般正常的正向电阻值大于 200kΩ，反向电阻值为无穷大。如果测得其正向、反向与正常数值偏差较大，则说明所检测的高压硅堆异常。如果检测得其正向、反向均有一定电阻，则说明该高压硅堆已软击穿损坏。

（2）整流原理法判断高压硅堆的好坏

把万用表调到 250V 或 500V 直流电压挡，如图 3-59 所示，串联高压硅堆并接在 220V 交流电源上。通过观察万用表指针的偏转（即其偏转反映了半波整流后的电流平均值）情况来判断。

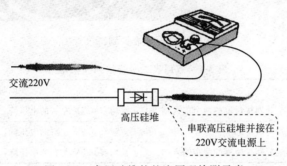

图 3-59　高压硅堆的整流原理检测示意

① 当被测高压硅堆正向接法连接时，万用表读数在 30V 以上，则说明所检测的高压硅堆是好的。如果读数为 0，则说明所检测的高压硅堆内部断路。如果读数为 220V 交流电压值，则说明所检测的高压硅堆短路。

② 当被测高压硅堆反向接法连接时，正常情况万用表指针应反向偏转。如果万用表指针始终不动，则说明高压硅堆内部断路或者击穿。

3.17.2 桥堆引脚的检测判断

（1）桥堆（图 3-60）引脚的判断

把万用表调到 R×1k 挡，黑表笔接桥堆的任意引脚，红表笔先后测其余 3 只脚，如果读数均为无穷大，则黑表笔所接的是桥堆的输出正极；如果读数为 4～10kΩ，则黑表笔所接的引脚为桥堆的输出负极；其余的两引脚则为桥堆的交流输入端。

图 3-60　桥堆

（2）小功率全桥极性的判断

把数字万用表调到二极管挡，数字万用表黑表笔固定接某一引脚，再用红表笔分别接触其余 3 只引脚。如果三次显示中两次为 0.5～0.7V，一次为 1.0～1.3V，则说明数字万用表黑表笔接的引脚是小功率全桥的直流输出端正极端；两次显示为 0.5～0.7V，则说明数字万用表黑表笔接的引脚是小功率全桥的交流输入端，另一端则是直流输出端负极端。

如果检测得不出上述结果，则可以将数字万用表黑表笔改换一个引脚重复以上检测步骤，直到得出正确结果，判断出极性即可。

3.17.3 桥堆好坏的检测判断

把数字万用表调到二极管挡（图 3-61），检测桥堆，正确的情况见表 3-1。

把万用表调到二极管挡——

图 3-61 把万用表调到二极管挡

表 3-1 万用表二极管挡判断桥堆

连接	说明
万用表黑笔接桥堆的＋，红笔分别接桥堆的两个输入端	正常均有 0.5V 左右的电压降，并且万用表调反无显示
万用表红笔接桥堆的－，黑笔接桥堆的＋	正常应有 0.9V 左右的电压降，并且万用表调反没有显示
万用表红笔接桥堆的－，黑笔分别接桥堆的两个输入端	正常均有 0.5V 左右的电压降，并且万用表调反没有显示

（1）用万用表＋兆欧表判断桥堆好坏

根据桥堆耐压特点，选择适合的兆欧表、万用表直流电压挡。把兆欧表、万用表的直流电压挡与被测的整流桥交流两端同时并联在一起进行检测。其中，兆欧表的 E 端接正极，L 端接负极进行检测。检测时顺时针方向转动手柄，速度逐渐增到 12r/min，这时万用表的直流电压如果为桥堆的耐压，则说明该整流桥是正常的；如果低于桥堆的耐压，则说明该整流桥继续使用容易被击穿损坏。

（2）用指针万用表判断全桥好坏

把万用表调到 R×100 挡或者 R×1k 挡，检测电极端间整流二极管的正向电阻与反向电阻。如果检测得到全桥整流内某一只二极管的正向、反向电阻均为 0Ω，则说明全桥内部的该二极管已经击穿损坏。如果检测得到全桥整流内部某一只二极管的正向、反向电阻均为无穷大，则说明全桥内部的该二极管已经开路损坏。

（3）也可以采用万用表法的 R×10k 挡检测

把万用表调到 R×10k 挡，＋表笔接整流器的＋极，－表笔接整流器－极，正确情况下，阻值一般为 8～10kΩ。如果阻值小于 6kΩ，则说明整流器内部有 1 只或 2 只二极管损坏。如果阻值大于 10kΩ，则说明整流器内部有 1 只二极管短路。

－表笔接全桥＋端，＋表笔接其他三端时，正常情况下，万用表上显示的数值应接近于无穷大。－表笔接全桥－端，＋表笔接其他三端时，正常情况下，阻值一般在 4～10kΩ。

说明 一些方形与长方形全桥的斜角的一端为＋极，对应的一端为一极。

3.17.4 小功率全桥性能的检测判断

用数字万用表检测小功率全桥任意相邻的两引脚间（即任何一只二极管）的导通电压，一般在 0.5～0.7V 内，4 只二极管的导通电压越接近越好。反偏检测时，数字万用表会显示溢出符号 1（图 3-62）。

说明 用检测二极管的方法判断全桥性能的方法，也适用于检测半桥的性能。

图 3-62 数字万用表显示溢出符号 1

3.17.5 三相整流桥模块好坏的检测判断

把数字万用表调到二极管挡，黑表笔插入数字万用表 COM 孔，红表笔插入数字万用表 V Ω 孔。用红、黑两表笔先后检测 3、4、5 端与 2、1 端间的正向、反向二极管的特性。所检测的正反向特性相差越大，则说明性能越好。如果正向、反向为 0，则说明所检测的三相整流桥模块的一相已经被击穿短路。如果正向、反向均为无穷大，则说明所检测的三相整流桥模块一相已经断路。

只要整流桥模块有一相损坏，则说明该三相整流桥模块已经损坏。

三相整流桥模块实物如图 3-63 所示，内部电路结构如图 3-64 所示。

图 3-63 三相整流桥模块

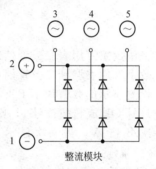

图 3-64 内部电路结构

3.18 三极管的检测判断

3.18.1 三极管极性的检测判断

（1）用指针万用表判断三极管极性

检测一般小功率三极管，可以采用指针万用表 R×100 挡或 R×1k 挡，用指针万用表两表笔检测三极管任意两只引脚间的正向、反向电阻。当黑表笔（或红表笔）接三极管的某一只引脚时，用红表笔（或黑表笔）分别接触另外两只引脚，万用表均指示低阻值。此时，所检测的三极管与黑表笔（或红表笔）连接的引脚就是三极管的基极 B，则另外的两只引脚就是集电极 C 与发射极 E。如果基极所接的是红表笔，则该三极管为 PNP 管。如果基极所接的是黑表笔，则该三极管为 NPN 管。

也可以采用如下方法来检测、判断：先假定三极管的任一只引脚为基极，与红表笔或黑表笔接触，再用另一表笔去分别接触另外两只引脚。如果检测得出两个均较小的电阻时，则固定不动的表笔所接的引脚就是基极 B，而另外两只引脚就是发射极 E 与集电极 C。

找到基极 B 后，再判断集电极 C 与发射极 E。比较基极 B 与另外两只引脚间正向电阻的大小。一般，正向电阻值较大的电极为发射极 E，正向电阻值较小的为集电极 C。

如果是 PNP 型三极管，可以把红表笔接基极 B，用黑表笔分别接触另外两只引脚，一般会检测得出两个略有差异的电阻。然后以阻值较小的一次为依据，黑表笔所接的引脚为集电极 C。以阻值较大的一次为依据，则黑表笔所接的引脚为发射极 E。

如果是 NPN 型三极管，可以把黑表笔接基极 B，用红表笔去分别接触另外两只引脚。然后以阻值较小的一次为依据，红表笔所接的引脚为集电极 C。以阻值较大的一次为依据，红表笔所接的引脚为发射极 E。

说明 对于 1W 以下的小功率三极管，一般选择指针万用表的 R×100 或 R×1k 挡。对于 1W 以上的大功率三极管，一般选择指针万用表的 R×1 或 R×10 挡，如图 3-65 所示。

1W 以上的大功率三极管，一般选择万用表的 R×1 或 R×10 挡

1W 以下的小功率三极管，一般选择万用表的 R×100 或 R×1k 挡

图 3-65　功率三极管检测挡位的选择

（2）采用数字万用表二极管挡判断三极管的极性

先把数字万用表调到二极管挡，红表笔任接一只引脚，再用黑表笔依次接另外两只脚。如果两次检测显示的数值均小于 1V，则说明红表笔所接的是 NPN 三极管的基极 B。如果均显示溢出符号 OL 或超载符号 1，则说明红表笔所接的是 PNP 三极管的基极 B。如果两次检测中，一次小于 1V，另一次显示 OL 或 1，则说明红表笔所接的不是基极，需要换脚再检测。

NPN 型中小功率三极管数值一般为 0.6～0.8V。其中以较大的一次为依据，黑表笔所接的电极是发射极 E。与散热片连在一起的，一般是集电极 C，则另一边中间一脚一般是集电极 C。

3.18.2　三极管类型的检测判断

（1）硅三极管与锗三极管类型的判断

在确定待测三极管 PNP 型还是 NPN 型后，把万用表调到 R×1k 挡。对于 PNP 型三极管，负表笔所接的为发射极 E，正表笔所接的为基极 B，给发射极加一正向电压，然后根据正向电压数值来判断——锗管发射极正向电压为 0.15～0.4V，硅管发射极正向电压为 0.5～0.8V。

也可以通过检测三极管 PN 结的正向、反向电阻来判断：一般锗管的 PN 结（B、E 极间或 B、C 极间）的正向电阻为 200～500Ω，反向电阻值大于 100kΩ。硅管 PN 结的正向电阻为 3～15kΩ，反向电阻大于 500kΩ。如果检测得到三极管某个 PN 结的正向、反向电阻值均为 0 或均为无穷大，则可以判断该三极管已经击穿或开路损坏。

三极管 PNP 型与 NPN 型符号如图 3-66 所示。

（2）高频管与低频管的判断

把万用表调到 R×1k 挡，用万用表检测三极管发射极的反向电阻。如果是 NPN 型三极管，则万用表的正端接三极管的基极，负端接三极管的发射极。如果是 PNP 型三极管，则万用表的负端接三极管的基极，正端接三极管的发射极。正常情况下，万用表指示的阻值一般应很大，而且不超过满刻度值的 1/10。然后把万用表调到 R×10k 挡，如果万用表表针指示的阻值变化很大，超过满刻度值的 1/3（图 3-67），则说明所检测的三极管为高频管。如果把万用表调到 R×10k 挡后检测，万用表表针指示的阻值变化不大，不超过满刻度值的 1/3，则说明所测的三极管为低频管。

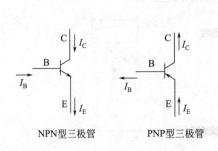

图 3-66　三极管 PNP 型与 NPN 型的符号　　　　图 3-67　满刻度值的 1/3

3.18.3　三极管穿透电流 I_{CEO} 的检测判断

万用表检测三极管的穿透电流，可以通过测量三极管 C、E 间的电阻来估计穿透电流 I_{CEO} 的大小。万用表检测三极管的穿透电流的连接操作如图 3-68 和图 3-69 所示。检测时，把万用表调到 R×1k 挡，NPN 型管的集电极 C 接黑表笔，发射极 E 接红表笔；PNP 管的集电极 C 接红表笔，发射极 E 接黑表笔。

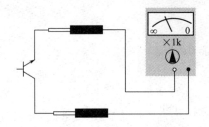

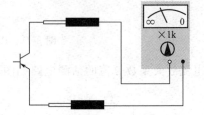

图 3-68　检测 NPN 三极管的穿透电流　　　　图 3-69　检测 PNP 三极管的穿透电流

一般情况下，中、小功率锗管 C、E 间的电阻＞10kΩ（用 R×100 挡测，电阻值大于 2kΩ）；大功率锗管 C、E 间的电阻＞1.5kΩ（用 R×10 挡测）；

硅管 C、E 间的电阻＞100kΩ，实测值一般在 500kΩ 以上（用 R×10k 挡测）。

以上情况，均说明所测量的三极管穿透电流 I_{CEO} 小。

如果检测得到三极管 C、E 极间的电阻偏小，则说明该三极管的漏电流较大。如果检测得 C、E 极间的电阻值接近 0，则说明该三极管的 C、E 极间已经击穿损坏。如果三极管 C、E 极间的电阻随着管壳温度的增高而变小许多，则说明该三极管的热稳定性不良。如果阻值为无穷大，则说明该三极管内部已断路。

说明　选用 R×10k 挡，此时万用表电源电压较高（一般为 9～15V）。选用 R×1 挡，此时万用表电源电流较大。因此,检测三极管,选择 R×10k 挡与 R×1 挡,可能损坏三极管。

3.18.4 三极管电流放大系数 β 的检测判断

(1) 用指针万用表判断

把指针万用表调到 R×100 或 R×1k 挡,检测三极管 C、E 间的电阻并记下读数,用手指捏住基极与集电极(不要相碰),再观察指针摆动幅度的大小来判断。如果摆动越大,则说明该三极管的放大倍数越大。三极管放大能力的检测操作连接如图 3-70 和图 3-71 所示。

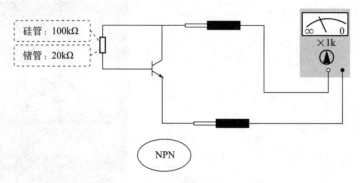

图 3-70 NPN 三极管放大能力的检测

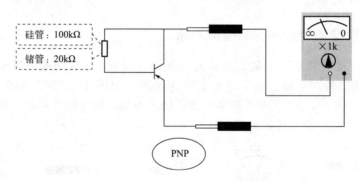

图 3-71 PNP 三极管放大能力的检测

电流放大系数 β 值的估测电路如图 3-72 所示。

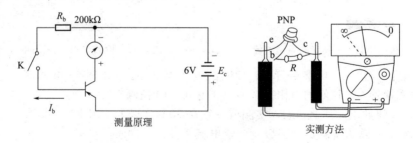

图 3-72 电流放大系数估测图示

说明 手捏两电极,给三极管的基极提供了基极电流 I_b,I_b 的大小与手指的潮湿程度有关。因此,也可以接一只 100kΩ 左右的电阻来进行测试。

用手捏住集电极 C 与基极 B,指针万用表红表笔接发射极,黑表笔接集电极,检测得到捏住与没有捏两次电阻。两次电阻相差越大，则说明该三极管β越高，如图 3-73 所示。

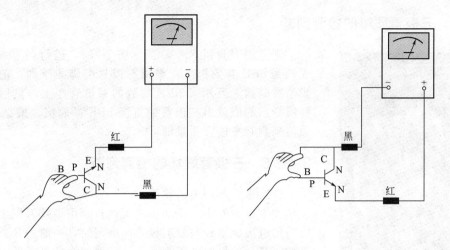

图 3-73　手捏住集电极与基极

上述方法对 NPN 型三极管判断时，黑表笔接三极管的集电极，红表笔接三极管的发射极。如果判断 PNP 型三极管，则黑表笔接三极管的发射极，红表笔接三极管的集电极。

（2）用数字万用表判断

把数字万用表的功能/量程开关调到 hFE，根据待测三极管是 PNP 或 NPN 型，正确地把基极 B、发射极 E、集电极 C 对应插入 hFE 测试孔，数字万用表显示屏上显示的数值，即是被测三极管的 hFE 近似值，如图 3-74 所示。

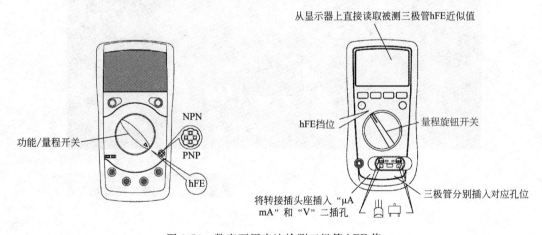

图 3-74　数字万用表法检测三极管 hFE 值

如果万用表没有 hFE 挡，则可以使用万用表的 R×1k 挡来估测三极管的放大能力。检测 PNP 管时，把万用表的黑表笔接三极管的发射极 E，红表笔接三极管的集电极 C，在三极管的集电结（也就是 B、C 极间）上并接一只电阻（硅管并的电阻为 100kΩ。锗管并的电阻为 20kΩ），观察万用表的阻值变化情况。如果万用表指针摆动幅度较大，则说明该三极管的放大能力较强。如果万用表指针不变或摆动幅较小，则说明该三极管无放大能力或放大能力较差。

检测 NPN 管时，把万用表的黑表笔接三极管的集电极 C，红表笔接三极管的发射极 E，在集电结上并接一只电阻，再观察万用表的阻值变化情况。万用表指针摆动幅度越大，则说明该三极管的放大能力越强。

3.18.5 三极管质量的检测判断

图 3-75 把万用表调到 R×10
挡进行调零

把万用表调到 R×10 挡（图 3-75），进行调零。将万用表调到 hFE 参数挡上，根据三极管引脚的排列，把三极引脚位对应插入万用表 hFE 参数的测试管座上，然后根据表针所指示的值读出三极管的直流 hFE 参数值。根据 hFE 参数值来判断三极管质量即可。

3.18.6 三极管好坏的检测判断

（1）指针万用表的使用

如果是好的中、小功率三极管，则用指针万用表检测基极与集电极、基极与发射极正向电阻时，一般为几百欧到几千欧，其余的极间电阻都很高，一般约为几百千欧。硅材料的三极管比锗材料的三极管的极间电阻要高。

如果检测得到的正向电阻近似为无穷大，则说明该三极管内部断路。如果检测得到的反向电阻很小或为零，则说明该三极管已经击穿或短路，如图 3-76 所示。

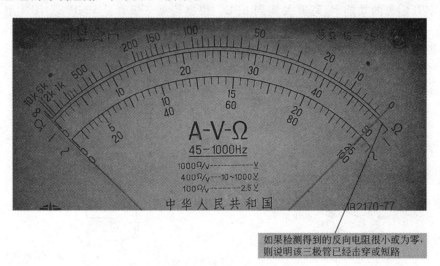

如果检测得到的反向电阻很小或为零，则说明该三极管已经击穿或短路

图 3-76 反向电阻

（2）数字万用表的使用

把万用表调到二极管挡，分别检测三极管的发射结、集电结的正偏、反偏是否正常。如果万用表检测三极管发射结、集电结的正偏均有一定数值显示或者正偏万用表显示 000，反偏均显示为 1，则说明该三极管是好的。如果两次万用表均显示 000，则说明该三极管极间短路或击穿。如果两次万用表均显示 1（图 3-77），则说明该三极管内部已断路。

另外，如果在检测三极管中找不到公共 B 极，则说明该三极管损坏了。

3.18.7 大功率达林顿管的检测判断

大功率达林顿在普通达林顿管的基础上内置了功率管、续流二极管、泄放电阻等保护与泄放漏电流元件，内部电路如图 3-78 所示。

图 3-77　万用表显示 1

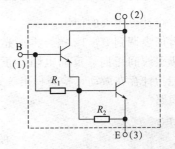

图 3-78　大功率达林顿管内部结构

① 把万用表调到 R×10k 挡，检测 B、C 间 PN 结电阻，正常的正向、反向电阻有较大差异。如果正向、反向电阻相差不大，则说明所检测的三极管可能损坏了。

② 在大功率达林顿管 B、E 间有两个 PN 结，并且接有两个电阻。用万用表电阻挡检测时，正向测量测到的阻值是 B-E 结正向电阻与两个电阻阻值并联的结果。反向测量时，发射结截止，测出的则是电阻之和（R_1+R_2），正常大约为几百欧，且阻值固定，不随电阻挡位的变换而改变。

③ 把万用表调到 R×10k 挡，检测大功率达林顿的集电结（集电极 C 与基极 B 间）的正向、反向电阻值。正常时，正向电阻值（NPN 管的基极接黑表笔时）应较小，有的为 1～10kΩ，反向电阻值一般接近无穷大。如果检测得到集电结的正向、反向电阻值均很小或均为无穷大，则说明大功率达林顿管已击穿短路或开路损坏。然后把万用表调到 R×100 挡，检测大功率达林顿管发射极 E 与基极 B 间的正向、反向电阻，正常值均为几百欧到几千欧（具体数值根据 B、E 极间两只电阻的阻值不同有所差异。例如 BU932R、MJ10025 等型号大功率达林顿管 B、E 极间的正向、反向电阻值均为 600Ω 左右）。如果检测得到阻值为 0 或为无穷大，则说明被测的大功率达林顿管已经损坏。用万用表 R×1k 或 R×10k 挡，检测达林顿管发射极 E 与集电极 C 间的正向、反向电阻。正常时，正向电阻值（检测 NPN 管时，黑表笔接发射极 E，红表笔接集电极 C；检测 PNP 管时，黑表笔接集电极 C，红表笔接发射极 E）一般为 5～15kΩ（BU932R 等为 7kΩ），反向电阻值应为无穷大，否则说明该三极管 C、E 极（或二极管）存在击穿或开路损坏。

另外，有的大功率达林顿管在两个电阻上并接了二极管，因此，检测的等效电阻不同了，正常的数值也具有差异。因此，对大功率达林顿管的检测，需要根据所检测管子的内部电路结构来判断。

说明　达林顿管的 E、B 极间包含多个发射结，因此，需要选择万用表能够提供较高电压的 R×10k、R×1k 等挡位来检测。

3.19　光电管的检测判断

3.19.1　光电三极管灵敏度的检测判断

把万用表调到 R×1k 挡，光电三极管的窗口用黑纸或黑布遮住，检测光电三极管的两管脚引线间正向、反向电阻，正常均为无穷大。然后不遮住光电三极管的窗口，让光电三极管接收窗口对着光源，这时万用表表针向右偏转到 15～35kΩ，并且向右偏转角度越大，则说明该光电三极管的灵敏度越高。

3. 19. 2　光电三极管好坏的检测判断

（1）指针万用表的使用

把万用表调到R×1k挡，再把光电三极管的窗口用黑纸或黑布遮住，检测光电三极管的两管脚引线间正向、反向电阻，正常均为无穷大。如果黑表笔接C极，红表笔接E极，有时可能指针存在微动，检测得出一定阻值或阻值接近0，则说明该光敏三极管已经漏电或已击穿短路。

图3-79　把数字万用表调到20kΩ挡

然后不遮住光电三极管的窗口（亮电阻），让光电三极管接收窗口对着光源，黑表笔接C极，红表笔接E极，这时万用表表针向右偏转到15～35kΩ，并且向右偏转角度越大，则说明该光电三极管是好的。如果亮电阻为无穷大，则说明光敏三极管已经开路损坏或灵敏度偏低。

说明　如果万用表黑表笔接E极，红表笔接C极，无论有无光照，阻值均为无穷大（或微动）。

亮电阻检测时，如果光线强弱不同，则检测的阻值也不同。

（2）数字万用表的使用

把数字万用表调到20kΩ挡（图3-79），红表笔接光电三极管的C极，黑表笔接光电三极管的E极。在完全黑暗环境下检测，数字万用表应显示1。光线增强时，阻值应随之降低，最小可达1kΩ左右。如果与该检测现象相差较大，则说明该光电三极管异常。

3. 20　带阻三极管与贴片三极管的检测判断

3. 20. 1　带阻三极管的检测判断

把万用表调到R×1k挡，检测带阻三极管集电极C与发射极E间的电阻值（图3-80）。检测NPN管时，黑表笔接C极，红表笔接E极。检测PNP管时，红表笔接C极，黑表笔接E极。正常情况下，集电极C与发射极E间的电阻一般为无穷大。在检测的同时，如果把带阻三极管的基极B与集电极C间短路，则一般有小于50kΩ的电阻。如果偏差较大，则说明该带阻三极管不良。

另外，也可以用检测带阻三极管的BE极、CB极、CE极间的正向、反向电阻的方法来估测带阻三极管是否损坏。

说明　带阻三极管内部含有1只或2只电阻，因此，检测带阻三极管的方法与普通三极管略有差异。检测带阻三极管之前，应先了解管内电阻的阻值为好。

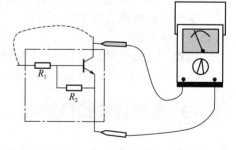

图3-80　带阻三极管检测

3. 20. 2　贴片三极管的检测判断

用万用表对PN结的正向、反向电阻进行检测。正常情况下，B、E极间正向电阻小，反向电阻大。E、C极间正向、反向电阻多大。

单一贴片三极管的内部结构特点如图 3-81 所示。

图 3-81　单一贴片三极管的内部结构

实际中遇到的贴片三极管内部结构有不同的形式，因此检测时可以根据内部结构的特点来检测。贴片三极管内部结构形式见表 3-2。带阻贴片三极管内部结构形式见表 3-3～表 3-8。

表 3-2　贴片三极管内部结构形式

内部结构	型号举例	内部结构	型号举例
	TPC6901A、TPC6902		TPCP8604
	TPCP8901、TPCP8902		HN4B101J、HN4B102J
	MT6L63FS		

表 3-3　带阻贴片三极管内部结构形式（一）

Q1		Q2		PNP×2	PNP×2	NPN＋PNP	NPN×2
$R_1/\text{k}\Omega$	$R_2/\text{k}\Omega$	$R_1/\text{k}\Omega$	$R_2/\text{k}\Omega$				
4.7	4.7	4.7	4.7		RN1501	RN2701	RN2501
10	10	10	10	RN47A3	RN1502	RN2702	RN2502
22	22	22	22	RN47A2	RN1503	RN2703	RN2503
47	47	47	47		RN1504	RN2704	RN2504
2.2	47	2.2	47		RN1505	RN2705	RN2505
4.7	47	4.7	47		RN1506	RN2706	RN2506

Q1		Q2		PNP×2	PNP×2	NPN+PNP	NPN×2
10	47	10	47		RN1507	RN2707	RN2507
22	47	22	47		RN1508	RN2708	RN2508
47	22	47	22		RN1509	RN2709	RN2509
4.7		4.7		RN47A1	RN1510	RN2710	RN2510
10		10			RN1511	RN2711	RN2511
1	10	1	10			RN2714	
47	47	10	47	RN47A4			
47	47	4.7	10	RN47A5			
100	100	100	100	RN47A6			
10	10	47	10	RN47A7			
2.2		2.2			RN1544		

表 3-4　带阻贴片三极管内部结构形式（二）

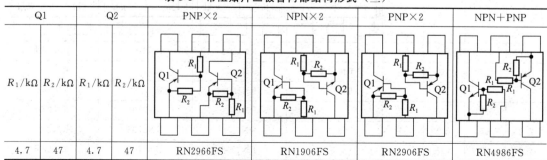

Q1		Q2		NPN	PNP	PNP+NPN	NPN×2
$R_1/k\Omega$	$R_2/k\Omega$	$R_1/k\Omega$	$R_2/k\Omega$				
4.7	4.7	4.7	4.7	RN1901AFS	RN2901AFS	RN4981AFS	RN1961FS
10	10	10	10	RN1902AFS	RN2902AFS	RN4982AFS	RN1962FS
22	22	22	22	RN1903AFS	RN2903AFS	RN4983AFS	RN1963FS
47	47	47	47	RN1904AFS	RN2904AFS	RN4984AFS	RN1964FS
2.2	47	2.2	47	RN1905AFS	RN2905AFS	RN4985AFS	RN1965FS
4.7	47	4.7	47	RN1906AFS	RN2906AFS	RN4986AFS	RN1966FS
10	47	10	47	RN1907AFS	RN2907AFS	RN4987AFS	RN1967FS
22	47	22	47	RN1908AFS	RN2908AFS	RN4988AFS	RN1968FS
47	22	47	22	RN1909AFS	RN2909AFS	RN4989AFS	RN1969FS
4.7		4.7		RN1910AFS	RN2910AFS	RN4990AFS	RN1970FS
10		10		RN1911AFS	RN2911AFS	RN4991AFS	RN1971FS
22		22		RN1912AFS	RN2912AFS	RN4992AFS	RN1972FS
47		47		RN1913AFS	RN2913AFS	RN4993AFS	RN1973FS

表 3-5　带阻贴片三极管内部结构形式（三）

Q1		Q2		PNP×2	NPN×2	PNP×2	NPN+PNP
$R_1/k\Omega$	$R_2/k\Omega$	$R_1/k\Omega$	$R_2/k\Omega$				
4.7	47	4.7	47	RN2966FS	RN1906FS	RN2906FS	RN4986FS

Q1		Q2		PNP×2	NPN×2	PNP×2	NPN+PNP
10	47	10	47	RN2967FS	RN1907FS	RN2907FS	RN4987FS
22	47	22	47	RN2968FS	RN1908FS	RN2908FS	RN4988FS
47	22	47	22	RN2969FS	RN1909FS	RN2909FS	RN4989FS
4.7		4.7		RN2970FS	RN1910FS	RN2910FS	RN4990FS
10		10		RN2971FS	RN1911FS	RN2911FS	RN4991FS
22		22		RN2972FS	RN1912FS	RN2912FS	RN4992FS
47		47		RN2973FS	RN1913FS	RN2913FS	RN4993FS
47	47	4.7	47				RN49A6FS
4.7	4.7	4.7	4.7	RN2961FS	RN1901FS	RN2901FS	RN4981FS
10	10	10	10	RN2962FS	RN1902FS	RN2902FS	RN4982FS
22	22	22	22	RN2963FS	RN1903FS	RN2903FS	RN4983FS
47	47	47	47	RN2964FS	RN1904FS	RN2904FS	RN4984FS
2.2	47	2.2	47	RN2965FS	RN1905FS	RN2905FS	RN4985FS

表 3-6　带阻贴片三极管内部结构形式（四）

Q1		Q2		NPN×2	PNP×2	NPN×2	PNP×2
$R_1/\text{k}\Omega$	$R_2/\text{k}\Omega$	$R_1/\text{k}\Omega$	$R_2/\text{k}\Omega$				
22	47	22	47	RN1908FE	RN2908FE	RN1968FE	RN2968FE
47	22	47	22	RN1909FE	RN2909FE	RN1969FE	RN2969FE
4.7		4.7		RN1910FE	RN2910FE	RN1970FE	RN2970FE
10		10		RN1911FE	RN2911FE	RN1971FE	RN2971FE
4.7		4.7				RN1970HFE	RN2970HFE
10		10				RN1971HFE	RN2971HFE
22		22				RN1972HFE	RN2972HFE
4.7	4.7	4.7	4.7	RN1901FE	RN2901FE	RN1961FE	RN2961FE
10	10	10	10	RN1902FE	RN2902FE	RN1962FE	RN2962FE
22	22	22	22	RN1903FE	RN2903FE	RN1963FE	RN2963FE
47	47	47	47	RN1904FE	RN2904FE	RN1964FE	RN2964FE
2.2	47	2.2	47	RN1905FE	RN2905FE	RN1965FE	RN2965FE
4.7	47	4.7	47	RN1906FE	RN2906FE	RN1966FE	RN2966FE
10	47	10	47	RN1907FE	RN2907FE	RN1967FE	RN2967FE

表 3-7　带阻贴片三极管内部结构形式（五）

Q1		Q2		PNP+NPN	NPN+PNP	NPN+PNP	NPN×2
$R_1/\text{k}\Omega$	$R_2/\text{k}\Omega$	$R_1/\text{k}\Omega$	$R_2/\text{k}\Omega$				
10		10		RN4911FE	RN4991FE		RN1911

Q1		Q2		PNP+NPN	NPN+PNP	NPN+PNP	NPN×2
2.2	47	22	47	RN49A1FE			
4.7		4.7			RN4990HFE		
10		10			RN4991HFE		
22		22			RN4992HFE		
4.7	4.7	4.7	4.7	RN4901FE	RN4981FE		RN1901
10	10	10	10	RN4902FE	RN4982FE	RN4962FE	RN1902
22	22	22	22	RN4903FE	RN4983FE		RN1903
47	47	47	47	RN4904FE	RN4984FE		RN1904
2.2	47	2.2	47	RN4905FE	RN4985FE		RN1905
4.7	47	4.7	47	RN4906FE	RN4986FE		RN1906
10	47	10	47	RN4907FE	RN4987FE		RN1907
22	47	22	47	RN4908FE	RN4988FE		RN1908
47	22	47	22	RN4909FE	RN4989FE		RN1909
4.7		4.7		RN4910FE	RN4990FE		RN1910

表 3-8　带阻贴片三极管内部结构形式（六）

Q1		Q2		NPN+PNP	NPN+PNP	NPN+PNP	NPN+PNP
$R_1/\text{k}\Omega$	$R_2/\text{k}\Omega$	$R_1/\text{k}\Omega$	$R_2/\text{k}\Omega$				
47	47	47	47		RN49J2FS	RN49J7FS	RN49J2AFS
10	10	10		RN49P1FS			

3.21 带阻尼行输出管的检测判断

3.21.1 带阻尼行输出管好坏的检测判断

带阻尼行输出管在彩电中有应用。有的行输出管带阻尼二极管，该种行输出管具有耐高反压，B 与 E 极间接有一只阻值较小的电阻，C、E 极间接有一只二极管，如图 3-82 所示。

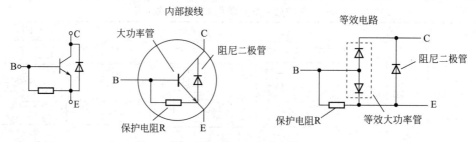

图 3-82　带阻尼行输出管

（1）阻尼二极管的检测

把万用表调到 R×1 挡，黑表笔接 E 极，红表笔接 C 极，即相当于测量带阻尼行输出管内部的阻尼二极管正向电阻，正常值一般较小。

然后将红表笔、黑表笔调换，即相当于测量带阻尼行输出管内部的阻尼二极管反向电阻，正常值一般都较大（大于 300kΩ）。

（2）管内大功率管的检测

将万用表的黑表笔接 B 极，红表笔接 C 极，即相当于测量管内带阻尼行输出管内部的大功率管 B-C 结等效二极管的正向电阻，正常值一般较小。然后将红表笔、黑表笔对调检测，即相当于检测二极管的反向电阻，正常值较大（一般在 1MΩ 以上）。

当将黑表笔接 B，红表笔接 E，即相当于测量带阻尼行输出管内部的大功率管 B-E 结等效二极管与保护电阻 R 并联后的值。等效二极管的正向电阻较小，反向电阻较大。两者并联后正向测得的值（相对于等效二极管来说）约为二极管的正向电阻与保护电阻 R 相并联的值，正常值较小，约为 R 电阻的值。正常的反向值约为保护电阻 R 的值。

如果测得的阻值与前述的一致，说明带阻尼行输出管是好的。如果相差较大，则说明带阻尼行输出管已经损坏。

3.21.2 带阻尼行输出管的放大能力的检测判断

检测时，可以在行输出管的集电极 C 与基极 B 间并接一只 30kΩ 的电位器（图 3-83），然后将行输出管各电极与万用表 hFE 插孔连接。再适当调节电位器的电阻值，然后从万用表上读出 β 值。

说明　带阻尼行输出管的放大能力（交流电流放大系数 β 值），不能用万用表的 hFE 挡直接检测，主要是因为带阻尼行输出管内部有阻尼二极管与保护电阻。

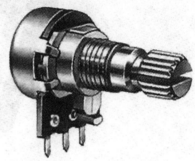

图 3-83　一只 30kΩ 的电位器

3.22 单结晶体管与晶闸管的检测判断

3.22.1 单结晶体管的检测判断

（1）指针万用表的使用

① 单结管发射极的检测判断　单结管符号与等效电路如图 3-84 所示。

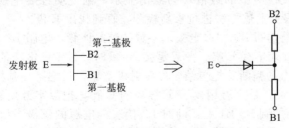

图 3-84　单结管符号与等效电路

把万用表调到 R×1k 挡或 R×100 挡，假设单结晶体管的任一引脚为发射极 E，万用表黑表笔接假设的发射极，红表笔分别接触另外两引脚，检测其阻值。当出现两次低电阻时，则黑表笔所接的引脚就是单结晶体管的发射极。

说明　假设发射极 E，用假设的负表笔接 E 极，正表笔依次触碰 B1、B2，检测得出的均为正向电阻，阻值均很小。如果是正表笔接 E 极，负表笔分别触碰 B1、B2，检测得出的均为反向电阻，电阻值均很大。

另外，简单的检测判断如下：

第一基极 B1 对第二基极 B2 相当于一个固定电阻，一般在 3～12kΩ（不同的管子有差异），

发射极与第一基极（E-B1）、发射极与第二基极（E-B2）间的正向电阻（黑表笔接发射极 E，红表笔接基极 B）一般为 5kΩ，反向电阻一般为∞。

② 单结管第一基极 B1 与第二基极 B2 的检测判断　把万用表调到 R×1k 挡或 R×100 挡（图 3-85），黑表笔接发射极，红表笔分别接另外两引脚进行检测。两次检测中，以电阻大的一次为依据：红表笔所接的电极是 B1 极，也就是说 E 对 B1 的正向电阻稍大于 E 对 B2 的正向电阻。

把万用表调到R×1k挡
或R×100挡

图 3-85　把万用表调到 R×1k 挡或 R×100 挡

上述判别 B1、B2 的方法，不一定对所有的单结晶体管均适用，一些管子的 E、B1 间的正向电阻值较小，即使 B1、B2 颠倒了使用，也不会使管子损坏，只会影响输出脉冲的幅度。因此，如果发现输出的脉冲幅度偏小时，则将原来假定的 B1、B2 对调一下即可。

说明　多数单结晶体管 B1 与 B2 分压比大于 0.5，即 E 靠近 B2。

（2）数字万用表的使用

① 单结管电极的检测判断　把数字万用表调到二极管挡，红表笔固定接在某一电极上，黑表笔依次接触其他两只电极。如果两次检测中的数值均在 1.2～1.8V，则说明红表笔接的电极是 E 极。如果两次检测中的数值均为溢出显示，则说明红表笔所接的电极不是 E 极，需要改换其他电极，根据上述方法进行重新检测，直到找出 E 极。

确定 E 极后，就是判断 B1、B2 电极。多数单结晶体管，电阻 B1 大于电阻 B2，也就是 U1 大于 U2，因此，红表笔接 E 极、黑表笔接 B1 极时，显示的电压值较小。

② 单结管触发能力的判断　把单结管的发射极空置，只把第一基极 B1 插入数字万用表 hFE 插口的 E 孔，B2 插入数字万用表 hFE 插口的 C 孔，把数字万用表拨到 NPN 挡，此时表内 2.8V 基准电源会加到 B2-B1 上，同时 B2 接表内电源的正极，B1 接表内电源的负极。然后把 E 极插入数字万用表 hFE 插口的 B 孔，发射极电压迅速升高并超过峰顶电压，使单结晶体管触发。如果单结晶体管不能触发，则说明该单结晶体管异常。

3.22.2　单向、双向晶闸管的检测判断

把指针万用表调到 R×1 挡，任意检测两个极。如果正向、反向检测时，指针万用表指针均不动，则可以判断该电极可能是 A、K 或 G、A 极（对单向晶闸管而言），也可能是 T2、T1 或 T2、G 极（对双向晶闸管而言）。如果其中有一次检测指示为几十到几百欧，则

说明该晶闸管是单向晶闸管。并且，可以判断红表笔所接的电极为 K 极，黑表笔接的电极为 G 极，剩下的电极为 A 极。

如果正向、反向检测指示均为几十到几百欧，则说明该晶闸管为双向晶闸管。然后把指针万用表调到 R×1 或 R×10 挡进行复测，其中有一次阻值稍大，以稍大的一次为依据：红表笔接的电极为 G 极，黑表笔所接的电极为 T1 极，剩下的电极为 T2 极。

单向、双向晶闸管符号如图 3-86 所示。

单向晶闸管的符号　　双向晶闸管的符号

图 3-86　单向、双向晶闸管符号

3.22.3　普通晶闸管电极的检测判断

（1）指针万用表的使用

把万用表调到 R×1k 或 R×100 挡，分别检测各脚间的正向、反向电阻。如果检测得到某两脚间的电阻较大（为 80kΩ 左右），然后把两表笔对调，检测该两脚间的电阻，如果阻值较小（为 2kΩ 左右），则说明这时黑表笔所接触的引脚为控制极 G，红表笔所接触的引脚为阴极 K。剩余的一只引脚为阳极 A。

另外，有的晶闸管电极的判断可以先把万用表调到 R×1k 挡，检测三脚间的阻值，以阻值小的一次为准：两脚分别为控制极与阴极，剩下的一脚为阳极。把万用表调到 R×10k 挡，并且用手指捏住阳极与另一脚，同时不让两脚接触，然后黑表笔接阳极，红表笔接剩下的一引脚。如果万用表表针向右摆动，则说明红表笔所接的为阴极；如果万用表表针不摆动，则说明红表笔所接的为控制极。

说明　检测中，如果出现正向、反向阻值都很大，则需要更换引脚位置，重新检测。

（2）数字万用表的使用

把数字万用表调到二极管挡，把红表笔接在假定的控制极上，黑表笔分别接在晶闸管其他两个极上。如果两次检测，万用表有一定数值的显示，并且正向电阻都很小，则以电阻小的那一次为依据：红表笔接的是控制极 G，黑表笔接的是阴极 K，剩下的一个电极就是阳极 A。如果检测得到的电阻都很大，则需要重新假定控制极，然后进行检测、判断。

说明　晶闸管的 G、K 电极间是一个 PN 结，相当于一个二极管，并且 G 为正极，K 为负极。

3.22.4　单向晶闸管性能的检测判断

把指针万用表调到 R×1 挡，如图 3-87 所示。对于检测 1～5A 单向晶闸管，黑表笔接阳极 A，红表笔接阴极 K，此时表针不动，显示阻值为无穷大。如果红笔接 K 极，黑笔同时接通 G、A 极（或者用镊子或导线将晶闸管的阳极 A 与门极 G 短路），在保持黑笔不脱离 A 极的状态下（相当于给 G 极加上正向触发电压），断开 G 极。观察指针，正常应指示在几十欧到 100Ω（具体因不同的晶闸管而异），则说明此时的晶闸管已被触发，并且触发电压低（或触发电流小）。然后瞬时断开 A 极，再接通，指针万用表的指针应退回到 ∞ 位置，则说明该晶闸管良好。如果断开 A 极与 G 极的连接（A、K 极上的表笔不动，只将 G 极的触发电压断掉），表针示值仍保持在几欧到几十欧的位置不动，则说明该晶闸管的触发性能良好。

对于工作电流在 5A 以上的中、大功率普通单向晶闸管，因其通态压降 VT 维持电流 I_H、门极触发电压 U_G 均相对较大，如果采用万用表 R×1k 挡所提供的电流，则偏低，晶闸管不能完全导通。因此，对于检测工作电流在 5A 以上的中、大功率普通单向晶闸管，可以在黑表笔端串接一只 200Ω 可调电阻与 1～3 节 1.5V 干电池（工作电流大于 100A 的晶闸管，需要应用 3 节 1.5V 的干电池），如图 3-88 所示，具体检测方法与要点可以参考检测 1～5A 单向晶闸管的方法与要点。

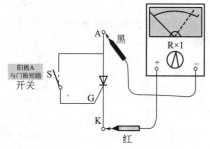

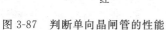

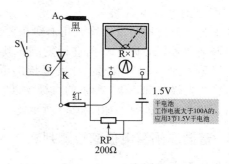

图 3-87　判断单向晶闸管的性能　　　图 3-88　工作电流在 5A 以上的中、大功率普通晶闸管

3.22.5　普通晶闸管好坏的检测判断

（1）指针万用表的使用

把万用表调到 R×1k 或 R×10k 挡，检测晶闸管各电极间的正向、反向电阻。正常情况下，阳极 A 与阴极 K 间的正向、反向电阻均为很大。A、K 间电阻越大，说明晶闸管正反向漏电电流越小。如果 A、K 间检测得到的阻值很低，或近于无穷大，则说明该晶闸管已经击穿短路或已经开路。

采用 R×1k 或 R×10k 挡检测阳极 A 与门极 G 间的正向电阻（黑表笔接 A 极），一般为几百欧到几千欧，反向电阻为无穷大。如果检测得到某两极间的正向、反向电阻均很小，则说明该晶闸管已经短路损坏。如图 3-89 所示。

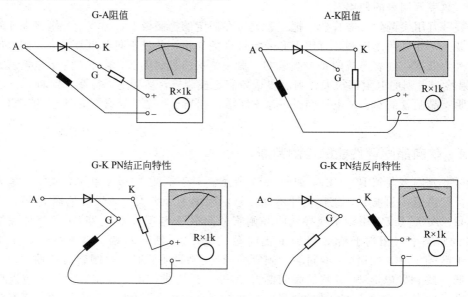

图 3-89　指针万用表判断普通晶闸管的好坏

采用 R×10 或 R×100 挡检测控制极和阴极间 PN 结的正向、反向电阻。如果出现正向阻值接近于零值或为无穷大，则说明控制极与阴极间的 PN 结已经损坏。正常情况下，反向阻值应很大，但是不能够为无穷大，而且正常情况下，反向阻值明显大于正向阻值。

另外，有的普通晶闸管也可以采用万用表的 R×1 电阻挡来检测。先用红、黑两表笔分别检测任意两只引脚间正向、反向电阻，直到找出读数为数十欧的一对引脚，这时黑表笔接的引脚为控制极 G，红表笔接的引脚为阴极 K，另一空脚为阳极 A。然后把黑表笔接在阳极

A 上，红表笔接在阴极 K 上，这时，万用表指针一般是不动的。用短线瞬间短接阳极 A 与控制极 G，这时，万用表电阻挡指针一般向右偏转，并且阻值读数一般大约为 10Ω。如果黑表笔接阳极 A，红表笔接阴极 K 时，万用表指针发生偏转，则说明该普通晶闸管已经击穿损坏。

（2）数字万用表的使用

把数字万用表调到二极管挡（图 3-90），然后检测。正常情况下，G、K 与 A 间的正、反向电阻都很大（无穷大）。如果万用表正、反接在 G、K 两极间，万用表都显示为 1，则说明 G、K 极间存在开路故障。如果万用表正、反接在 G、K 两极间，万用表都显示为 000，或趋近于零，则说明该晶闸管内部存在极间短路故障。

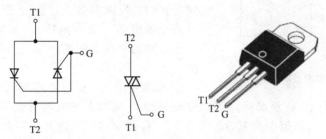

图 3-90　数字万用表二极管挡

3.22.6　双向晶闸管电极的检测判断

双向晶闸管是一种 N-P-N-P-N 型 5 层结构的半导体。双向晶闸管除了控制极 G 电极外，另外的两个电极一般不再叫做阳极与阴极，而是统称为主电极 T1 与 T2，符号与特点如图 3-91 所示。

图 3-91　双向晶闸管符号与特点

指针万用表判断双向晶闸管电极的方法与要点如下。

（1）找出主电极 T2

把万用表调到 R×1 或 R×10、R×100 挡，分别检测双向晶闸管 3 只引脚间的正向、反向电阻（图 3-92）。如果检测得到某一引脚与其他两脚均不通，则说明该脚是主电极 T2。或者用黑表笔接双向晶闸管的任一只电极，再用红表笔分别接双向晶闸管的另外两个电极。如果万用表表针不动，则说明黑表笔接的就是主电极 T2。否则，需要把黑表笔再调换到另一个电极上，根据上述方法进行检测，直到找出主电极 T2 即可。

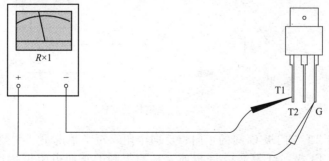

图 3-92　检测双向晶闸管

（2）再找出主电极 T1 与门极 G

找到 T2 电极后，剩下的两脚是主电极 T1 与门极 G（T1 与 G 间的电阻依然存在正反向的差别）。把万用表调到 R×10 或 R×1 挡，检测主电极 T1 与门极 G 两脚间的正向、反向电阻，一般会得到两个均较小的电阻。然后以电阻值较小（一般为约几十欧，正向电阻）的一次为依据，指针万用表的黑表笔所接的是主电极 T1，红表笔所接的是门极（控制极）G。

3.22.7 双向晶闸管性能的检测判断

把指针万用表调到 R×1 挡。对于 1～6A 双向晶闸管，指针万用表的红表笔接 T1 极，黑表笔同时接 G、T2 极。在保证黑表笔不脱离 T2 极的前提下断开 G 极（图 3-93），指针万用表的指针正常应指示几十到一百多欧（具体因不同的晶闸管而异）。把指针万用表的两笔对调，重复上述步骤再检测一次，如果指针指示比上一次稍大十几到几十欧，则说明该双向晶闸管良好，以及触发电压（或电流）小。如果保持接通 A 极或 T2 极时断开 G 极，指针立即退回到∞位置，则说明该晶闸管触发电流太大或损坏。

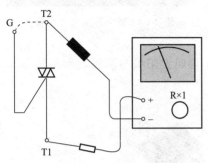

图 3-93　指针万用表检测双向晶闸管

3.22.8 双向晶闸管好坏的检测判断

（1）指针万用表的使用

① 把万用表调到 R×1 或 R×10 挡，检测双向晶闸管的主电极 T1 与主电极 T2 间、主电极 T2 与门极 G 间的正向、反向电阻。正常情况下，均应接近无穷大（万用表指针不发生偏转）。如果检测得到的电阻均很小，则说明该双向晶闸管电极间已经击穿或漏电短路。

② 检测主电极 T1 与主电极 T2 间电阻为无穷大后，再用短接线把 T2、G 极瞬间短接，也就是给 G 极加上正向触发电压（图 3-94），则正常情况下，T2、T1 间阻值大约 10Ω。断开 T2、G 间短接线，这时万用表读数，正常情况下保持 10Ω 左右。互换红表笔、黑表笔接线，红表笔接第二阳极 T2，黑表笔接第一阳极 T1（图 3-95）。正常情况下，万用表指针应不发生偏转，阻值为无穷大。再用短接线将 T2、G 极间瞬间短接，也就是给 G 极加上负的触发电压，则 T1、T2 间的阻值为 10Ω 左右。然后断开 T2、G 极间短接线，正常情况下，万用表读数不变，保持在 10Ω 左右。符合上述检测规律，则基本说明该被测双向晶闸管是好的。

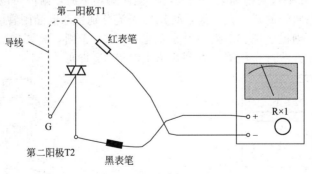

图 3-94　红表笔接在 T1

③ 检测主电极 T1 与门极 G 间的正向、反向电阻，正常情况下，一般在几十欧到 100Ω 间，并且黑表笔接 T1 极，红表笔接 G 极时，检测得到的正向电阻值比反向电阻值略小一些。如果检测得到的 T1 极与 G 极间的正向、反向电阻值均为无穷大（万用表指针不发生偏转），则说明该双向晶闸管已开路损坏。

④ 如果开始不清楚引脚分布情况，则用红表笔、黑表笔分别检测任意两引脚间正向、

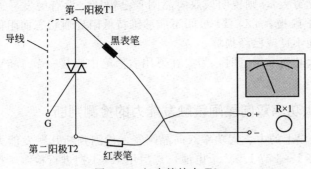

图 3-95　红表笔接在 T2

反向电阻，检测结果中有两组读数为无穷大。如果一组为数十欧时，则以该组为依据：红表笔、黑表笔所接的两引脚，分别为第一阳极 T1 与控制极 G，另一脚为第二阳极 T2。然后检测 T1、G 极间正向、反向电阻，以读数相对较小的那次为依据：黑表笔所接的引脚为第一阳极 T1，红表笔所接的引脚为控制极 G。

（2）数字万用表的使用

把数字万用表调到 NPN 挡，让双向晶闸管的 G 极开路（图 3-96 左），T2 极经过限流电阻 R（大约为 330Ω）接万用表 hFE 插口的 C 孔，T1 极经过导线连接在 hFE 插口的 E 孔。这时数字万用表显示值为 000，则说明该双向晶闸管处于关断状态。再用一根导线把 G 极与 T2 极短接，用 hFE 插口 C 孔上的＋2.8V 作为触发电压，万用表数字显示变成 578，则说明该双向晶闸管已经导通。

然后把双向晶闸管的 T1、T2 调换过来连接（图 3-96 右），仍然把 G 极通过导线与 C 极碰触一下，这时数字万用表显示值从 000 变为 428，则说明双向晶闸管能够在两个方向导通，是好的管子。

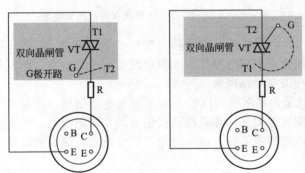

图 3-96　数字万用表法判断双向晶闸管好坏

3.22.9　小功率双向晶闸管触发能力的检测判断

工作电流在 8A 以下的小功率双向晶闸管，可以选择万用表的 R×1 挡直接来检测。检测时，先把黑表笔接主电极 T2，红表笔接主电极 T1。再用镊子将 T2 极与门极 G 短路，也就是给 G 极加上正极性触发信号。如果此时检测得到的电阻由无穷大变为十几欧，则说明该晶闸管已经被触发导通，导通方向为 T2→T1（T2 到 T1）。

然后把黑表笔接主电极 T1，红表笔接主电极 T2，再用镊子将 T2 极与门极 G 间短路，也就是给 G 极加上负极性触发信号时，检测得到的电阻应由无穷大变为十几欧，则说明该双向晶闸管已经被触发导通，导通方向为 T1→T2（T1 到 T2）。

如果给 G 极加上正（或负）极性触发信号后，双向晶闸管仍不导通（T1 与 T2 间的正向、反向电阻仍为无穷大），则说明该双向晶闸管已损坏，没有触发导通能力。如果晶闸管被触发导通后，断开 G 极，T2、T1 极间不能够维持低阻导通状态而阻值变为无穷大，则说明该双向晶闸管性能不良或已经损坏。

　　说明　检测较大功率晶闸管时，需要在万用表黑笔中串接一节 1.5V 干电池，以提高触发电压。

3.22.10　中、大功率双向晶闸管触发能力的检测判断

　　工作电流在 8A 以上的中、大功率双向晶闸管，检测判断其触发能力时，可以先在万用表的某支表笔上串接 1～3 节 1.5V 干电池，然后用 R×1 挡进行检测。检测方法同小功率双向晶闸管触发能力的检测。

3.22.11　耐压为 400V 以上双向晶闸管触发能力的检测判断

　　耐压为 400V 以上的双向晶闸管，可以采用 220V 交流电压来检测其触发能力，以及判断其性能好坏，电路如图 3-97 所示。电路中，EL 为 60W/220V 白炽灯泡，VT 为被测双向晶闸管，R 为 100Ω 限流电阻，S 为按钮。

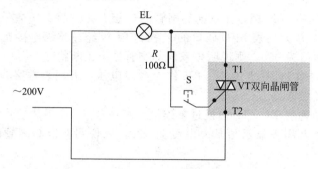

图 3-97　220V 交流电压检测双向晶闸管电路

　　把电源插头接入 220V 市电后，双向晶闸管处于截止状态，灯泡不亮。如果灯泡微亮，则说明被测的双向晶闸管存在漏电损坏。如果此时灯泡正常发光，则说明被测的双向晶闸管的 T1、T2 极间已存在击穿短路现象。

　　按动按钮 S，也就是为晶闸管的门极 G 提供触发电压信号。正常情况下，双向晶闸管应立即被触发导通，灯泡正常发光。如果按动按钮 S 时，灯泡点亮，松手后灯泡又熄灭，则说明该被测双向晶闸管触发性能不良。如果灯泡不能够发光，则说明该被测的双向晶闸管内部存在开路损坏。

3.22.12　大功率双向晶闸管触发能力的检测判断

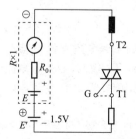

图 3-98　万用表＋电池法检测大功率双向晶闸管触发能力的电路

　　① 小功率双向晶闸管的触发电流只有几十毫安，可以选择万用表的 R×1 挡直接检查其触发能力。大功率双向晶闸管不能直接利用万用表的 R×1 挡使管子触发，因此，检测大功率双向晶闸管触发能力时，需要给万用表 R×1 挡外接一节 1.5V 电池 E'，这样可以把测试电压升到 3V，同时增加测试电流（可提供 100mA 左右），如图 3-98 所示。

　　② 检测时，把万用表调到 R×1 挡，把电池 E' 接在万用表的＋插孔与红表笔间，然后分别检测 T2、T1 间的正、反向电阻和 G 极与 T2、T1 间的正、反向电阻，以及触发 G 极

后的 T2、T1 正、反向电阻，即可判断大功率双向晶闸管的好坏与触发能力。

说明　本方法也适用检查大功率单向晶闸管。

3.22.13　温控晶闸管电极的检测判断

温控晶闸管电极用万用表法判断，可以用判别普通晶闸管电极的方法来找出温控晶闸管的各电极。

说明　温控晶闸管的内部结构与普通晶闸管相似。一般温控晶闸管是 P 型控制极（阴极侧受控），有的温控晶闸管为 N 型控制极（阳极侧受控），符号如图 3-99 所示。

3.22.14　光控晶闸管电极的检测判断

光控晶闸管外形与符号如图 3-100 所示。

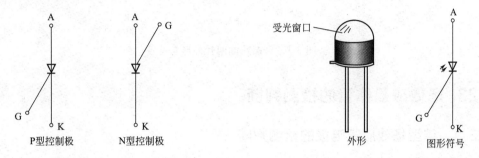

图 3-99　P 型控制极与 N 型控制极晶闸管　　　　图 3-100　光控晶闸管外形与符号

把万用表调到 R×1 挡，在黑表笔上串接 1～3 节 1.5V 干电池（图 3-101），再检测两引脚间的正向、反向电阻，正常情况下，均为无穷大。然后用小手电筒或激光笔照射光控晶闸管的受光窗口，这时正向电阻一般是一个较小的数值，反向电阻为无穷大。然后以较小电阻的一次检测为依据，黑表笔所接的电极为阳极 A，红表笔所接的电极为阴极 K。

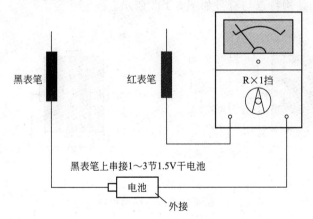

图 3-101　黑表笔上串接 1～3 节 1.5V 干电池

3.22.15　贴片晶闸管引脚（电极）的检测判断

把万用表调到 R×100 或 R×1k 挡，分别检测被测晶闸管各电极间的正向、反向电阻。如果检测得到某两电极间电阻值较大（大约 80kΩ），对调两表笔检测，以阻值较小（大约 2kΩ）的为依据：黑表笔所接的电极为控制极 G，红表笔所接的电极为阴极 K，剩下的电极为阳极 A。

第 3 章　使用万用表检测判断常用元器件

说明 如果检测中正向、反向电阻都很大，则需要更换电极位置，重新检测。

贴片晶闸管与插孔晶闸管管芯基本相同，主要差异在于封装不同。因此，插孔晶闸管的检测技巧基本也适用贴片晶闸管的检测。

贴片晶闸管的外形与符号如图3-102所示。

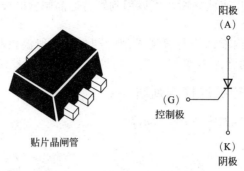

图 3-102 贴片晶闸管外形与符号

3.23 场效应晶体管的检测判断

3.23.1 结型场效应管电极的检测判断

首先确定栅极（可以选择万用表 R×1k 挡）。用万用表负表笔触碰结型场效应管的一个电极，正表笔依次触碰另两电极。如果两次检测得出的阻值均很大，说明检测均是反向电阻检测，也就是说所检测的结型场效应管属于 N 沟道场效应管，负表笔接的栅极。如果两次检测得出的阻值均很小，说明均是正向电阻检测，也就是说所检测的结型场效应管属于 P 沟道场效应管，负表笔所接的是栅极。

结型场效应管的结构特点与符号如图 3-103 所示。

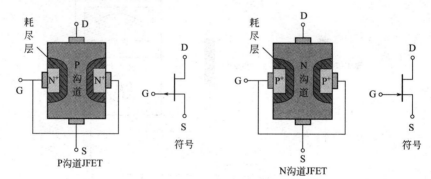

图 3-103 结型场效应管的结构特点与符号

3.23.2 场效应管好坏的检测判断

需要根据不同类型的场效应晶体管来检测、判断。

（1）N 沟道场效应晶体管

用数字万用表二极管挡检测，红表笔接源极 S 极，黑笔接漏极 D 极，此时数值为 S、D 极间二极管的压降值。如果接反，无压降值，数字万用表显示超载符号 1，G 极与其他各脚无值。

（2）P 沟道场效应晶体管

用数字万用表二极管挡检测，黑表笔接源极 S 极，红笔接漏极 D 极，此时数值为 S、D 极间二极管的压降值。如果接反，无压降值，数字万用表显示超载符号 1，G 极与其他各脚无值。

3.23.3　结型场效应管放大能力的检测判断

把万用表调到 R×100 挡，正表笔接源极 S，负表笔接漏极 D，这时检测的是 D-S 极间的电阻值。然后用手捏住栅极 G（图 3-104），利用人体的感应电压作为输入信号加到栅极上。由于结型场效应管的放大作用，一般会使 DS 间电阻变化，也就是万用表的表针会有较大幅度的摆动。如果手捏栅极 G 时，检测的万用表表针摆动很小，则说明该结型场效应管的放大能力较弱。如果检测的万用表表针不动，则说明该结型场效应管已经损坏。

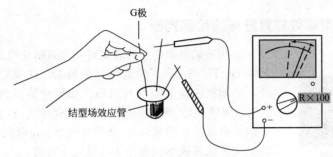

G极

结型场效应管

R×100

图 3-104　手捏住栅极 G

说明　运用该种方法时，需要注意以下几点。

① 检测场效应管用手捏住栅极时，万用表指针可能向右摆动（电阻值减小），也可能向左摆动（电阻值增加）。原因是人体感应的交流电压较高，而不同的场效应管用电阻挡测量时的工作点可能不同。多数场效应管的 R_{DS} 增大，也就是表针向左摆动的为多；少数场效应管的 R_{DS} 减小，也就是表针向右摆动的少些。但是，无论表针摆动方向如何，只要表针摆动幅度较大，则说明该场效应管具有较大的放大能力。

② 上述方法对 MOS 场效应管也适用。只是 MOS 场效应管的输入电阻高，栅极 G 允许的感应电压不应过高。因此，检测 MOS 场效应管时，不要用手直接捏栅极，而应手握螺丝刀的绝缘柄，利用螺丝刀的金属杆碰触栅极，从而防止人体感应电荷直接加到栅极，引起 MOS 场效应管的栅极击穿。

③ 每次检测完后，需要把栅极源极 G-S 极间短路一下，以免栅极源极 G-S 结电容上会充有少量电荷，造成再检测时表针可能不动等现象。

3.23.4　场效应管跨导的检测判断

需要根据不同类型的场效应晶体管来判断。

（1）N 沟道的场效应晶体管

用万用表的红表笔接源极 S，黑表笔接漏极 D，万用表读数应较大。这时如果用手指接触栅极 G，万用表读数就会发生变化，变化越明显，说明所检测的场效应晶体管跨导越大。

（2）P 沟道的场效应晶体管

用黑表笔接源极 S 极，红表笔接漏极 D，万用表的读数应较大。这时如果用手指轻碰栅极 G，万用表的读数就会发生变化，变化越明显，说明所检测的场效应晶体管跨导越大，如

图 3-105 所示。

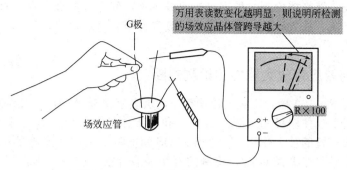

图 3-105　场效应管跨导万用表的检测

3.23.5　贴片结型场效应管好坏的检测判断

图 3-106　贴片结型场效应管

万用表的红表笔、黑表笔对调检测贴片结型场效应管（图 3-106）G、D、S，除了黑表笔接漏极 D、红表笔接源极 S 有阻值外，其他接法检测均没有阻值。如果检测得到某种接法的阻值为 0，则使用镊子或表笔短接 G、S，然后检测。正常情况下，N 沟道电流流向为从漏极 D 到源极 S（高电压有效），P 沟道电流流向为从源极 S 到漏极 D（低电压有效）。

　　说明　一般电路中使用贴片结型场效应管（JEFT）、贴片加强型 N 沟道 MOS 管的居多。MOS 管的漏极 D 与源极 S 间加了阻尼二极管，栅极 G 与源极 S 间也有保护措施。

3.23.6　MOS 场效应管电极的检测判断

　　绝缘栅场效应管，简称 MOS 管。把万用表调到 R×100 或者 R×10 挡，检测确定栅极。如果一引脚与其他两脚的电阻均为无穷大，则说明该脚为栅极 G（图 3-107）。交换表笔重新检测，正常情况下，源极与漏极（S-D）间的电阻值应为几百欧到几千欧。以其中阻值较小的那一次为依据，黑表笔所接的电极为漏极 D，红表笔所接的电极是源极 S。

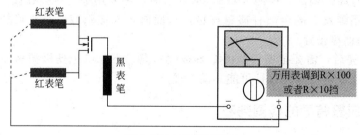

图 3-107　确定栅极 G

　　另外，判断出栅极 G，也可以采用下面方法来判断哪个引脚是漏极 D 极，哪个引脚是源极 S。栅极 G 判断后，再把万用表调到 R×10 挡，分别测量漏极 D 与源极 S 间的正、反向电阻，其中以测得阻值较大值为依据，用黑表笔与栅极 G 极接触一下，再恢复原状。在此过程中，红表笔应始终与引脚相触，这时万用表的读数会出现两种情况：如果万用表读数没有明显变化，仍为较大值，这时应把黑表笔与引脚保持接触，移动红表笔与栅极 G 相碰，后返回原引脚，此时如果阻值由大变小，则黑表笔所接的引脚为源极 S 极，红表笔所接的引脚为漏极 D；如果读数由大变小，说明万用表黑表笔所接的引脚为漏极 D，红表笔所接的引脚为源极 S。

3.23.7 MOS 场效应管跨导的检测判断

把数字万用表调到 hFE 挡（图 3-108），利用 hFE 插口估测绝缘栅型场效应管的跨导值。如果管子的跨导值高，则说明该管性能良好。

图 3-108　把数字万用表调到 hFE 挡

举例：实测一只绝缘栅型场效应管，把该管的 D、S 极分别插入 hFE 插口的 C 孔与 E 孔，在 G 极悬空时，数字万用表显示 95。然后把 G 极插入 B 孔，数字万用表显示 773。然后根据 $g_m = \Delta I_D / \Delta U_{GS}$ 来计算：

$$g_m = \Delta I_D / \Delta U_{GS}$$
$$= [(773 - 95)/100]/2.8 = 2.4 (\text{mA/V})$$

3.23.8 MOS 场效应管好坏的检测判断

（1）栅极 G 的判断

把万用表调到 R×100 挡，检测场效应管任意两引脚间的正向、反向电阻值。检测中，一次两引脚电阻值为数百欧，这时两表笔所接的引脚分别是 D 极与 S 极，则另外一只未接表笔的引脚为栅极 G 极。

（2）漏极 D、源极 S 及类型的判断

把万用表调到 R×10k 挡，检测 D 极与 S 极间的正向、反向电阻值，一般正向电阻值大约为 0.2×10kΩ，反向电阻值大约为 (5～∞)×10kΩ。检测反向电阻时，红表笔所接的引脚不变，黑表笔脱离所接的引脚后，与栅极 G 触碰一下，再把黑表笔去接原引脚，这时会出现两种可能：

① 如果万用表读数由原来较大阻值变为零，则说明红表笔所接的电极为源极 S，黑表笔所接的电极为漏极 D，然后用黑表笔触发栅极 G 极有效（也就是使漏极 D 与源极 S 极间正向、反向电阻值均为 0），则说明该场效应管为 N 沟道型管子；

② 如果万用表读数仍为较大值，则把黑表笔接回原引脚，换用红表笔去触碰栅极 G，

再把红表笔接回原引脚，这时万用表读数一般由原来阻值较大变为 0，则说明黑表笔所接的电极为源极 S，红表笔所接的电极为漏极 D。如果用红表笔触发栅极 G 有效，则说明该场效应管为 P 沟道型管子。

对于栅极内没有电压钳位的开关管，也就是栅极内部没有防静电保护电路，检测中需要注意周围 2m 内无高压设备，采用 1.5V 供电的欧姆表，R×1 或 R×1k 挡来检测也可。具体要点如下：把指针万用表调到 R×1 挡，检测 MOSFET 栅极对漏极、栅极对源极的阻值，一般均为无穷大。检测后，用镊子将栅源极短路 10s 以上，再检测漏极、源极正向、反向电阻。红表笔接漏极、黑表笔接源极时，一般为低电阻。把表笔反接检测，一般为无穷大。如果用 R×1 挡检测 N 沟道 MOSFET 时，红表笔接漏极，黑表笔接源极，一般电阻为 18～28Ω。如果用 R×1k 挡检测 N 沟道 MOSFET 时，红表笔接漏极，黑表笔接源极，一般电阻为 2～5kΩ。如果把表笔对调检测，一般近似为无穷大。

检测 P 沟道 MOSFET 的正常情况则与上述相反。

说明　判断场效应管的好坏，也可以采用代换法来判断。场效应管的代换，先考虑场效应管的最大漏极功耗、极限漏极电流、最大漏极电压、导通电阻、引脚排列等特征要一致与适用。

3.23.9　功率场效应管好坏的检测判断

（1）指针万用表的使用

① 把万用表调到 R×1k 挡，检测场效应管任意两引脚间的正向、反向电阻值。如果出现两次（或两次以上）电阻值较小，则说明该场效应管已经损坏了。

② 如果检测中仅出现一次电阻值较小（一般大约为数百欧），其余各次检测电阻值均为无穷大，则需要再做进一步的检测。万用表调到 R×1k 挡，检测漏极 D 与源极 S 间的正向、反向电阻值。对于 N 沟道场效应管，红表笔接 S 极，黑表笔先触碰栅极 G 后，再检测漏极 D 与源极 S 间的正向、反向电阻值。如果检测得到正向、反向电阻值均为 0，则说明该场效应管是好的。对于 P 沟道场效应管，黑表笔接触源极 S，红表笔先触碰栅极 G 后，再检测漏极 D 与源极 S 间的正向、反向电阻值，如果检测得到正向、反向电阻值均为 0，则该场效应管是好的，否则表明该场效应管已经损坏。

说明　一些管子在栅极 G、源极 S 极间接有保护二极管，则采用上面的检测方法不适用。

（2）数字万用表的使用

大功率的场效应晶体管压降值为 0.4～8V，大部分在 0.6V 左右，因此，可以采用数字万用表检测大功率场效应晶体管压降值来判断：损坏的场效应晶体管一般为击穿短路损坏，各引脚间呈短路状态，则用数字万用表二极管挡检测其各引脚间的压降值为 0V 或蜂鸣，是检测损坏的标识。

3.23.10　单管八脚场效应管好坏的检测判断

让场效应晶体管面对检测者，八脚场效应晶体管带点的部位在左下角时，则左下从左向右第 1 脚是 S 级，再用数字万用表的二极管挡测量 2 脚、3 脚，如果阻值为 0Ω，则再检测上面的 1 脚、4 脚，如果阻值均为 0Ω，说明上面 4 个脚是 D 极，下面的 1 脚、2 脚、3 脚是 S 极，4 脚是控制极 G。单管八脚场效应晶体管外形与内部结构如图 3-109 所示。

说明　由于八脚场效应晶体管内部结构有多种形式，因此，检测时不同的内部结构具有不同的检测特点。

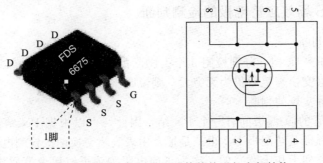

图 3-109　单管八脚场效应晶体管外形与内部结构

3.23.11　双栅场效应晶体管好坏的检测判断

把万用表调到 R×10 挡，一般源极 S 与漏极 D 间正常的电阻在 $30\sim50\Omega$，如果阻值很小或无穷大，则说明该双栅场效应晶体管内部已经产生短路或者断路。另外，双栅场效应晶体管的 G1、G2、D、S 间的电阻均为无穷大，如果某电极间的电阻很小，则说明该电极间存在漏电、短路等异常现象。

双栅场效应晶体管符号与等效符号如图 3-110 所示。

3.23.12　双栅场效应管电极的检测判断

把万用表调到 R×100 挡，用两表笔分别检测任意两引脚间的正向、反向电阻值。如果检测得到某两脚间的正向、反向电阻均为几十欧到几千欧，而其余各引脚间的电阻值均为无穷大，则说明该两个电极是漏极 D、源极 S，另外两个电极是栅极 G1、栅极 G2。

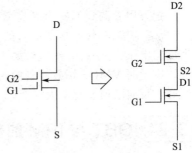

图 3-110　双栅场效应晶体管
符号与等效符号

3.23.13　双栅场效应管放大能力的检测判断

把万用表调到 R×100 挡，把万用表红表笔接源极 S，黑表笔接漏极 D，在检测漏极 D 与源极 S 间的电阻值 R_{SD} 的同时，用手指捏住双栅场效应管的两只栅极引脚，这样可以加入人体感应信号。如果加入人体感应信号后，检测双栅场效应管的 R_{SD} 的阻值由大变小，则说明该双栅场效应管具有一定的放大能力。万用表指针向右摆越大，则说明该双栅场效应管的放大能力越强。

3.23.14　双栅场效应管好坏的判断

把万用表调到 R×10 挡或 R×100 挡，检测场效应晶体管源极 S 和漏极 D 间的电阻值。正常情况下，正向、反向电阻均为几十欧到几千欧，万用表黑表笔所接的电极为漏极 D、红表笔所接的电极为源极 S 时检测得到的电阻值，比黑表笔接源极 S、红表笔接 D 时检测得到的电阻值要略大一些。如果检测得到的 D、S 极间的电阻值为 0 或为无穷大，则说明该双栅场效应管已经击穿损坏或已经开路损坏。

然后把万用表调到 R×10k 挡，检测其余各引脚（也就是除 D、S 极间除外）的电阻值。正常情况下，栅极 G1 与栅极 G2、栅极 G1 与漏极 D、栅极 G1 与源极 S、栅极 G2 与漏极 D、栅极 G2 与源极 S 间的电阻值均为无穷大。如果检测得到的阻值不正常，则说明该双栅场效应管性能变差或者已经损坏。

3.23.15 VMOS 场效应管电极的检测判断

（1）栅极 G 的判断

把万用表调到 R×1k 挡，分别检测 3 个引脚间的电阻。如果发现某脚与其余两脚的电阻均呈无穷大，并且交换表笔后仍为无穷大，则说明该脚为栅极 G。

（2）源极 S、漏极 D 的判断

VMOS 场效应管的源-漏极间有一个 PN 结，因此，可以根据 PN 结正向、反向电阻存在差异，检测判断源极 S 与漏极 D。也就是把万用表表笔交换两次检测电阻，其中以电阻值较低（一般为几千欧到十几千欧）的一次为正向电阻为依据：黑表笔所接的电极为源极 S，红表笔所接的电极为漏极 D。

说明 ① VMOS 管也分为 N 沟道管与 P 沟道管。绝大多数产品属于 N 沟道管。对于 P 沟道管的检测，交换表笔即可。

② 有的 VMOS 管在 G-S 极间并联有保护二极管，因此，需要注意检测方法的差异。另外，VMOS 管功率模块的检测方法需要根据其内部结构的特点来检测判断。

3.23.16 VMOS 场效应管跨导的检测判断

把万用表调到 R×1k（或 R×100）挡，把万用表的红表笔接 VMOS 场效应管的源极 S，黑表笔接 VMOS 场效应管的漏极 D（这样相当于在 N 沟道 VMOS 的源、漏极间加了一个反向电压），手持螺丝刀碰触 VMOS 场效应管的栅极 G，表针应有明显偏转，而且偏转越大，则说明 VMOS 场效应管的跨导越高。如果被测 VMOS 场效应管的跨导很小，用此法检测时，反向阻值变化不大。

3.24 IGBT 与 IPM 的检测判断

3.24.1 IGBT 放大能力的检测判断

把 MF500 型万用表调到 R×10k 挡（图 3-111），万用表的红表笔接 E 极，黑表笔接 C 极检测，一般阻值为无穷大。如果这时用手指同时接触一下黑表笔与 G 极，阻值正常应立即降到大约 100kΩ。如果用黑表笔触一下 G 极，再次检测得到 C、E 极间正向电阻一般应降到大约为 15kΩ，则说明该 IGBT 具有放大能力，如图 3-112 所示。

图 3-111 把 MF500 型万用表调到 R×10k 挡

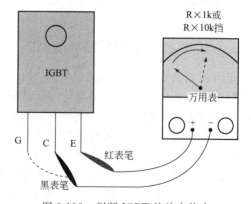

图 3-112 判断 IGBT 的放大能力

说明 判断 IGBT 放大能力的方法与判断三极管放大倍数的方法类似。

上述方法也可以用来判断特殊外形的 IGBT 的 C、E 极，则剩下的一引脚就是 G 极。

3.24.2　单管 IGBT 极性万用表的检测判断

单管 IGBT 外形与符号如图 3-113 所示。把万用表调到 R×1k 挡，检测的数值，如果某一极与其他两极阻值为无穷大，调换表笔后该极与其他两极的阻值仍为无穷大，则可以判断该电极是栅极（G）。

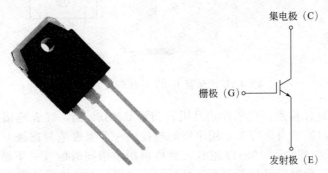

图 3-113　单管 IGBT 外形与符号

其余两极再用万用表测量，如果测得阻值为无穷大，调换表笔后测量阻值较小。在测量阻值较小的一次中，红表笔接的电极可以判断为集电极 C，黑表笔接的电极则为发射极 E。

3.24.3　含阻尼二极管与不含阻尼二极管的 IGBT 的检测判断

把指针万用表调到 R×1k 挡，并且在检测前把 IGBT 的 3 只引脚短路放电，然后用指针万用表的红笔接集电极 C，黑笔接发射极 E，如果所测值在 3.5kΩ 左右，则说明所检测的 IGBT 管子为含阻尼二极管的 IGBT；如果所检测的值在 50kΩ 左右，则说明所测的 IGBT 管子是不含阻尼二极管的 IGBT。

也就是说，含阻尼二极管的 IGBT 的集电极 C-发射极 E 间电阻，比不含阻尼二极管的 IGBT 的集电极 C-发射极 E 间电阻要小。

3.24.4　IGBT 好坏的检测判断

（1）指针万用表的使用

① NPN 型 IGBT 好坏的检测判断　NPN 型 IGBT 符号如图 3-114 所示。把万用表红表笔接 NPN 型 IGBT 的 C 极，黑表笔接 NPN 型 IGBT 的 E 极，正常情况下，阻值在数十千欧到数百千欧间。如果 C、E 极内有保护二极管，则正常情况下 C、E 间阻值为 20~30Ω。然后对调万

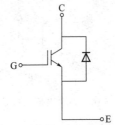

图 3-114　NPN 型 IGBT 符号

用表表笔检测，正常情况下阻值为∞，E、G 极间或 E、G 极间的正反向阻值均为∞。万用表红表笔接 E 极，黑表笔接 G 极（触发 G 极）后，保持万用表红表笔接 E 极不动，把万用表黑表笔从 G 极移到 C 极，则正常情况下，阻值下降到数十欧。对调表笔后检测，阻值为∞（如果 C、E 极内有保护二极管，则该阻值应在上面提到的数值 20~30Ω 有所下降）。

如果检测的结果与上述差距较大，则说明所检测的 IGBT 异常。

② 单管 IGBT 好坏指针的检测判断　把指针式万用表调到 R×10k 挡，红表笔接发射极 E，黑表笔接集电极 C，正常阻值应为无穷大，如图 3-115 所示。

如果用指针万用表的黑表笔触一下 IGBT 栅极 G，则 IGBT 模块的栅极 G 与发射极 E 极间可被触发导通，此时再测得集电极 C、发射极 E 极间正向电阻应降为 16kΩ 左右。当栅极

G 与发射极 E 极间短接时，IGBT 模块的集电极 C 与发射极 E 极间可被关断。

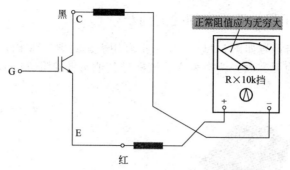

图 3-115　单管 IGBT 好坏的检测判断

另外，也可以这样检测：把指针式万用表调到 R×10k 挡，红表笔接发射极 E，黑表笔接集电极 C，正常阻值应为无穷大。用手指同时接触一下黑表笔与栅极 G，则集电极 C、发射极 E 极间阻值应立即降到 100kΩ 左右，然后再用手指同时触及一下栅极 G 与发射极 E，这时 IGBT 被阻断。此时即可判断 IGBT 是好的。如果与上述检测结果相差较大，则所检测的 IGBT 可能异常。

说明　a. 检测 IGBT 好坏时，一定要将万用表拨在 R×10k 挡，因 R×1k 挡以下各挡万用表内部电池电压太低，检测好坏时不能使 IGBT 导通，也就不能够正确判断 IGBT 的好坏。

b. 任何指针式万用表均可以用于检测 IGBT。

③ 内含阻尼二极管 IGBT 好坏的检测判断　把指针万用表调到 R×1k 挡，并且在检测前把 IGBT（图 3-116）的 3 只引脚短路放电，用两支表笔正、反测门极 G、发射极 E 两极及门极 G、集电极 C 两极间电阻。内含阻尼二极管的 IGBT 正常时，发射极 E、集电极 C 极间正向电阻为 4kΩ 左右。

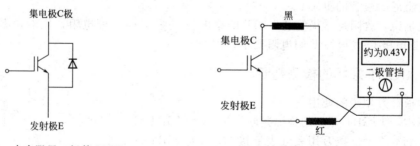

图 3-116　内含阻尼二极管 IGBT　　　　　　图 3-117　正向压降

如果检测得到 IGBT 管三引脚间电阻均很小，则说明所检测的 IGBT 管子可能击穿损坏。如果所检测的 IGBT 管三脚间电阻均为无穷大，则说明所检测的 IGBT 管子可能开路损坏。

（2）数字万用表的使用

① 用数字万用表二极管挡检测判断 IGBT 好坏　把数字万用表调到二极管挡进行检测。一般正常情况下，IGBT 管的 G、C 极间正向压降约为 0.5V，IGBT 管的 E、C 极间正向压降（万用表红表笔接发射极 E，黑表笔接集电极 C）约为 0.43V（图 3-117）。如果实际检测与这些参考数值相差较大，则说明所检测的 IGBT 可能存在异常。

说明　用万用表二极管挡检测 IGBT 极间的压降时，二极管压降一般是恒定的，从而可以简单判断二极管是否损坏。需要注意，有时该值显示二极管短路并不完全代表该二极管是短路的，也可能是 IGBT 芯片存在短路。

使用不同型号、种类的万用表检测，可能会导致结果存在差异，因此，上述检测值并不能够与其他万用表做基准对比，也不能代表 IGBT 数据手册上的数据，仅供检测参考。

② 用数字万用表电阻挡检测判断 IGBT 的好坏

a. 检测前，需要确定 IGBT 所应用的机器（电路）已断电，并且其应用电路外围高压电解电容里的余电已被放完。

b. 把万用表调到电阻挡（图 3-118），将两支表笔短接在一起，此时有的数字万用表蜂鸣器长叫，并显示 0。这样可以判断万用表电池电量是否足够。

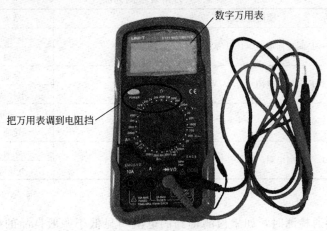

图 3-118 把万用表调到电阻挡

c. 用数字万用表的黑表笔接 IGBT 其中一个引脚，用红表笔接另外一个引脚，检测三个引脚任意两个引脚是否短路（一般数值低于 1kΩ）。如果有短路，则说明所检测的 IGBT 可能已经击穿，即可判断 IGBT 可能损坏了。

3.24.5 双单元 IGBT 好坏的检测判断

双单元 IGBT 是由两只 IGBT 组成，如图 3-119 所示，图中左边图为单管 IGBT，中间图的为双单元 IGBT，右边图为双单元 IGBT 实际外形。

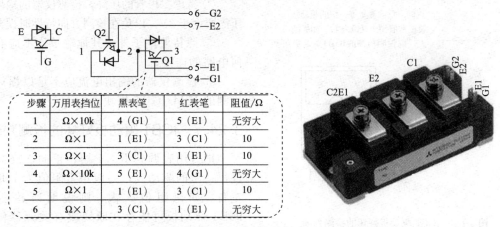

步骤	万用表挡位	黑表笔	红表笔	阻值/Ω
1	Ω×10k	4 (G1)	5 (E1)	无穷大
2	Ω×1	1 (E1)	3 (C1)	10
3	Ω×1	3 (C1)	1 (E1)	10
4	Ω×10k	5 (E1)	4 (G1)	无穷大
5	Ω×1	1 (E1)	3 (C1)	10
6	Ω×1	3 (C1)	1 (E1)	无穷大

图 3-119 单管 IGBT 符号与双单元 IGBT 检测

将万用表调到电阻 R×10k 挡，红表笔接 E（5 端或 7 端）极，黑表笔接 G（4 端或 6 端）极，给 G、E 极间充电。将万用表调到 R×1 挡，测量 C、E（1、2 端或 3、1 端）两端，正常正、反向阻值均为 10Ω 左右。如果黑表笔接 C 极，红表笔接 E 极，则极间电阻为无穷大。如果阻值均为无穷大或者正、反向阻值差别为零，说明所检测的 IGBT 已坏掉。

3.24.6 IPM/IGBT 模块好坏的检测判断

一般而言，仅用万用表简单地测试，是不能完整正确判断 IPM/IGBT 模块状态的。但是，对于 IPM/IGBT 模块是否发生短路或开路损坏，可以用万用表检测来初步判断，具体方法见表 3-9。

表 3-9　万用表检测判断

检测接触部位	结果	判断
逆变器部分 IGBT 的 C-E 间正向电阻（P-U/V/W）（U/V/W-N）	不导通	好的
	导通	异常
逆变器部分 IGBT 的 C-E 间反向电阻（U/V/W-P）（N-U/V/W）	导通	好的
	不导通	异常
制动单元 IGBT 的 C-E 间正向电阻	不导通	好的
	导通	异常
制动单元 IGBT 的 C-E 间反向电阻	导通	好的
	不导通	异常

说明

① 进行方向导通检测时，如果检测得到的电阻明显低于一般良品的电阻，则可以判断所检测的 IPM/IGBT 模块存在异常。

② 通过检测 IPM/IGBT 模块 C-E 间的电阻，可以判断 IGBT 是否击穿或短路等异常现象，但是，IGBT 由于耐压降低，仅 IGBT 的 C-E 断路而续流二极管等正常，上述方法是不能够正确判断的。

检测的要求如下：

① 输出电压需要小于 U_{CES}；

② 待检测的电流需要远大于 I_{CES}，以免不导通的情况可能会被误判为导通；

③ 检测时 P-N 间不应施加电压，以免可能损坏 IPM/IGBT 模块，或伤害测试人员等；

④ 考虑二极管的压降，检测仪器的输出电压需要大于 3V，以免在检测方向特性时误判；

⑤ 除待测端子外，其他端子均不应有任何电路的连接；

⑥ 检测仪器的输出电流应不足以损坏所检测的 IPM/IGBT 模块。

3.24.7 IGBT 驱动板好坏的检测判断

把万用表调到 R×1 挡，正向、反向测量每一组的驱动线，一般正常阻值为十几欧左右。如果阻值太大，则说明所检测的 IGBT 驱动板可能存在断线或有关元器件损坏现象（图 3-120）。如果阻值为零，则说明所检测的 IGBT 驱动板可能存在电阻短路或者线间短路等异常现象。

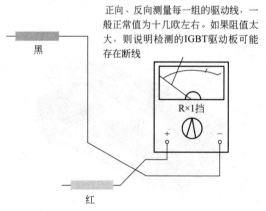

正向、反向测量每一组的驱动线，一般正常值为十几欧左右。如果阻值太大，则说明检测的IGBT驱动板可能存在断线

黑

R×1挡

红

图 3-120　IGBT 驱动板好坏的检测判断

3.24.8 CM200Y-24（SKM75GB128）模块好坏的检测判断

把 MF47C 指针式万用表调到 R×10k 挡（图 3-121），检测 CM200Y-24 模块的主端子与

触发端子。触发后，正常情况下，C、E 间电阻大约为 250kΩ。如果与该正常数值有较大差异，则说明该 CM200Y-24 模块可能损坏了。

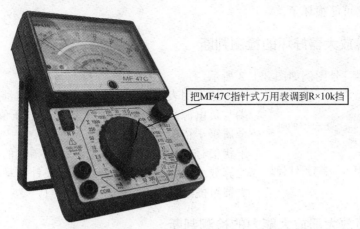

图 3-121　把 MF47C 指针式万用表调到 R×10k 挡

说明　不同型号的万用表检测值会有所差异。

3.24.9　FP24R12KE3 模块好坏的检测判断

把 MF47C 指针式万用表调到 R×10k 挡，检测 FP24R12KE3 模块的主端子与触发端子。触发后，正常情况下，C、E 间电阻大约为 200kΩ。如果与该正常数值有较大差异，则说明该 FP24R12KE3 模块可能损坏了。

说明　不同型号的万用表的测量值会有所差异。

3.25　集成电路的检测判断

3.25.1　集成电路好坏的检测判断

把数字万用表调到二极管挡，红表笔接集成电路的地端，黑表笔接集成电路其他检测端（图 3-122），正常情况下，数字万用表所显示的数字与检测二极管正偏时所显示的数字差不多（多数为 500～750Ω）。然后把黑表笔接地端，红表笔接其他检测端，正常情况下，数字

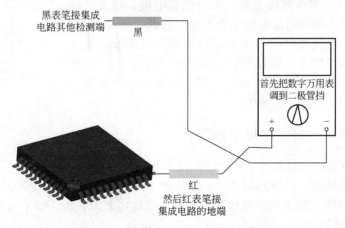

图 3-122　把数字万用表调到二极管挡

万用表所显示的数字大于前一次检测所显示的数据，或者为无穷大（多数显示在 1kΩ 以上）。如果该被检测的集成电路各引脚与地端的检测数据不满足上述检测特点，则说明该被检测的集成电路可能损坏了。

3.25.2　运算放大器好坏的检测判断

运算放大器符号图例如图 3-123 所示。

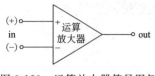

图 3-123　运算放大器符号图例

把万用表调到直流电压挡，并且测量运算放大器输出端与负电源端间的电压值（静态时电压值较高）。用手持金属镊子依次点触运算放大器的两个输入端，也就是加入干扰信号，如果万用表表针有较大幅度的摆动，则说明该运算放大器是好的；如果万用表表针不动，则说明运算放大器可能已经损坏。

3.25.3　运算放大器放大能力的检测判断

把集成运算放大器接上合适的电压，把万用表调到一定的直流电压挡，输入端开路，输出端对负电源端的电压为一定放大倍数的电压。然后用螺丝刀触碰同相输入端、反相输入端，则万用表指针应具有较大的摆动，说明该被测运算放大器的增益高。如果万用表指针摆动较小，则说明该被测运算放大器放大能力较差。

说明　判断集成运算放大器的放大能力，也可以通过在电路中设置调节电位器，通过调节电位器，同时检测运算放大器输出端的直流电压的变化范围，来判断运算放大器的放大能力。

也可以采用手持金属镊子依次点触运算放大器的两个输入端（加入干扰信号），用万用表直流电压挡检测输出端与负电源端间的电压值（静态时电压值较高，加入干扰信号时会有较大幅度变化摆动）来判断。

3.25.4　光电耦合器好坏的检测判断

普通光电耦合器符号如图 3-124 所示。

把数字万用表调到 NPN 挡，把光电耦合器内部的发光二极管的正极插入 C 极孔，负极插入 E 极孔。再把另一只指针式万用表调到 R×1k 挡，黑表笔接光敏三极管的集电极，红表笔接发射极，并且利用万用表内部电池作为光敏二极管的电源。C-E 极间电阻的变化，会使指针式万用表表针偏转。如果指针式万用表表针向右偏转角度大，则说明该光敏耦合器的光电转化效率高。如果指针式万用表指针不偏转，则说明该光电耦合器的引脚可能存在接触不良等异常情况。

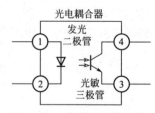

图 3-124　普通光电耦合器符号图例

3.25.5　光电耦合器好坏的检测判断

（1）用数字万用表二极管挡

把数字万用表调到二极管挡（图 3-125），然后检测，其中测量输入侧正向压降一般为 1.2V，反向为无穷大；输出侧正向压降与反向压降均接近无穷大。如果与正常值偏离太大，则说明单光电耦合器异常。

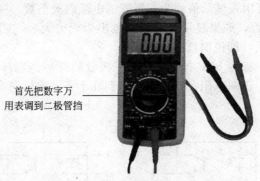

首先把数字万
用表调到二极管挡

图 3-125　把数字万用表调到二极管挡

（2）用双指针万用表

把一只万用表调到 R×100，或者 R×1k、R×10k 电阻挡检测发光二极管（红表笔接发光二极管的负极），把另一只万用表调到 R×100 挡，同时检测光电耦合器的 3、4 脚（具体根据电耦合器来定），也就是光敏晶体管的集电极与发射极间的电阻，然后交换 3、4 脚的表笔，再检测一次，两次中有一次检测得到的阻值较小，一般大约为几十欧，此时黑表笔所接的就是光敏晶体管的集电极，红表笔所接的就是光敏晶体管的发射极。保持该种接法，将接1、2 脚的万用表调到 R×100 挡，如果这时单光电耦合器 3、4 脚间的阻值发生明显变化，则说明该光电耦合器是好的。如果单光电耦合器的 3、4 脚间的阻值不变或变化不大，则说明该光电耦合器可能损坏了。

该检测方法如图 3-126 所示。

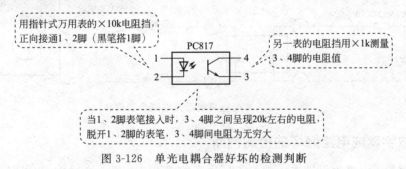

用指针式万用表的×10k电阻挡，
正向接通1、2 脚（黑笔搭1脚）

另一表的电阻挡用×1k测量
3、4 脚的电阻值

PC817

当1、2脚表笔接入时，3、4脚之间呈现20k左右的电阻，
脱开1、2脚的表笔，3、4脚间电阻为无穷大

图 3-126　单光电耦合器好坏的检测判断

（3）用指针万用表电阻挡

把万用表调到 R×100 电阻挡，把万用表红表笔、黑表笔接输入端，检测发光二极管的正向、反向电阻，正常情况下，正向电阻一般为数十欧，反向电阻一般为几千欧到几十千欧。如果正向、反向电阻接近，则说明该被检测的发光二极管已经损坏。

然后选择万用表 R×1 电阻挡，再把红表笔、黑表笔接到输出端检测正向、反向电阻，正常情况下均要接近于∞，否则，说明该单光电耦合器的受光管已经损坏。

然后把万用表调到 R×10 电阻挡，再把红表笔、黑表笔分别接到输入端、输出端检测发光管与受光管间的绝缘电阻，发光管与受光管间绝缘电阻正常应为∞，如果为低阻值，则说明该单光电耦合器可能损坏。

单光电耦合器内部结构如图 3-127 所示。

（4）用万用表 hFE 挡

首先采用万用表电阻挡检测发光二极管的好坏。选择万用表的三极管的 hFE 挡，使用NPN 型插座，将 E 孔连接光电耦合器发射极 E，C 孔连接光电耦合器的集电极 C，B 孔连接光电耦合器的基极 E，万用表显示值即为三极管的电流放大倍数。一般通用型光耦电流放大倍数 hFE 值为 100 至几百，如果显示值为零或溢出为无穷大 ∞，则说明所检测的光电耦合器内部三极管短路或开路，即说明已经损坏。

然后利用万用表的三极管 hFE 挡判断受光三极管的好坏。选择万用表 R×1k 挡，测量二极管的正、反向电阻，正向电阻一般为几千欧到几十千欧，反向电阻一般应为无穷大。

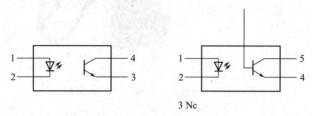

图 3-127　单光电耦合器内部结构

3.25.6　光电耦合器好坏的检测判断

根据图 3-128 所示的检测线路连接好电路，即输入端接＋5V 电源，并且经限流电阻 R。输出端接万用表的红表笔、黑表笔。万用表调到 R×1 或 R×10 挡，检测正向电阻，正常情况下为 10～100Ω。然后调换红表笔、黑表笔，检测反向电阻，正常情况下为 ∞。如果正向电阻偏差太大，则说明该光电耦合器损坏。如果反向电阻太小，则说明光电耦合器有绝缘电阻降低、漏电、击穿损坏等异常情况。

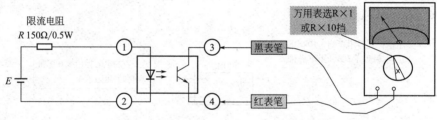

图 3-128　加电检测判断光电耦合器好坏

3.25.7　数字集成电路好坏的检测判断

常用数字集成电路为保护输入端与工厂生产的需要，在每一个输入端分别对 V_{CC}、GND 接了一个二极管。如果采用万用表二极管挡检测，可检测出二极管效应。另外，V_{CC}、GND 间的静态电阻一般在 20kΩ 以上（图 3-129），如果小于 1kΩ，则说明该数字集成电路可能异常。

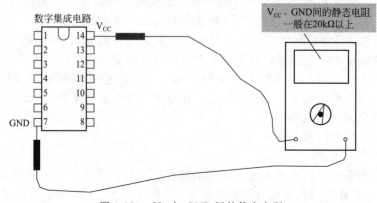

图 3-129　V_{CC} 与 GND 间的静态电阻

3.25.8　TTL 集成电路引脚的检测判断

常见 TTL 集成电路引脚如图 3-130 所示。

（1）电源端

把万用表调到 R×1k 挡，检测中间两个引脚的电阻，如果其阻值不符合要求，则改为检测边上对角的两脚。在不能够确定引脚排列方式时，需要反复检测几次，直到找到合乎要求的两引脚后，以检测得出电阻较大的一次为依据，则黑表笔所接的引脚端为电源正极端，红表笔接的引脚端为接地端。

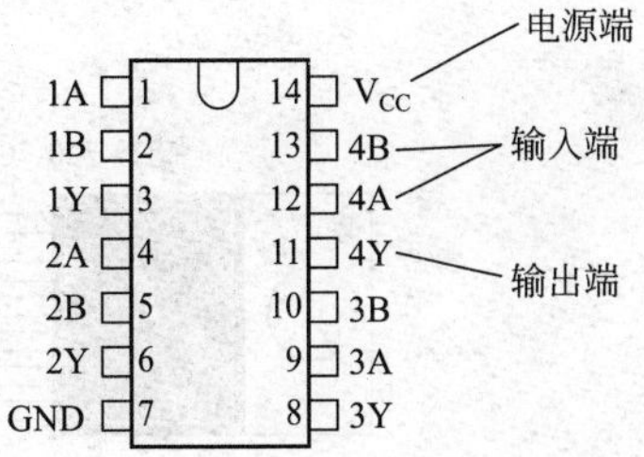

```
1A ┌ 1      14 ┐ Vcc     ← 电源端
1B ┌ 2      13 ┐ 4B      ← 输入端
1Y ┌ 3      12 ┐ 4A
2A ┌ 4      11 ┐ 4Y      ← 输出端
2B ┌ 5      10 ┐ 3B
2Y ┌ 6       9 ┐ 3A
GND ┌ 7      8 ┐ 3Y
```

图 3-130　常见 TTL 集成
电路引脚

（2）输入端

把集成电路接上合适的电源，把万用表调到 5mA 挡，黑表笔接地，用红表笔依次与各引脚连接接触。如果触碰与非门输入端时，电流表会有读数，正常为 1～2mA，即可判断出输入端。

国产 TTL74 系列与、或、与非门等集成电路输入短路电流值不大于 2.2mA，输出低电平小于 0.35V，根据这一点可以判断输入端与输出端。

（3）输出端

把集成电路接上合适的电源，把万用表调到直流电压 10V 挡，黑表笔接地，红表笔依次与输入端以外的引脚接触检测。如果电压表的电压值为 0.2～0.4V，则说明红表笔接的是输出端。

（4）同一与非门的输入端与输出端

把与非门的电源端接+5V 电压，接地端根据要求正确接地。采用指针式万用表的直流 10V 挡检测，黑表笔接地，红表笔接任一输出端。再用一根导线，逐个把检测出的输入端与地线短路，如果电压表检测的数值大于 2.7V，则说明这对输出端与输入端属于同一与非门。每个输出端可能有多个输入端。

（5）空脚

如果某些引脚在任何检测中都没有反应，则可以认为是空脚，或内部的引线已经断开。

3.25.9　74 系列 TTL 型集成电路好坏的检测判断

把万用表调到电阻挡，进行检测（图 3-131）。

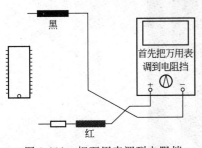

检测电源端的正向、反向电阻。正向电阻，是把万用表的黑表笔接集成电路的电源正脚 Vcc 端，红表笔接集成电路电源负脚 GND。如果把表笔调换时检测，则为反向电阻检测。74 系列 TTL 型集成电路电源正向电阻值不完全统一，一般在十几千欧到 100kΩ 间。电源反向电阻一般在 7kΩ 左右。如果检测得到电源正向电阻值大于电源反向电阻值，并且阻值大小与上述数值基本一样，则说明检测的集成电路的电源电路好的。

图 3-131　把万用表调到电阻挡

再检测电源负极脚端与其他脚端间的正向电阻（红表笔接电源负脚端）、反向电阻值。74 系列 TTL 型集成电路一般反向电阻为 7～10kΩ，正向电阻没有统一的数值，但是大于反向电阻值，一般在 100kΩ～∞。

3.25.10 Top-Switch 器件好坏的检测判断

Top-Switch 器件的引脚分布如图 3-132 所示。

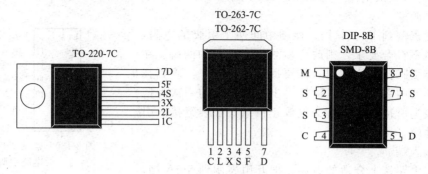

图 3-132　Top-Switch 器件的引脚分布

　　把数字万用表调到二极管挡，红表笔接 Top-Switch 器件的源极，黑表笔分别接 Top-Switch 器件的控制极与漏极。好的 Top-Switch 器件，数字万用表所显示的数字与该表检测一个正偏硅二极管（例如 1N4007）所显示的数字差不多。再用黑表笔接 Top-Switch 器件的源极，红表笔分别接 Top-Switch 器件的控制极与漏极，好的 Top-Switoh 器件，数字万用表所显示的数字与该表测量一个反偏硅二极管的显示差不多。否则，说明被检测的 Top-Switch 器件已经损坏。

3.25.11 Top-Switch 器件好坏的检测判断

　　把数字万用表调到电阻 200 挡或者 20k 挡（图 3-133），红表笔接 Top-Switch 器件的源极，黑表笔分别接 Top-Switch 器件的控制极与漏极；再把黑表笔接 Top-Switch 器件的源极，红表笔分别接 Top-Switch 器件的控制极与漏极，数字万用表显示的数字均应为无穷大。也就是说，Top-Switch 器件的源极与控制极、漏极间的直流电阻均在 $100k\Omega$ 以上，否则说明该被检测的 Top-Switch 器件已经损坏。

首先把数字万用表调到电阻200挡或者20k挡

图 3-133　把数字万用表调到电阻 200 挡或者 20k 挡

3.25.12 Top-Switch 器件性能的检测判断

把指针万用表调到 R×1 电阻挡，黑表笔接 Top-Switch 器件的源极，红表笔分别接 Top-Switch 器件的控制极与漏极。好的 Top-Switch 器件，所检测得到的直流电阻均为 15Ω 左右。否则，说明被检测的 Top-Switch 器件性能不良。

3.25.13 三端集成稳压器性能的检测判断

根据图 3-134 所示连接好线路。也就是在三端稳压器的第 1、2 脚加上直流电压，即图中的可调直流电源 G 加入。使用时，注意输入电压 U_i 需要比稳压器的稳压值 U 至少高 2V，最高不得超过 35V。把万用表调到直流电压挡，再检测三端稳压器第 3 脚与 2 脚间的电压值，则该电压就是稳压器的稳定电压。然后根据稳定电压与三端集成稳压器的标称电压进行比较，如果一致，则说明该三端集成稳压器性能良好。如果不一致，则说明该三端集成稳压器性能不良。

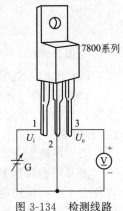

图 3-134　检测线路

3.25.14 LM7805 三端集成稳压器好坏的检测判断

LM 7805 三端集成稳压器外形如图 3-135 所示。

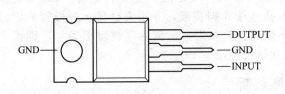

图 3-135　LM 7805 三端集成稳压器外形

（1）用万用表电阻挡

使用万用表检测 LM 7805 三只引脚两两间的电阻，如果存在短路或者电阻小于 $100k\Omega$，则说明该 LM 7805 已经损坏或其外部电路异常。

（2）用万用表电压挡

使用万用表在通电状态下检测输出端与地端间的直流电压是否为 5V±5%。如果超出 LM 7805 上限电压，则说明该 LM 7805 已经损坏。如果超出下限检测，输入电压大于 11V，并且输入端与地端间的电阻大于 $1k\Omega$，则说明该 LM 7805 也已经损坏。如果输入电压过大，则需要对输入电源进行检查。

LM 7805 三端集成稳压器好坏检测电路如图 3-136 所示。

3.25.15 AN7805 三端集成稳压器好坏的检测判断

把被检测的三端稳压器 AN7805 的输入端接在兆欧表 E 端正极，输出端接在万用表直流电压 10V 挡上。把兆欧表的 L 端分别与 AN7805 外壳、万用表负极相接进行检测，正常情况下，检测电压应为 +5V。如果低于 +5V，则说明该 AN7805 异常。如果高于 +5V 电压，则说明该 AN7805 可能击穿损坏了。如果为 0 电压输出，则说明该 AN7805 开路损坏。

3.25.16　4N25光耦好坏的判断

4N25光耦外形与符号如图3-137所示。

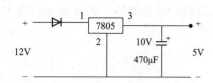

图3-136　LM 7805好坏的检测电路

图3-137　4N25光耦外形与符号

（1）了解4N25的特点

4N25光耦（光电耦合器）是由发光二极管与受光三极管封装组成的，采用DIP-6封装结构，其中1、2脚分别为阳极端、阴极端，3脚为空脚端，4、5、6脚分别为三极管的E、C、B极端。

（2）判断发光二极管

把万用表调到R×1k挡，检测二极管的正向、反向电阻。其中正向电阻一般为几千欧到几十千欧，反向电阻一般为∞。如果检测的数值与正常情况下的数据有较大差异，则说明该4N25光电耦合器内部发光二极管可能损坏了。

（3）判断受光三极管

把万用表调到三极管hFE挡，并且使用NPN型插座。把E孔连接4N25光电耦合器的4脚发射极，C孔连接5脚集电极，B孔连接6脚基极，万用表会显示三极管的电流放大倍数值。一般通用型光耦hFE值为100至几百。如果显示值为零或溢出为∞，则说明该光电耦合器内部的三极管短路或开路，也就是已经损坏了。

3.25.17　EL817光耦好坏的检测判断

把数字万用表调到NPN挡，把EL817光耦内部的二极管＋端1脚与－端2脚分别插入数字万用表hFE的C、E插孔内，再把EL817光耦内部的光电三极管C极5脚接在指针式万用表的黑表笔上，E极4脚接在红表笔上，把指针万用表调到R×1k挡。如果指针万用表指针向右偏转角度大，则说明该EL817光耦的光电转换效率高，也就是传输比高。如果指针万用表表针不动，则说明该光耦已经损坏。

检测接线如图3-138所示。

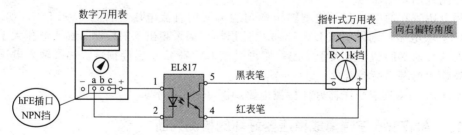

图3-138　EL817光耦好坏的检测接线图

3.25.18　TLP421好坏的检测判断

TLP421符号如图3-139所示。把万用表调到R×1k挡量程，检测其1、2脚的电阻值，正常情况为1kΩ。3、4脚的电阻值，正常情况为无穷大。如果偏差较大，则说明TLP421可能损坏了。

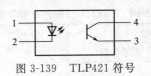

图 3-139   TLP421 符号

3.25.19   TLP621 好坏的检测判断

把万用表 MF47 调到 R×1k 挡，黑表笔接 1 脚，红表笔接 2 脚，正常电阻为 30kΩ 左右。再把表笔反过来检测，电阻为无穷大。用 R×10 挡，红表笔接 3 脚，黑表笔接 4 脚，正常电阻为无穷大；然后把表笔反过来检测，正常电阻大于 200kΩ，否则说明该 TLP621 光电耦合器已经损坏了。

TLP621 外形如图 3-140 所示。

图 3-140   TLP621 外形

3.25.20   NE555 静态功耗的检测判断

把万用表调到直流电压 50V 挡，测出电源 V_{CC} 值，再用万用表的直流电流 10mA 挡串入电源与 NE 555 的 8 脚间，测得的数值即为静态电流。再用静态电流乘以电源电压即为静态功耗。一般静态电流小于 8mA 为合格的产品。

说明   NE 555 静态功耗是指 NE 555 无负载时的功耗。

3.25.21   NE 555 输出电平的检测判断

把万用表调到直流电压 50V 挡，在 NE 555 的输出端接万用表。闭合 S 时，NE 555 的 3 脚输出低电平 0V。断开开关 S 时，NE 555 的 3 脚输出高电平，万用表测得其值大于 14V。NE 555 输出电平的检测图如图 3-141 所示。

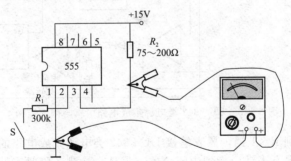

图 3-141   NE 555 输出电平的检测

3.25.22   TA8316 好坏的检测判断

使用万用表检测 TA8316 的 1 脚与 2 脚、1 脚与 4 脚、7 脚与 2 脚、7 脚与 4 脚间是否存在短路现象，如果存在短路现象，则说明该 TA8316 异常。

说明   TA8316 引脚分布如图 3-142 所示，引脚开路参考电阻见表 3-10。

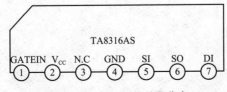

图 3-142   TA8316 引脚分布

表 3-10　TA8316 引脚开路参考电阻

引脚	开路电阻/kΩ		引脚	开路电阻/kΩ	
	黑笔④脚	红笔④脚		黑笔④脚	红笔④脚
1	81	27	1	8	27
2	6.5	36	2	6.5	36
3	∞	∞	3	7	40
4	0	0	4	0	0
5	7.5	44	5	7.5	44
6	10	44	6	10	44
7	10	100	7	7.5	100

3.25.23　UC3842 类电源集成电路好坏的检测判断

UC 3842 类电源集成电路引脚与内部结构如图 3-143 所示。

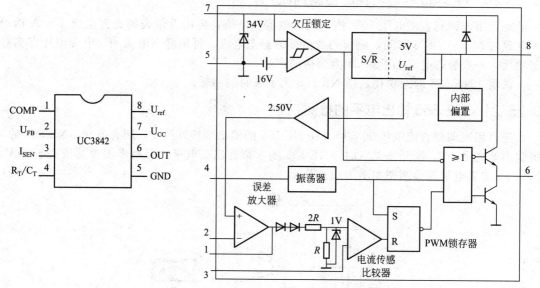

图 3-143　UC 3842 类电源集成电路引脚与内部结构

　　把机械万用表调到 R×1 挡，黑表笔接 UC 3842 类电源集成电路的 5 脚，红表笔分别检测其余各脚，正常情况下表针应指到中间位置。另外，检测 7 脚时表针摆动会小一些。如果再交换表笔检测，指针应不动。如果某脚的阻值异常，则可以悬空该引脚复测几遍，然后看是外围元件异常还是 UC 3842 类电源集成电路本身异常。

第 4 章

使用万用表检测判断实用元器件

4.1 传感器与霍尔元件的检测判断

4.1.1 传感器（热敏电阻）好坏的检测判断

用手握住热敏电阻大约 5min，用万用表的电阻挡检测传感器（热敏电阻）的阻值，看是否变化：如果有变化，则说明该传感器（热敏电阻）是好的；如果没有变化，则说明该传感器（热敏电阻）损坏了。

传感器（热敏电阻）外形如图 4-1 所示。

4.1.2 霍尔元件好坏的检测判断

霍尔元件引脚分布如图 4-2 所示。有的霍尔元件具有＋、－、输出端。正常时的两直流电源间阻值大约为 10Ω，其输出端与电源＋或－间电阻为无穷大。如果用万用表电阻挡检测，与上述正常数值相差较大，则说明该霍尔元件异常。

图 4-1 传感器（热敏电阻）外形　　　　图 4-2 霍尔元件引脚分布

4.1.3 开关型霍尔传感器好坏的检测判断

根据图 4-3 所示连接好电路，把 12V 的直流电源的正极接在开关型霍尔传感器的 1 脚，直流电源的负极接 2 脚。把万用表调到直流 50V 挡，再把万用表的红表笔接开关型霍尔传感器的 3 脚，黑表笔接 2 脚，仔细观察万用表的指针变化。如果用磁铁 N 极接近传感器的检测点，万用表的指针由高电平向低电平偏转；如果磁铁的 N 极远离传感器的检测点，万用表指针由低电平向高电平偏转，则说明该开关型霍尔传感器是好的。如果磁铁 N 极接近或远离传感器检测点，万用表的指针均不偏转，则说明该传感器已经损坏了。

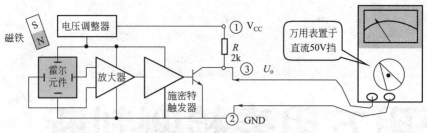

图 4-3　判断开关型霍尔传感器的电路

说明　霍尔器件有型号标记的一面一般为敏感面，需要正对永久磁铁的相应磁极，也就是 N 型器件正对 N 极，S 型器件正对 S 极，以免影响霍尔器件的灵敏度。

4.1.4　单极开关型霍尔元件好坏（输出电压法）的判断

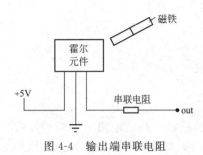

图 4-4　输出端串联电阻

将单极开关霍尔元件通电 5V，输出端串联电阻（图 4-4）。当磁铁靠近开关霍尔元件时，开关霍尔元件的输出电压为低电平（+0.2V 左右）；当磁铁远离开关霍尔元件时，开关霍尔元件的输出电压为高电平（+5V），则说明该开关开型霍尔元件是好的。如果靠近或离开霍尔开关，该霍尔开关的输出电平保持不变，则说明该霍尔开关已经损坏了。

线性霍尔元件 A1104、SS443、US5881 等适应该方法的检测判断。

4.2　保险管的检测判断

4.2.1　保险管好坏的检测判断

保险管外形如图 4-5 所示。用万用表二极管挡检测保险丝两端，如果检测的电阻为无穷大，则说明该保险丝烧断。如果电阻接近 0Ω，则说明该保险丝是好的。

4.2.2　自恢复熔断器好坏的检测判断

根据图 4-6 所示连接好检测电路（也就是把自恢复熔断器、万用表、可调稳压电源串联好）。把可调稳压电源慢慢从 0V 逐渐调高，如果万用表的读数等于或者大于 I_H 时就立即减小，则说明该自恢复熔断器进入保护状态。然后把可调稳压电源关断，等一段时间其阻值应恢复到常温低阻。检测时，如果与上述规律相符合，则说明该自恢复熔断器是好的。如果与上述规律不相符合，则说明该自恢复熔断器是坏的。

图 4-5　保险管外形

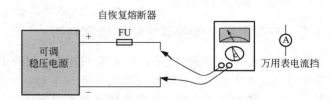

图 4-6　判断自恢复熔断器好坏的电路

电路中，万用表需要调到电流挡，并且检测范围要大于自恢复熔断器的 I_H。可调稳压电源的输出电流要大于自恢复熔断器容量的 I_H。

4.2.3　温度保险丝好坏的检测判断

　　用万用表电阻挡检测保险丝两端，如果电阻为无穷大，则说明该保险丝烧断；如果电阻接近 0Ω，则说明该保险丝是好的。

　　说明　电压力锅应用的温度保险丝可以采用该种方法来检测。温度保险丝外形与内部结构如图 4-7 所示。

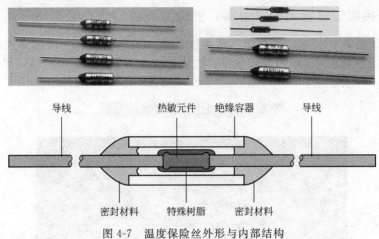

图 4-7　温度保险丝外形与内部结构

4.3　红外管与光电开关的检测判断

4.3.1　红外接收头引脚的检测判断

　　红外接收头外形如图 4-8 所示。把万用表调到电阻 R×1k 挡，假设接收头的某一脚为接地端，并且该假设的接地端与黑表笔连接，用红表笔分别去测另外两引脚的电阻。对比两次所测的电阻，正常一般在 4～7kΩ，其引脚的判断如下：阻值比较大的那脚为信号脚；电阻较小的那次红表笔所接的引脚为 +5V 电源端。

图 4-8　红外接收头外形

　　再用红表笔接已知接地脚，黑表笔分别测已知电源脚及信号脚，正常阻值均在 15kΩ 以上，其引脚的判断如下：电阻较小的那次黑表笔所接的引脚为 +5V；电阻较大的那次黑表笔所接的引脚为信号脚。

4.3.2　红外对管种类的检测判断

　　（1）万用表＋不受光线照

　　把万用表调到 R×1k 电阻挡，检测红外对管的极间电阻。在红外对管的端部不受光线照射的条件下测量，一般正常情况下发射管正向电阻小，反向电阻大。如果黑表笔接正极时（正向检测），电阻小的（1~20kΩ）是发射管。如果正、反向电阻均很大的管子，则为接收管。

（2）万用表＋受光线照

把万用表调到 R×1k 电阻挡，黑表笔接负极（即反向检测），进行检测。如果检测的电阻大（即指针基本不动），则说明所检测的管子是发射管。如果检测的电阻小，并且万用表指针随着光线强弱变化，指针能够摆动的，则为接收管。

4.3.3 红外接收二极管电极（引脚）的检测判断

把万用表调到 R×1k 挡，进行正、反两次检测。正常情况下，检测得到的阻值为一大一小（图4-9）。以阻值较小的一次为依据，红表笔所接的引脚为其负极端，黑表笔所接的引脚为其正极端。

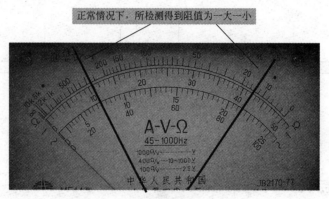

图 4-9 正常情况阻值为一大一小

4.3.4 红外发射接收二极管好坏的检测判断

把万用表调到 R×1k 挡，检测红外接收二极管的正向、反向电阻（图4-10），也就是交换红表笔、黑表笔两次检测红外接收二极管两引脚间的电阻值。正常情况下，检测得到的阻值一大一小，以阻值较小的一次为依据，红表笔所接的红外接收二极管引脚为负极端，黑表笔所接的红外接收二极管引脚为正极端。

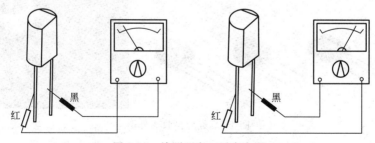

图 4-10 检测正向、反向电阻

说明 红外接收二极管又叫做红外光电二极管。

4.3.5 红外接收二极管性能的检测判断

采用万用表电阻挡检测红外接收二极管的正向、反向电阻。正常情况下，正向、反向电阻相差大。如果相差不大，则说明该红外接收二极管的性能不好，或者说明红外接收二极管已经损坏。如果相差大，则说明该红外接收二极管的性能良好，如图4-11所示。

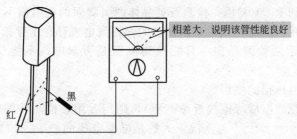

相差大，说明该管性能良好

红 黑

图 4-11　红外接收二极管的性能检测

4.3.6　对射式光电开关引脚的检测判断

（1）判断红外发射二极管的引脚

把万用表调到 R×1k 挡，用一只手堵住光电开关的发射管与接收管，用黑表笔、红表笔分别检测每只管子的两根引脚的电阻，再把万用表的红表笔、黑表笔对调，再检测每只管子的两根引脚。找到正向电阻在 20kΩ 左右的那两根引脚，万用表红表笔接的那只引脚就是红外发射二极管的负极端，黑表笔接的那只引脚是正极端。

（2）判断光敏三极管的发射极 E 与集电极 C

把接收管对着自然光，用红表笔、黑表笔分别检测光敏三极管的两引脚，再把红表笔、黑表笔对调检测两引脚，以两次测量中阻值小的那次为依据，万用表红表笔所接的引脚为光敏三极管的发射极 E，黑表笔所接的引脚为光敏三极管的集电极 C。

说明　普通光电开关有对射式、反射式之分，它们都具有 4 只引脚。其中，两只引脚是红外发射二极管的引脚，另外两只是光电三极管的引脚。

4.3.7　光电开关好坏的判断

把万用表调到 R×1k 挡，黑表笔接光敏三极管的集电极 C，红表笔接光敏三极管发射极 E，在光线较暗的环境中检测，万用表指示的阻值一般很大。把另一块万用表调到 R×10k 挡，并且黑表笔接红外发射管的正极端，红表笔接红外发射管的负极端，正常情况下，这时检测得到的光敏三极管阻值减小很多。如果检测与上述情况差异较大，则说明该光电开关已经损坏。

4.4　晶振与石英谐振器的检测判断

4.4.1　晶振好坏的检测判断

（1）指针万用表电阻挡的使用

晶振外形如图 4-12 所示。把万用表调到 R×10k 挡，检测晶振两端的电阻值，如果检测得到为无穷大，则说明该晶振没有短路或漏电。然后把试电笔插入市电插孔内，用手指捏住晶振的任一引脚，并且将晶振的另一引脚碰触试电笔顶端的金属部分，如果试电笔氖泡发红，则说明该晶振是好的。如果氖泡不亮，则说明该晶振已经损坏。

图 4-12　晶振外形

如果把万用表调到 R×10k 挡，检测石英晶体两引脚间的电阻值不为无穷大，而是一低数值，甚至是接近于零的数值，则说明该被测的晶振漏电或存在击穿损坏。

说明 万用表电阻法检测晶振，只能检测晶振是否漏电，不能检测出晶振内部是否断路。

（2）指针万用表电压挡的使用

如果输出的是正弦波（峰峰值接近源电压），则用万用表检测晶振输出脚电压，正常情况下大约是电源电压的一半。如果检测的电压差异较大，则说明该被测的晶振异常。

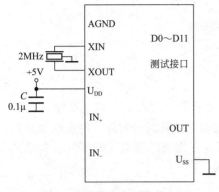

图 4-13　晶振两个引脚的电压

另外，也可以用万用表检测晶振两个引脚的电压来判断，正常应为芯片工作电压的一半。例如芯片工作电压为 5V，如果检测得到晶振两个引脚的电压是 2.5V 左右，则说明该晶振启振了（图 4-13）。

说明 该方法主要用于一些芯片应用的晶振检测。

另外，还可以通过万用表检测电压＋镊子碰触来判断：用万用表检测晶振两个引脚的电压，如果用镊子碰触晶振的一个脚，芯片工作电压的一半电压有明显变化，则说明该晶振起振了，也就是说明该晶振是好的。

（3）数字万用表二极管挡的使用

把数字万用表调到二极管挡，检测晶振两引脚间的数值（图 4-14），正常情况下为无穷大。如果检测得到有数值，则说明该晶振已经损坏或者与其连接的元件损坏。

但是，需要注意数字万用表显示数值为无穷大，不能够判断晶振是否正常。

（4）指针万用表＋数字万用表的使用

把指针万用表、数字万用表以及要测量的晶振根据图 4-15 所示连接起来，其中指针万用表提供检测电压，一般选择 R×10k 挡。数字万用表作为高灵敏电流检测用，一般选择 DC2V 挡。当数字万用表显示的数值小于 0.01V，则说明所检测的晶振是好的。当数字万用表显示的数值大于 0.01V，则说明所检测的晶振是坏的。

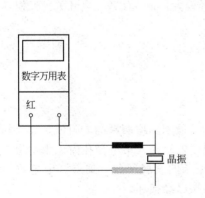

图 4-14　检测晶振两引脚间的数值

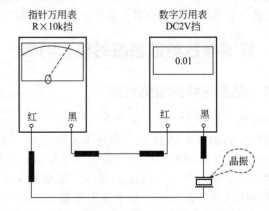

图 4-15　用指针万用表＋数字万用表法判断晶振好坏

4.4.2　石英谐振器好坏的检测判断

把万用表调到直流 10V 挡（图 4-16），黑表笔接电源负极，红表笔分别检测石英谐振器的两脚端。如果检测得到的电压约为电源电压的 1/2，则说明该石英谐振器是好的。否则，说明该石英谐振器可能异常。

图 4-16 把万用表调到直流 10V 挡

4.5 压电蜂鸣片（压电陶瓷片）与蜂鸣器的检测判断

4.5.1 压电蜂鸣片灵敏度的检测判断

把万用表调到 R×1 挡，把万用表的表笔一端接压电片基片（金属壳体），另一端不时轻轻叩击压电片镀银层片极（图 4-17），正常情况下，万用表的指针有一定幅度的摆动，并且万用表指针摆动的幅度越大，说明该压电蜂鸣片的灵敏度越高。如果反复叩击，万用表的指针没有摆动，则说明该压电片压电蜂鸣片质量差或者损坏了。

4.5.2 压电蜂鸣片好坏的检测判断

（1）电压法

把万用表的量程开关调到直流电压 2.5V 挡（图 4-18），左手拇指与食指轻轻捏住压电陶瓷片的两面，右手拿好万用表的表笔。其中，红表笔接金属片，黑表笔横放在电蜂鸣片的陶瓷表面上，左手稍用力压压电陶瓷片一下，随后又松开。这样，在压电陶瓷片上产生两个极性相反的电压信号，在万用表上的显示为：指针先向右摆动，然后回零，随后向左摆一下，摆幅大约为 0.1～0.15V。摆幅越大，则说明该压电蜂鸣片灵敏度越高。如果万用表指针静止不动，则说明压电蜂鸣片内部漏电，或者该压电蜂鸣片已经损坏。

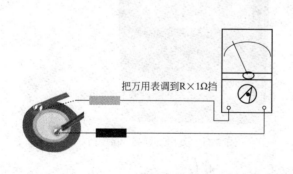

把万用表调到R×1Ω挡

图 4-17 压电蜂鸣片灵敏度的判断　　　图 4-18 把万用表调到直流电压 2.5V 挡

说明 不能用湿手捏住压电陶瓷片。检测时，万用表不能够用交流电压挡。

（2）电阻法

把万用表的量程开关调到 R×10k 挡，检测其绝缘电阻，正常情况下，绝缘电阻为无穷大。如果用 R×10k 挡检测压电蜂鸣片两极电阻，正常情况下，阻值为∞；然后轻轻敲击陶瓷片，正常情况下，万用表的指针有微摆动。

如果与上述正常情况有差异，则说明该压电蜂鸣片可能损坏了。

4.5.3 压电陶瓷片好坏的检测判断

（1）用数字万用表蜂鸣器挡

把数字万用表调到蜂鸣器挡（图 4-19），一支表笔插入插孔 VΩ，另外一支表笔插入插孔 COM。把表笔接在被测的压电陶瓷片。如果被测的压电陶瓷片不能够发声，则说明该被测陶瓷片已经损坏了。如果被测的压电陶瓷片能够发声，则说明该被测陶瓷片是好的。

图 4-19　把数字万用表调到蜂鸣器挡

（2）用数字万用表电阻挡

压电陶瓷片外形如图 4-20 所示。把万用表调到 R×1 挡，用万用表表笔触碰压电陶瓷片的两电极端。开始（即第 1 次）触碰时，正常情况下，能够听到较响的卡兹声。再触碰时，声音会变小。第 3 次触碰时，声音变微（几乎不能够听到），则说明该被测压电陶瓷片是好的。如果第 1 次触碰时压电陶瓷片不发出声，然后把万用表表笔对调，再去触碰压电陶瓷片依然无声，或者用导线把压电陶瓷片两电极端短路后，再用万用表表笔去触碰时也无声，则说明该压电陶瓷片已经损坏了。

（3）用万用表电流挡

把万用表调到 50μA 挡（图 4-21），一支表笔接压电陶瓷片的基片，另一只表笔触碰镀银层。如果每触碰一下，万用表指针均具有微小摆动，则说明该压电陶瓷片具有压电效应。如果触碰时，万用表表针不摆动，则说明该被测压电陶瓷片已经损坏了。

图 4-20　压电陶瓷片外形

万用表50μA挡

图 4-21　万用表调到 50μA 挡

4.5.4 小型无源蜂鸣器与小型有源蜂鸣器区别的检测判断

把万用表调到 R×1 电阻挡，再用黑表笔接蜂鸣器的＋端，红表笔碰触另一引脚，如果碰触时能够发出咔、咔声，并且电阻只有 8Ω 或 16Ω 的蜂鸣器是无源蜂鸣器；能发出持续声音，且电阻在几百欧以上的，则是有源蜂鸣器。

4.6.1 压电陶瓷式扬声器好坏的检测判断

压电陶瓷式扬声器外形如图 4-22 所示。把万用表调到微安挡，两表笔接在压电陶瓷式扬声器的两极引出线上，再用铅笔的橡皮头轻压平放于桌面上的压电陶瓷式扬声器，观察轻压时万用表指针是否摆动。如果万用表表针有明显摆动，则说明该压电陶瓷式扬声器完好。否则，说明该压电陶瓷式扬声器异常。

4.6.2 扬声器线圈好坏的检测判断

扬声器外形如图 4-23 所示。把万用表调到 R×1 挡，用两表笔点触扬声器线圈的接线端。如果能够听到明显的咯咯声，则说明该扬声器的线圈是好的。观察万用表表针停留的位置，如果指示的阻抗与标称阻抗相近，则说明所检测的扬声器是好的。如果指示的阻值比标称阻值小很多，则说明该扬声器的线圈存在匝间短路等现象。如果阻值为无穷大，则说明该扬声器有线圈内部断路、接线端脱焊、接线端断线、接线端虚焊等现象。

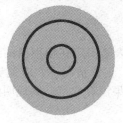

图 4-22　压电陶瓷式扬声器外形　　　　　　　图 4-23　扬声器外形

4.6.3 扬声器阻抗的检测判断

把万用表调到 R×1 挡，检测扬声器两引脚端间的直流电阻。正常情况下，该检测的直流电阻要比铭牌上扬声器的阻抗略小。一般可以根据 $1.25×R_0$ 来估计，其中 R_0 为扬声器直流电阻。

4.6.4 扬声器相位的检测判断

（1）万用表电阻挡法

把万用表调到 R×1 挡，把两支表笔分别接触扬声器的两个引出端，观察扬声器纸盆的运动方向（图 4-24）。如果扬声器纸盆运动方向相同，则说明该扬声器的相位是相同的。如

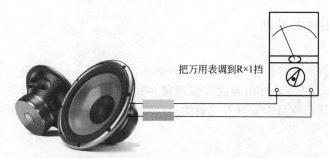

把万用表调到R×1挡

图 4-24　扬声器相位的万用表检测判断

果扬声器纸盆运动方向相反，则说明该扬声器相位是不同的，将万用表表笔再对调检测一下，从而检测、判断出同相端。

（2）万用表电流挡法

把万用表调到 μA 电流挡（图 4-25），把万用表两支表笔分别接在扬声器音圈的引出线端，用手轻轻快速地压迫扬声器的纸盆（向里推动纸盆），正常情况下，万用表的指针会摆动。如果指针摆动的方向相同，则说明该扬声器的接法是同相位的，作出同相端记号标志即可。如果万用表的表针向右偏转，则红表笔所接的引脚端为扬声器的正极，黑表笔所接的为扬声器的负极；如果指针向左摆动偏转，则需要把万用表红表笔、黑表笔反接后再检测一次。

图 4-25　把万用表调到 μA 电流挡

说明　当用手按下扬声器纸盆时，由于音圈存在移动，因此，扬声器音圈切割永久磁铁产生的磁场在音圈两端产生感生电动势，该电动势很小，采用万用表的小电流挡能检测到。

4.6.5　扬声器好坏的检测判断

把万用表调到 R×1 挡，把万用表的一支表笔固定在扬声器的接线端上，另外一支表笔断续接触扬声器的另外一接线端脚（图 4-26），正常情况下，应能够听到扬声器发出的喀喇的响声。响声越大，则说明该扬声器越好。如果没有响声，则说明该扬声器音圈被卡死，或者音圈损坏。

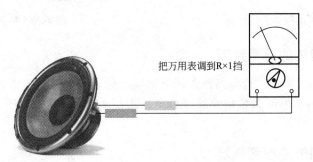

图 4-26　用万用表检测判断扬声器好坏

4.7　话筒与送话器（麦克风）的检测判断

4.7.1　送话器的检测判断

（1）摆动法

送话器是用来将声音转换为电信号的一种器件，它将话音信号转化为模拟信号。送话器外形如图 4-27 所示。把指针万用表的红表笔接在送话器的负极端，黑表笔接送话器的正极端。对着送话器说话，应可以看到万用表的指针摆动。如果万用表的指针不动，则说明该送话器已经损坏了。

（2）电阻挡法

把万用表调到电阻挡，检测受话器。正常情况下，送话器电极端间的电阻为几十欧。如

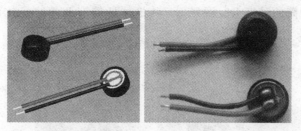

图 4-27 送话器外形

果检测的直流电阻明显变小或很大，则说明该受话器可能损坏了，如图 4-28 所示。

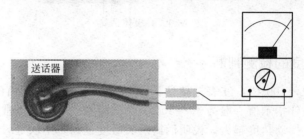

图 4-28 用万用表电阻挡法判断送话器好坏

（3）数字万用表法

把数字万用表的红表笔接在送话器的正极端，黑表笔接送话器的负极端。对着送话器说话，应可以看到万用表的读数发生变化。如果万用表的检测数字不动，则说明该送话器已经损坏了，如图 4-29 所示。

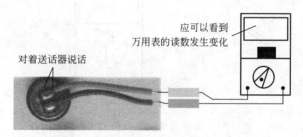

图 4-29 用数字万用表检测送话器好坏

4.7.2 驻极体话筒极性的检测判断

把万用表调到 $R\times100$ 或者 $R\times1k$ 挡，黑表笔接任一极，红表笔接另一极进行检测。对调表笔再检测。比较两次测量的结果，其中以阻值较小的一次为基准，红表笔接的是漏极 D，黑表笔接的是源极 S。

如果驻极体话筒的金属外壳与所检测出的源极 S 电极相连，则说明该被检测的话筒是两端式驻极体话筒，也就是说其漏极 D 电极即是正电源/信号输出端，源极 S 电极即是接地引脚端。如果驻极体话筒的金属外壳与漏极 D 相连，则其源极 S 电极即是负电源/信号输出脚端，漏极 D 电极即是接地引脚端。如果被检测的驻极体话筒的金属外壳与源极 S、漏极 D 电极均不相通，则说明该驻极体话筒是三端式驻极体话筒，也就是说其漏极 D 为正电源引脚端（或者信号输出端），源极 S 为信号输出脚端（或者负电源端），金属外壳为接地端。

说明 在场效应晶体管的栅极与源极间接一只二极管，即利用二极管的正向、反向电阻特性来判别驻极体话筒的漏极 D、源极 S。驻极体话筒有两端驻极体话筒、三端驻极体话筒，如图 4-30 所示。

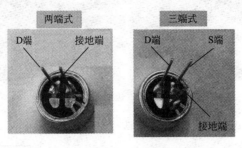

图 4-30　驻极体话筒

4.7.3　话筒灵敏度的检测判断

把万用表调到 R×100 挡，红表笔接话筒的外壳，黑表笔接话筒的输出端。正常情况下，这时万用表的表针指示值一般为 40～50Ω。对话筒吹一口气，正常情况下，这时万用表的指针应摆动，并且摆动角度越大，说明话筒的灵敏度越高。不吹气时，如果万用表的指针摆动不稳，则说明该话筒稳定性差。如果吹气时万用表的指针摆动幅度较小或不动，则说明该话筒灵敏度低，如图 4-31 所示。

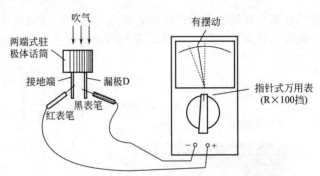

图 4-31　话筒灵敏度的万用表检测判断

4.7.4　驻极话筒好坏的检测判断

① 把万用表调到 R×100 挡，红表笔接传声器的金属屏蔽网，黑表笔接其芯线，此时万用表指针应指在一定的数值，对着话筒吹气。如果指针毫无反应，则把表笔调换检测，如果对着话筒吹气时仍无反应，则说明该驻极体有传声器漏电等异常情况。如果阻值为零，则说明该驻极体话筒驻极短路。如果驻极体完好，则该驻极体话筒的外部引线等可能有断路、短路等现象。如果对着话筒吹气，指针有一定幅度的摆动，则说明该驻极体话筒完好。如果直接测试话筒引出线无阻值，则说明该驻极体话筒内部驻极已开路。

② 万用表法判断驻极体传声器（话筒）好坏也可以采用以下方法：把万用表调到 R×100 或者 R×1k 挡，把黑表笔接任意一极，红表笔接另外一极端，读出电阻值数。然后对调两表笔，再检测其电阻。正常情况下，检测的电阻值应是一大一小。如果正向、反向电阻值相等，则说明该被测话筒内部场效应管栅极与源极间的晶体二极管已经开路。如果正向、反向电阻值均为∞，则说明该被测话筒内部的场效应管可能开路了。如果正向、反向电阻值均接近或为 0Ω，则说明该被测话筒内部的场效应管已经击穿或出现了短路现象。

驻极体话筒的结构如图 4-32 所示。

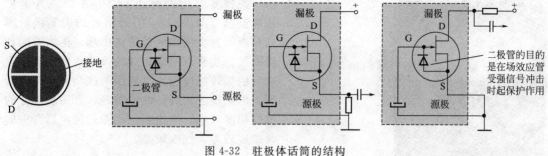

图 4-32　驻极体话筒的结构

4.8.1　家用动圈式传声器好坏的检测判断

家用动圈式传声器结构如图 4-33 所示。把万用表调到 R×100 挡，检测家用动圈式传声器的插头中心端与外壳，并且打开传声器开关置于 ON 处，一般家用动圈式传声器的直流电阻均为 600Ω±10Ω。如果测不出阻抗，则说明该传声器在插头→开关→音头处有断路等现象。

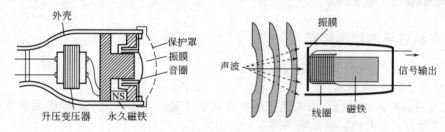

图 4-33　家用动圈式传声器结构

4.8.2　动圈式传声器音头性能的检测判断

（1）听音法

把万用表调到 R×10 挡，用万用表的表笔断续碰触音头线圈的两输出端，正常情况下，动圈式传声器音膜会发出"啪啪"的声音。如果发出声音较大、生硬、干涩，则说明该动圈式传声器音头性能较差。如果发出的声音比较柔和、细腻，则说明该动圈式传声器音头性能较好，如图 4-34 所示。

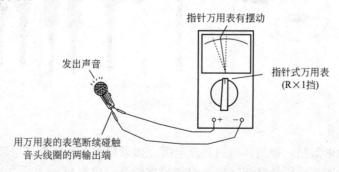

图 4-34　动圈式传声器音头性能的检测判断

第 4 章　使用万用表检测判断实用元器件

127

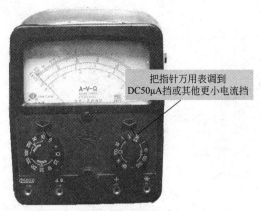

图 4-35 指针万用表调到 DC50μA 挡或
其他更小电流挡

（2）电流法

把指针万用表调到 DC50μA 挡或其他更小电流挡（图 4-35），把万用表的表笔接动圈式传声器音头线圈两端的输出端，再用嘴向音膜吹气，观察万用表表针的偏转角度。万用表表针的偏转幅度较大，则说明该动圈式传声器音头的灵敏度较高，性能较好；万用表表针的偏转幅度较小，则说明该动圈式传声器音头的灵敏度较差，性能较差。

4.8.3 动圈式传声器异常的检测判断

把动圈式传声器旋开音头前罩，观察振动膜有无压扁，有无弹性。把万用表调到 R×1 挡，再把两表笔点触动圈式传声器音头的两端。如果声音太小，则需要把万用表调到 R×100 挡，检测动圈式传声器的阻抗。如果检测的阻抗大约为 300Ω，则说明该动圈式传声器音圈内部存在匝间短路。如果点触动圈式传声器音头两接线端时，存在明显的"沙沙"声，则说明该动圈式传声器音圈与磁钢存在相碰产生的摩擦现象。

4.9 耳机的检测判断

4.9.1 耳机好坏的检测判断

（1）听声法

耳机外形如图 4-36 所示。

① 把万用表调到电阻挡，用表笔接触耳机的引线端，正常情况下，会听到咯咯的声音。如果接触时没有声音发出，则说明该耳机可能损坏了。

② 选择好一节电池或者两节串接的电池，从电池正极、负极引出两根导线，把导线一搭一放接触到耳机的引线端，正常情况下，会听到"咯咯"的声音。如果一搭一放接触时没有声音发出，则说明该耳机可能损坏了。

图 4-36 耳机外形

（2）直流电阻法

把万用表调到电阻挡，检测耳机的直流电阻。如果检测得到的直流电阻值略小于耳机的标称电阻值，则说明该耳机是好的。如果检测得到的直流电阻值远大于耳机的标称电阻值，则说明该扬声器内部线圈可能存在断线故障。如果检测得到的直流电阻值极小，则说明该耳机内部可能存在短路故障。

说明 耳机的功能作用与扬声器功能作用基本一样。

4.9.2 单声道耳机好坏的检测判断

单声道耳机是一个声音通道。用一个传声器拾取声音，用一个扬声器进行放音的过程，称之为单声道。单声道耳机外形如图 4-37 所示。

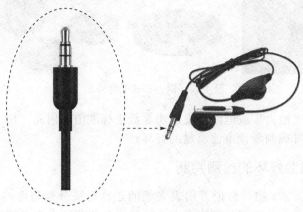

图 4-37 单声道耳机外形

把万用表调到 R×10 或 R×100 挡，把万用表的两支表笔分别断续接在耳机引线端的地线与芯线上。这时，正常情况应能够听到耳机发出"喀喀"的声音，则说明该耳机是好的；如果听不到"喀喀"声，则说明该耳机异常。

4.9.3 双声道耳机好坏的检测判断

把万用表调到 R×1 挡，检测耳机音圈的直流电阻。也就是把万用表的一只表笔接触耳机的公共地线端，另外一只表笔分别接触耳机的两芯线端，正常情况下，阻值均应小于耳机的交流阻抗（立体声耳机的交流阻抗为 32Ω）。如果检测得到的阻值过小或超过其交流阻抗很多，则说明该耳机损坏了。如果在检测的同时，能够听到左声道、右声道耳机发出的"喀喀"声，则说明该耳机是好的。如果在检测的同时，听不到左声道、右声道耳机发出的"喀喀"声，则说明左声道或右声道或者左右两声道异常。

说明 一般双声道耳机的直流阻值大约为 20～30Ω。选择电阻挡时，指针万用表的表笔输出电流相对数字万用表来说要大得多，一般情况下，用 R×1 挡可以使扬声器发出响亮的声音。

4.9.4 两幅或两幅以上耳机灵敏度的检测判断

把万用表调到 R×10 或 R×100 挡，把万用表的两支表笔分别断续接在耳机引线端的地线与芯线上。这时，正常情况下，能够听到耳机发出喀喀的声音，则说明该耳机是好的，并且声音较大的耳机属于灵敏度较高的耳机。

4.10 电池的检测判断

4.10.1 微型扣式电池好坏的检测判断

微型扣式电池外形如图 4-38 所示。把万用表调到直流 1mA 挡位，万用表的正表笔接触电池的金属外壳，负表笔迅速在电池负极处点触一下。在万用表表笔碰触的瞬间，万用表的表针如果迅速朝满刻度方向摆动，则说明该电池容量足，也就是说该微型扣式电池是好的。如果在万用表表笔碰触的瞬间，表针略有晃动，但是晃动的幅度很小，或者根本不晃动，则说明该电池电容量基本耗尽，也就是说该电池已经损坏。

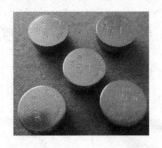

图 4-38　微型扣式电池外形

说明　微型扣式电池由于放电终止电压明显低于标准值，因此，用一般低阻万用表检测其电池的电压，不能准确判断该电池质量的好坏。

4.10.2　太阳能电池好坏的检测判断

把万用表调到 R×10k 挡，再把万用表表笔的正、负极分别与电池的正、负极相连接，此时万用表显示的正常电池电阻值应为无穷大。将电池板移到白炽台灯下照射，此时万用表显示的电阻值正常应由无穷大降到在 10～20kΩ，这种情况可以判断所检测的太阳能电池是好的。

4.11　变压器的检测判断

4.11.1　变压器绝缘性的检测判断

变压器符号与结构如图 4-39 所示。把万用表调到 R×10k 挡，分别测量铁芯与初级、铁芯与各次级、初级与各次级、静电屏蔽层与初次级、次级各绕组间的电阻值，万用表指针均应指在无穷大位置不动。否则，说明该变压器绝缘性能不良。

另外，也可以通过万用表 R×1 挡检测绕组阻值来判断：把万用表调到 R×1 挡，检测其绕组阻值，如果某组绕组的电阻值为无穷大，则说明该绕组存在断路故障，也就是说明该变压器损坏了。如果某组绕组的电阻值为 0 或者为一很低的数值，则说明该变压器是好的。

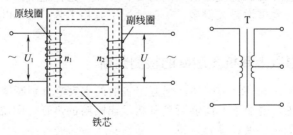

图 4-39　变压器符号与结构

4.11.2　电源变压器空载电流的检测判断

（1）直接测量

把电源变压器次级所有绕组全部开路，把万用表调到交流电流 500mA 挡，再串入初级绕组中（图 4-40）。当电源变压器初级绕组接入 220V 交流市电时，万用表所指示的数值就是电源变压器空载电流值。正常情况下，该空载电流值不大于变压器满载电流的 10%～20%。一般常见电子设备的电源变压器正常空载电流大约为 100mA。如果超过太多，则说明该变压器可能存在短路故障。

（2）间接测量

在电源变压器的初级绕组中串联一只 10/5W 的电阻（图 4-41），把电源变压器的次级全部调整为空载。把万用表调到交流电压挡。加入正常安全的电到电源变压器后，用万用表的两表笔测出电阻两端的电压降 U，再根据欧姆定律算出空载电流 I（计算公式为 $I = U/R$）。

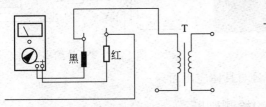

图 4-40　万用表串入初级绕组

图 4-41　串联一只电阻

4.11.3　电源变压器空载电压的检测判断

将电源变压器的初级接上 220V 市电，把万用表交流调到电压挡，把表笔接入次级绕组，依次测出各绕组的空载电压值（图 4-42）。正常情况下，该检测数值要符合要求值，一般允许误差范围为：高压绕组≤±10%，低压绕组≤±5%，带中心抽头的两组对称绕组的电压差≤±2%。

4.11.4　一般开关电源变压器好坏的检测判断

（1）绕组电阻法

一般的开关电源变压器每个绕组的电阻值为几欧内，可以采用万用表欧姆挡来检测，如图 4-43 所示。如果检测时超过该数值较多，则说明该检测的开关电源变压器可能存在异常。

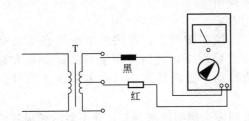

图 4-42　电源变压器空载电压的万用表检测

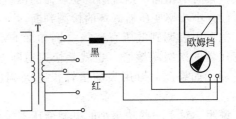

图 4-43　绕组电阻法

说明　一般的工频变压器绕组的电阻值比一般的开关电源变压器绕组的电阻值要大一些。

（2）绝缘性能检测法

变压器的线圈与线圈间、线圈与铁芯间的绝缘性能，可以采用万用表 R×10k 挡来检测。正常一般为无穷大（图 4-44），也就是指针万用表指针不动。如果检测发现为低值，则说明该变压器异常。

（3）电压法

如果使用万用表的欧姆挡检测初级、次级电阻均正常，则把变压器在安全的情况下接通电源，检测其输出电压是否在正常范围内（图4-45）。如果不在正常范围内，则说明该变压器可能损坏了。

图 4-44　绝缘电阻无穷大

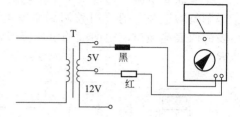

图 4-45　变压器输出电压

说明　具体输出电压数值，因具体型号与具体应用而异。

4.11.5　30W 左右电源变压器好坏的检测判断

把万用表调到 R×1 挡，用万用表的表笔轻轻擦磨变压器的初级接头，正常情况下可以看到小火花（由线圈的电感造成的火花）。如果该电源变压器内部已经短路，则万用表只能检测出直流电阻（可能是异常数值），擦磨也看不到火花。

4.11.6　输入、输出变压器的检测判断

把万用表调到 R×1 挡，用表笔测量两根引线的一边。如果检测得到的阻值大约为 1Ω，则说明该检测的变压器是输出变压器。如果检测得到的阻值为几十欧到几百欧之间，则说明该检测的变压器是输入变压器。

4.11.7　小功率变压器的检测判断

（1）小功率变压器相位的检测判断

采用万用表的 μA 挡，两表笔接触绕组两端，再将磁铁吸在待测变压器的铁芯上，迅速把磁铁移开，如果万用表的表针摆向相同，则说明该变压器的两绕组为同相位。如果万用表的表针摆向不相同，则说明该变压器的两绕组为异相位。

（2）小功率变压器好坏的检测判断

把万用表调到低压直流挡（例如 2.5V 挡），接在初级上，再用一节电池在小功率电源变压器的次级端擦磨（也就是快速通断），正常情况下，此时万用表的指针会有大幅度的摆动。如果此时万用表的指针没有大幅度的摆动，则说明该小功率电源变压器可能损坏了。

说明　对于一些功率小的电源变压器采用万用表＋擦磨法来判断，并不能达到很好的效果，需要采用万用表＋电池＋擦磨法来进行判断。

4.11.8　中周变压器好坏的检测判断

（1）绕组特点法

中周变压器外形与结构如图4-46所示。把万用表调到 R×1 挡，根据中周变压器的内部结构特点与各绕组引脚排列规律，逐一检查各绕组的通断情况，也就是该通的时候要通，该断的时候要断，即可判断中周变压器是否正常。

（2）绝缘性能法

把万用表调到 R×10k 挡（图 4-47），进行初级绕组与次级绕组间、初级绕组与外壳间、次级绕组与外壳间的电阻检测。再根据检测的结果来判断，参考依据如下：阻值为无穷大——正常；阻值为零——有短路性故障；阻值小于无穷大，但大于零——有漏电性故障。

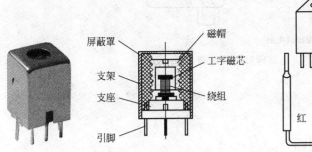

图 4-46　中周变压器外形与结构

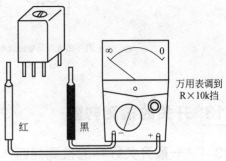

图 4-47　中周变压器的检测判断

4.12　压缩机与阀的检测判断

4.12.1　单相压缩机端子的检测判断

单相压缩机外形如图 4-48 所示。把万用表调到 R×1 挡，检测单相压缩机的线圈，也就是对压缩机 3 个接线柱间的阻值进行检测。检测得到阻值最大时，所对应的另外一根接线柱就是公用端子。再以公用接线柱为依据，分别检测另外两个接线柱。其中，电阻值小的一接线柱为运行端，电阻值大的一接线柱为启动端。

4.12.2　三相压缩机好坏的检测判断

把万用表调到 R×1 挡，检测电阻。压缩机的功率大，其电阻值就小；压缩机的功率小，其电阻值就大。三相压缩机电机线圈间的电阻值一般是相同的，其中 3 根接线柱间电阻值也是基本一样的，个别压缩机线圈间电阻值不同。

说明　对于一些功率较大的压缩机，可以采用电桥来检测。三相压缩机接线柱外形如图 4-49 所示。

图 4-48　单相压缩机外形

图 4-49　三相压缩机接线柱外形

4.12.3　电磁阀好坏的检测判断

把万用表调到电阻挡，测量其线圈的通断情况。如果检测线圈阻值趋近于零或无穷大，则说明该电磁阀线圈短路或断路。如果检测阻值为几十欧，则说明该电磁阀线圈可能是好的，如图 4-50 所示。

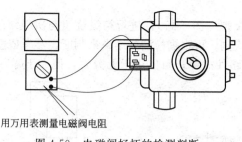

用万用表测量电磁阀电阻

图 4-50　电磁阀好坏的检测判断

4.13　开关的检测判断

4.13.1　一般开关好坏的检测判断

　　一般开关的检测主要是通过检测开关的接触电阻、绝缘电阻、通断情况是否符合规定要求来判断的。使用前，先把万用表调到欧姆挡，在开关接通时，用万用表检测相通的两个接点脚端间的电阻值，该数值越小越好，一般开关接触电阻应小于 20mΩ。一般情况下，检测结果基本上是零。如果检测得到的电阻值不为零，而是有一定的电阻值或为无穷大，则说明该开关已经损坏了。

　　对于开关不相接触的各导电部分间的电阻值，一般是越大越好。如果使用万用表欧姆挡检测，阻值基本上是无穷大。如果检测得到的数值是零或有一定的阻值，则说明该开关已经损坏了。

　　对于开关断开时，导电联系部分应充分断开。如果使用万用表欧姆挡检测该断开部分的电阻值，一般情况下该阻值为无穷大。如果检测得到的数值或者阻值为零，则说明该开关已经损坏了。

4.13.2　一刀两位开关好坏的检测判断

　　把万用表调到最小量程的欧姆挡，或者选择蜂鸣器挡，把一支表笔与刀连接（图 4-51 中的 2 脚），另外一支表笔分别与两个位端连接（如图 4-51 中的 1 脚、3 脚）。如果开关处于接通位置，万用表指示阻值一般为 0Ω（或者蜂鸣报警），说明该开关接触良好。如果开关处于断开位置，万用表指示阻值一般为 ∞（或者蜂鸣器不响），说明该开关是好的。如果开关处于接通位置，万用表检测有阻值或∞，则说明该开关刀与位间存在接触不良或者没有接通等异常现象。如果开关处于关闭位置，万用表为接通数值，则说明该开关已经损坏。

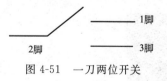

图 4-51　一刀两位开关

　　说明　一般的开关是通过一定的机械动作完成电气连接与断开。其常串接在电路中，实现信号与电能的传输与控制。也有的开关是通过半导体的特点来实现电气连接与断开功能的。

4.13.3　电源开关好坏的检测判断

　　（1）触点通断法

　　把万用表调到 R×1k 电阻挡，检测开关的两个触点间的通断。开关关断时，两个触点间阻值正常为无穷大。开关打开时，两个触点间阻值正常为 0。否则，说明该开关已经损坏了。如图 4-52 所示。

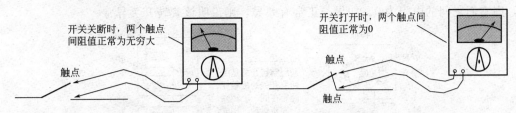

图 4-52 触点通断法判断电源开关好坏

（2）绝缘性能法

把万用表调到 R×1k 或者 R×10k 电阻挡，检测不同极的任意两个触点间的绝缘电阻，正常情况下，应为无穷大。如果电源开关是金属外壳的，还需要检测每个触点与外壳间的绝缘电阻，正常情况下，也均为无穷大。如果存在一小阻值，则说明该电源开关性能差，或者损坏了。

4.13.4 按钮开关好坏的检测判断

① 常开按钮开关，平时状态下，静触点、动触点间不通（电阻为无穷大）；当按下按钮时，静触点、动触点间连通（电阻为 0）。如果与正常有差异，则说明该按钮开关异常。

② 常闭按钮开关，平时状态下，静触点、动触点间连通（电阻为 0）；当按下按钮时，静触点、动触点间不通（电阻为无穷大）。如果与正常有差异，则说明该按钮开关异常。

③ 转换按钮，平时状态下，静触点 1 与动触点 1 触点接通，静触点 2 与动触点 3 触点断开（电阻为无穷大）；当按下按钮时，静触点 1 与动触点 1 断开，静触点 2 与动触点 3 触点连通（电阻为 0）。如果与正常有差异，则说明该按钮开关异常。

检测按钮开关一般需要根据按钮开关的结构特点来判断。按钮开关是一种不闭锁的开关，按下该按钮时，开关会从原始状态切换到动作状态；松开按钮后，开关会自动回复到原始状态。按钮开关分为单断点式按钮开关与双断点式按钮开关。单断点式按钮开关由于动触点具有弹性，平时向上弹起，只有按钮被按下时才使触点闭合，如图 4-53 所示。双断点式按钮开关由于弹簧的作用，固定在按钮上的动触点平时向上弹起，当按钮被按下时，该开关才接通左、右静触点，如图 4-54 所示。

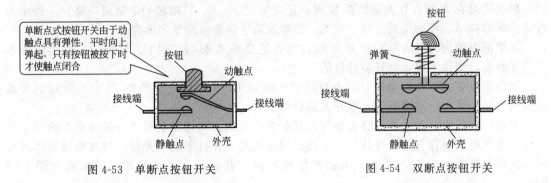

图 4-53 单断点按钮开关　　　　　　　图 4-54 双断点按钮开关

4.13.5 旋转开关好坏的检测判断

旋转开关一般由转轴、接触片、动触点、静触点等组成。旋转开关可以分为 1 层旋转开关、2 层旋转开关、3 层旋转开关以及更多层的旋转开关。旋转开关的每层可以是一组开关，也可以是多组开关。如图 4-55 所示。

检测旋转开关，把万用表调到电阻挡，把表笔接触动触点和静触点，检测它们之间的电阻。如果静触点和动触点是不通的，则它们之间的电阻为无穷大。如果静触点、动触点间连通，则它们之间的电阻为 0。如果与正常有差异，则说明该旋转开关异常。

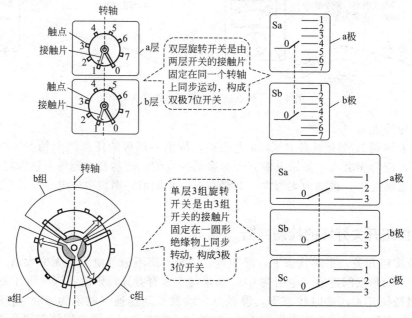

图 4-55 旋转开关

检测旋转开关的静触点、动触点间连通情况，还需要转动转轴，检测其他层静触点、动触点的连通情况是否正常。

4.13.6 槽型光电开关引脚的检测判断

以电动绕线机上计数用的槽型光电开关、凹型光电开关为例进行介绍。把万用表调到 R×100 挡，两表笔分别检测 C、E 脚端的正向、反向电阻，正常情况下，电阻为无穷大。如果检测电阻得到一定数值，则说明该槽型光电开关已经损坏了。

然后把万用表的黑表笔接在 C 脚端，红表笔接在 E 脚端，再把另一只万用表调到 R×1 挡，黑表笔接在 A 脚，红表笔接在 K 脚，正常情况下，C、E 脚端的电阻值应降到一较小的数值。再拿掉 A、K 脚端的表笔，则 C、E 脚端的电阻值应恢复到无穷大。

如果把万用表的黑表笔接在 K 脚端，红表笔接在 A 脚端，则 C、E 脚端的电阻值为不变的无穷大，则说明该光电开关是好的。

如果把接在 A、K 脚端的万用表调到 R×10 或 R×100 挡进行检测，C、E 脚端的导通电阻值应逐步增大，则说明该光电开关是好的。

说明 实际中，光电开关的大小与形状是多样化的。槽式光电开关一般是标准的凹字形结构，其光电发射管与接收管分别位于凹形槽的两边，并且形成一光轴。当被检测物体经过凹形槽以及阻断光轴时，光电开关会产生检测到的开关信号。光电开关的结构如图 4-56 所示。

4.13.7 触点开关好坏的检测判断

触点开关外形如图 4-57 所示。把万用表调到电阻挡，检测触点的电阻。如果所检测得到的阻值达到兆欧以上，则说明该触点开关两触点存在严重接触不良的异常现象。如果阻值为无穷大，则说明该触点开关两触点没有接触。如果阻值大于 0.2Ω，则说明该触点开关存在接触不良的异常现象。如果检测得到阻值为 0Ω，或者接近 0Ω，则说明该触点开关接触良好。

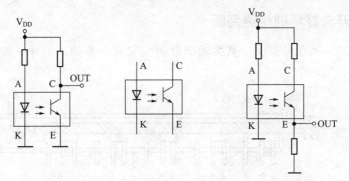

图 4-56　光电开关

图 4-57　触点开关外形

4.13.8　拨动开关好坏的检测判断

① 拨动开关是通过拨动实现操作功能的一种开关，广义上包括钮子开关、直拨开关、直推开关等。

② 钮子开关结构如图 4-58 所示。平时状态下，触点 a 端与 b 端接通，用万用表电阻挡检测它们间的电阻为 0。触点 b 端与 c 端断开，用万用表电阻挡检测它们间的电阻为无穷大。如果将钮子状拨柄拨向左边，则触点 a 端与 b 端由接通转为断开，触点 b 端与 c 端由断开转为接通。如果与正常有差异，则说明该钮子开关异常。

③ 直拨开关结构如图 4-59 所示，平时状态下，触点 a 端与 b 端接通，用万用表电阻挡检测它们间的电阻为 0。触点 b 端与 c 端断开，用万用表电阻挡检测它们间的电阻为无穷大。如果将拨柄推向右边，则触点 a 端与 b 端由接通转为断开，触点 b 端与 c 端由断开转为接通。如果与正常有差异，则说明该直拨开关异常。

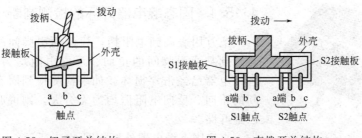

图 4-58　钮子开关结构　　　图 4-59　直拨开关结构

4.13.9　直推开关好坏的检测判断

① 直推开关是一种拨动开关，其拨动部分的一端有一推柄，另外一端有复位弹簧，如图 4-60 所示。

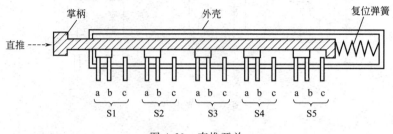

图 4-60　直推开关

② 由图 4-60 可知，平时状态下，直推开关各组的 a 端与 b 端是相通的，用万用表电阻挡检测它们间的电阻为 0；a 端、b 端均与 c 端是断开的，用万用表电阻挡检测它们间的电阻为无穷大。按下推柄时，a 端与 b 端由接通转为断开，b 端与 c 端由断开转为接通。用万用表检测断开状态，电阻为无穷大，检测相通状态，电阻为 0。如果与正常状态有差异，则说明该直推开关异常。

4.14　连接器的检测判断

4.14.1　连接器好坏的检测判断

把万用表调到电阻挡，检测连接器接触对的断开电阻和接触电阻。连接器接触对的断开电阻一般为∞，如果断开电阻值为零，则说明该连接器接触对存在短路现象。连接器接触对的接触电阻值一般应小于 0.5Ω。如果连接器接触对的接触电阻大于 0.5Ω，则说明该连接器接触对存在接触不良等故障。

4.14.2　双芯插座插头连接器好坏的检测判断

把万用表调到电阻挡，然后检测。当插头没有插入到插座时，定片 1 与动片 1 接通。当插头插入后，动片 1 与定片 1 断开，动片 2 与插头尖 3 接通，外壳与插头套接通。凡是接通的情况，用万用表检测两端头电阻时为 0，凡是断开的情况，用万用表检测两端头电阻时为∞。

4.15　继电器的检测判断

图 4-61　直流固态继电器外形

4.15.1　固态继电器好坏的检测判断

把万用表调到电阻挡，检测两引脚间的电阻。如果检测得到某两引脚间的正向、反向电阻均为 0Ω，说明该固态继电器已经击穿损坏。如果检测得到固态继电器各引脚间的正向、反向电阻值均为无穷大，则说明该固态继电器已经开路。

直流固态继电器外形如图 4-61 所示。

4.15.2　电磁继电器好坏的检测判断

（1）触点阻值法

电磁继电器结构特点如图 4-62 所示。把万用表调到 R×1 挡，检测常闭触点的电阻值，正常情况下为 0。然后把衔铁按下，这时常闭触点的阻值应为无穷大。如果在没有按下衔铁时，检测得出常闭触点某一组有一定的阻值或为无穷大，则说明该组触点已经烧坏或氧化。

（2）线圈法

把万用表调到 R×10 挡，测量继电器线圈的阻值，从而通过检测线圈是否存在开路现象来判断。正常情况下，磁式继电器线圈的阻值一般为 25Ω～2kΩ。额定电压低的电磁继电器线圈的阻值较低，额定电压高的电磁继电器线圈的阻值较高。如果检测得到的阻值为无穷大，则说明该电磁继电器线圈已经断路损坏。如果检测得到的阻值低于正常值很多，则说明该电磁继电器线圈内部存在短路故障。

说明　如果该电磁继电器线圈有局部短路，使用该方法不容易检测发现。

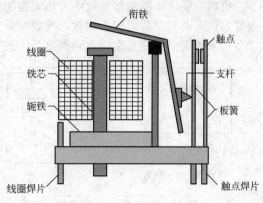

图 4-62　电磁继电器结构特点

4.15.3　电磁继电器常闭与常开触点的检测判断

把万用表调到电阻挡，检测触点与动点间的电阻。其中，常开触点——检测常开触点与动点的阻值一般为无穷大；常闭触点——检测常闭触点与动点间的电阻一般为 0。

4.15.4　固态继电器引脚的检测判断

（1）用指针万用表检测

把指针式万用表调到 R×10k 挡，把万用表的两表笔分别接到固态继电器的任意两脚上，再仔细观察其正向、反向电阻值的大小。当检测得出其中一对引脚的正向阻值为几十欧到几十千欧间，反向阻值为无穷大时，则说明该两引脚即为输入端，其中黑表笔所接的引脚为输入端的正极，红表笔所接的引脚为输入端的负极。这样输入端确定了，然后确定输出端。

输出端的确定方法与要点如下。

① 对于交流固态继电器，除了输入端外，剩下的两引脚就是输出端。交流固态继电器的输出端是没有正、负极之分的。

② 对于直流固态继电器，需要判别输出端的正极与负极。一般与输入端的正极、负极平行相对的就是输出端的正极、负极。

说明　有的直流固态继电器的输出端带有保护二极管。该保护二极管的正极一般接在固态继电器的负极上，保护二极管的负极一般与固态继电器的正极相接，检测时，需要注意。固态继电器如图 4-63 所示。

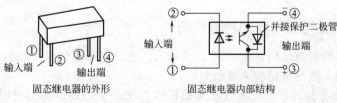

图 4-63　固态继电器

（2）用数字万用表检测

把数字万用表调到二极管挡（图 4-64），分别对 4 个引脚端进行正向、反向检测。检测时，其中有两脚在正向检测时显示 1.2～1.6V，反向检测时显示溢出符号 1，则说明该两引脚是固态继电器的输入端，其中以正向检测时显示 1.2～1.6V 的一次为依据，则数字万用表红表笔所接的引脚是正极，黑表笔所接的引脚为负极。直流固态继电器找到输入端后，一般情况下与其横向两两相对的引脚就是输出端的正极与负极。

说明 使用不同型号的数字万用表检测固态继电器的内部发光二极管时，有的数字万用表显示值有时只是瞬间闪出读数，接着便显示溢出符号 1，遇到这种情况，可以反复交换数字万用表表笔多检测几次，直到得出正确的检测结论。

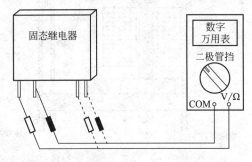

图 4-64　固态继电器引脚的数字万用表检测判断　　　图 4-65　固态继电器好坏的万用表检测判断

4.15.5　固态继电器好坏的检测判断

把万用表调到 R×10k 挡（图 4-65），检测继电器输入端的电阻，一般正常情况下，正向电阻为十几千欧，反向电阻为无穷大。然后采用同样的电阻挡位检测输出端，一般正常情况下，阻值均为无穷大。如果与上述正常阻值相差太远，则说明该继电器可能损坏了。

4.15.6　磁保持湿簧式继电器好坏的检测判断

磁保持湿簧式继电器如图 4-66 所示。把万用表调到电阻挡，检测线圈的电阻。如果检测得到线圈电阻的阻值为无穷大，则说明该磁保持湿簧式继电器激励线圈可能开路了。

图 4-66　磁保持湿簧式继电器

说明 万用表法对于磁保持湿簧式继电器激励线圈局部短路，一般不能够正确地进行检测。

4.15.7　干簧式继电器好坏的检测判断

干簧式继电器外形与结构特点如图 4-67 所示。把万用表调到 R×1 挡，两表笔分别接干簧式继电器的两端，然后根据相关现象判断。

① 正常——将干簧式继电器靠近永久磁铁或万用表中心调节螺钉处时，万用表指示阻

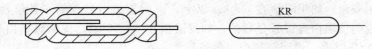

图 4-67　干簧式继电器外形与结构特点

值为0Ω。将干簧式继电器离开永久磁铁后，万用表指针返回，阻值变为无穷大，则说明该干簧继电器是正常的，其触点也正常的。

②异常——如果将干簧式继电器靠近永久磁铁，其触点不能闭合，则说明该干簧式继电器已经损坏了。

把万用表调到 R×1 挡，检测干簧管继电器触点引脚间的电阻。给干簧管继电器通电，再检测干簧管继电器触点引脚间的电阻。正常情况下，干簧管继电器的触点引脚间阻值会由无穷大变为0。如果阻值始终为无穷大，或者始终为0Ω，则说明该干簧管继电器异常。

4.15.8　步进继电器好坏的检测判断

把万用表调到电阻挡，检测电磁线圈。如果步进继电器的电磁线圈的电阻值为无穷大，说明该步进继电器的电磁线圈已经开路损坏。

4.15.9　温度控制器好坏的检测判断

把万用表调到相应的电阻挡，把万用表的两支表笔分别接在温度开关的两只引脚端。常温下，万用表检测的阻值一般为0。用烧热的电烙铁给温度开关的金属外壳加热大约两三分钟后（也就是达到温度开关的动作温度），温度开关响一声，同时用万用表检测阻值，一般正常情况为无穷大。如果拿开电烙铁，等温度控制器的温度下降后，温度控制器又发出响声，同时用万用表检测的阻值又为零。上述情况，说明该温度控制器是好的，否则，说明该温度控制器异常。

图 4-68　KSD301 系列
温度控制器

KSD301 系列是常见的温度控制器，其外形如图 4-68 所示。

4.16　CRT 显像管的检测判断

4.16.1　CRT 显像管好坏的检测判断

（1）电流法

CRT 显像管结构特点如图 4-69 所示。把万用表调到电流挡，检测显像管阴极电流来判断。当把亮度调到最大时，显像管正常发射电流值应为 0.6～1mA。如果电流在 0.3mA 以下，说明该显像管已经衰老。

（2）电阻法

把万用表调到 R×1k 挡，把万用表黑表笔接栅极，红表笔接阴极。一般正常的显像管栅极、阴极间电阻大约为 1kΩ，老化明显的显像管栅极、阴极间电阻大约为 10kΩ 以上。

另外，也可以首先给彩色显像管灯丝加上 6.3V 交流电压，让其他引脚空着。然后把万用表调到 R×100 挡，并且黑表笔接调制栅极，红表笔分别接红、绿、蓝阴极进行电阻值的测量。如果阻值在 1～4kΩ，说明该彩色显像管是好的。如果阻值在 4～10kΩ，说明该彩色显像管已经老化。如果阻值大于 10kΩ，说明该彩色显像管老化严重。

对于黑白显像管，先给黑白显像管的灯丝加额定工作电压，其他引脚不使用。然后把万用表调到 R×1k 挡，红表笔接阴极，黑表笔接栅极，检测显像阴极与栅极间的电阻值：如果阻值大于 100kΩ，说明该黑白显像管已经损坏了，只是该损坏可以通过提高灯丝电压来延长显像管的使用寿命；如果阻值在 500kΩ 以上，说明该黑白显像管不能够使用了；如果阻值小于 5kΩ，说明该黑白显像管是好的；如果阻值在 5～15kΩ，说明该黑白显像管比较好；如果阻值在 100kΩ 以内，说明该黑白显像管质量一般。

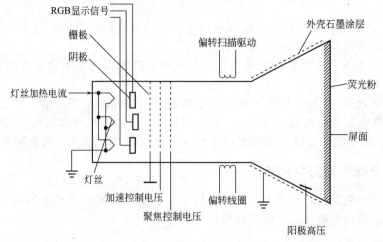

图 4-69　CRT 显像管结构特点

4.16.2　CRT 显像管阴极与灯丝碰极的检测判断

把万用表调到电阻挡，检测 CRT 显像管阴极与灯丝间的电阻。如果灯丝与某一阴极相碰，则对应枪的电位会明显下降，检测的阻值一般接近于零。

有的阴极与灯丝碰极需开机一段时间后才出现。这时，需要迅速拔下尾板，检测 CRT 显像管阴极与灯丝的阻值，一般也是接近于零。另外，CRT 屏幕上会出现碰极的相应阴极的单色高亮度回扫线。

如果 CRT 显像管阴极与灯丝没有碰极，则阴极与灯丝间的电阻一般为无穷大。

4.16.3　CRT 显像管栅极和阴极碰极的检测判断

把万用表调到电阻挡，检测 CRT 显像管栅极和阴极间的电阻。如果栅极和阴极相碰，它们间的阻值一般接近于零。如果 CRT 显像管栅极和阴极没有碰极，栅极和阴极间的电阻一般为无穷大。

4.16.4　CRT 彩管漏气的检测判断

（1）电阻法

把万用表调到 R×1k 挡，检测栅极-阴极间的电阻，一般大约为 1～4kΩ（不同型号的万用表检测得到的数值有差异）。如果检测得到 CRT 栅极-阴极间电阻接近 0Ω 或者小于 0Ω，则说明该 CRT 已经出现漏气现象。

上述方法只能够检测 CRT 开始漏气现象。

（2）通电法

单独给 CRT 灯丝通电，如果灯丝不亮，或者亮度不明显，但是采用万用表检测灯丝又是通的，则说明该 CRT 已经严重漏气。如果灯丝的亮度基本正常，再把万用表调到 R×1k 挡，检测栅极-阴极间的电阻（R_{gk}），如果 $R_{gk} \leqslant 0$，则说明该 CRT 已经漏气了。如果 $R_{gk} > 0$，但小于正常值，则可以继续给灯丝通电，并且仔细观察栅极-阴极间的电阻变化情况，如果栅极-阴极间的电阻逐渐变小，则说明该 CRT 已经轻微漏气。如果栅极-阴极间的电阻逐渐变大，则需要持续观察 CRT 灯丝的亮度，如果亮度逐渐变暗，则说明该 CRT 已经严重漏气。

4.16.5　CRT 彩管偏转短路万用表的检测判断

把万用表调到电阻挡，检测偏转线圈间电阻以及偏转线圈电阻。正常情况下，行偏转线圈与场偏转线圈是开路的，也就是它们间的电阻为无穷大。另外，正常情况下，场偏转线圈阻值一般为 $3\sim5\Omega$，行偏转线圈阻值一般为 $1\sim3\Omega$。如果检测的数值与正常参考值有差异，则说明该 CRT 彩管可能存在偏转短路现象。

4.16.6　显像管衰老的检测判断

（1）电阻法

给灯丝加上额定电压，用万用表 R×1k 挡检测判断栅极-阴极间的电阻，其中红表笔接阴极，黑表笔接栅极。一般新 CRT 显像管在 $1k\Omega$ 以下，如果栅极-阴极间的电阻为几十千欧，则说明该 CRT 显像管出现衰老迹象。如果栅极-阴极间的电阻大于 $100k\Omega$，则说明该 CRT 显像管已经明显衰老了。

CRT 显像管 3 个阴极与栅极要分别检测，并且阻值差别越小越好。

（2）电流法

把万用表调到电流挡，检测阴极的电流，并且把亮度调到最大，把万用表串入阴极回路中。如果检测的电流在 0.3mA 以下，则说明该 CRT 显像管已经明显衰老了，并且检测的电流值越小，说明该显像管越衰老。

4.17　液晶显示、LED 显示与 VFD 荧光显示的检测判断

4.17.1　LED 显示屏好坏的检测判断

把万用表调到短路检测挡（一般具有报警功能）或者电阻挡，检测是否存在短路现象。如果发现短路情况，则说明该 LED 显示屏异常。

说明　采用万用表电阻挡检测时，可以先检测一块同类型同应用特点的 LED 显示屏，这样得到参考数据，以便检测 LED 显示屏对比判断。

4.17.2　VFD 荧光显示器好坏的检测判断

VFD 荧光显示器如图 4-70 所示。根据 VFD 荧光显示器的型号要求给 VFD 荧光显示器的灯丝加上 2.5～3.8V 交流电压，用手挡住外界光照射，正常情况下，一般能够隐约看到横向灯丝呈微红色。

图 4-70　VFD 荧光显示器

另外，用万用表检测 VFD 荧光显示器灯丝电压是否正常。如果灯丝电压正常，但是看不到灯丝发红光，则说明该 VFD 荧光显示器已经损坏了。

4.18 其他显示屏的检测判断

4.18.1 液晶显示数码屏引脚的检测判断

（1）加电显示法

取万用表的两支表笔，使其一端分别与电池组的正极、负极相连。其中，一支表笔的另一端搭在液晶显示屏上，与屏的接触面越大越好，用另一支表笔的另外一端依次接触各引脚。这时与各被接触引脚有关系的段、位便在屏幕上显示出来。如果遇不显示的引脚，则说明该引脚必为公共脚（COM），一般液晶显示屏的公共脚有多个。检测如图 4-71 所示。

（2）数字万用表法

把万用表调到二极管挡（图 4-72），把万用表两支表笔依次测量各脚，当出现笔段显示时，即说明两只表笔所接触的引脚中有一引脚为 BP（COM）端，由此就可依次确定各笔段。对于动态驱动液晶屏而言，其 COM 不止一个，同时，其能在一个引出端上引起多笔段显示。

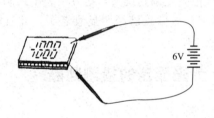

图 4-71　液晶显示数码屏引脚的判断（加电显示法）　　　　图 4-72　把万用表调到二极管挡

4.18.2 液晶数字屏好坏的检测判断

液晶数字屏如图 4-73 所示。根据液晶数字屏的特点选择万用表的电阻挡，把万用表的任意一支表笔固定接触在液晶显示屏的公共电极上，另外一支表笔则依次移动接触笔画电极的引出端。当接触某一笔画引出端时，该笔画正常应显示出来。如果不显示或者显示不正常，则说明该液晶数字屏可能损坏了。

图 4-73　液晶数字屏

说明　如果液晶数字屏的阀值电压小于 1.5V，工作电压低，则一般选择万用表的 R×1k 挡。如果液晶数字屏的阀值电压大于 1.5V，则可以选择 R×10k 挡。为了安全、保险起见，实际检测中在两支表笔上并联一个 30～60kΩ 的电阻。

4.18.3 LED数码管好坏的检测判断

LED数码管特点如图4-74所示。把万用表调到R×10k或R×100k挡，将红表笔与数码管（以共阴数码管为例）的"地"引出端相连，黑表笔依次接数码管其他引出端，七段均应分别发光，否则说明该数码管损坏了。

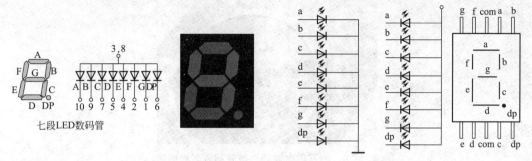

图4-74 LED数码管特点

4.18.4 点阵引脚的检测判断

（1）指针万用表的使用

点阵的特点如图4-75所示。把指针万用表调到R×10k挡，用黑表笔随意选择一个引脚，红表笔分别接触余下的引脚，然后观察点阵有没有点发光。如果没有发光，则需要用黑表笔再选择一个引脚，红表笔分别接触余下的引脚。如果点阵发光，则这时黑表笔接触的引脚为正极端，红表笔接触的为负极端。

检测出来引脚正极端、负极端后，需要把点阵的引脚正极端、负极端分布情况确定，一般正极端（行）用数字表示，负极端（列）用字母表示。先确定负极端编号：使用万用表黑表笔选定一个正极端，红表笔接负极端，然后确定是第几列的点点亮，第一列就在引脚旁写A，第二列就在引脚旁写B，依次类推即可。剩下的正极端用同样的方法，使用万用表红表笔选定一个负极端，黑表笔接正极端，看是第几行的点点亮，第一行的亮就在引脚旁标1，第二行亮就在引脚旁标2，依次类推即可。

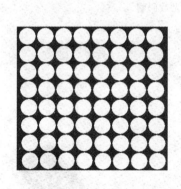

图4-75 点阵特点

（2）数字万用表的使用

把万用表调到二极管挡，或者调到蜂鸣挡（图4-76），把万用表红表笔固定接触在某一引脚，黑表笔分别接触其余引脚进行检测，观察点阵有没有点发光。如果没有发光，则需要用红表笔再选择一只引脚，黑表笔分别接触余下的引脚。如果点阵发光，则这时红表笔接触的那只引脚为正极端，黑表笔接触的引脚为负极端。

检测出来引脚正极端、负极端后，需要用红表笔接某一正极端，黑表笔接某一负极端，确定行、列点被点亮，以及在红表笔所接引脚上标出对应行数字，在黑表笔所接引脚上标出相应列字母，依次类推即可。

图 4-76　把万用表调到二极管挡或者蜂鸣挡

4.18.5　辉光数码管质量的检测判断

把 MF30 型万用表调到 500V 直流挡，如图 4-77 所示。转动单刀十位转换开关（根据实际情况选择），再根据 120r/min 的额定转速摇动兆欧表。正常情况下，开关所接通的阴极会显示相应的数码。如果辉光数码管发光正常，数字、或者字母笔画均完整，则说明该辉光数码管是好的。如果辉光数码管辉光很暗，则说明该辉光数码管已经衰老。如果显示数码笔画不全，则说明该辉光数码管的对应阴极局部开路。

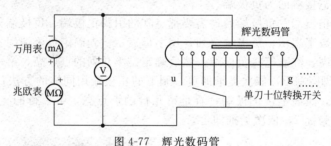

图 4-77　辉光数码管

4.19　接收头与遥控器的检测判断

4.19.1　遥控器好坏的检测判断

遥控器外形如图 4-78 所示。

图 4-78　遥控器外形

（1）检测电压法

拆下遥控器后盖，接通遥控器电源，用万用表检测红外线发光二极管的两端电压。正常情况下，数值为 0V 或一定的数值，并且是稳定的数值。按动遥控器的任意功能键，此时万用表指示的电压值立即上升到某一值或下降到 0V，并且数值是微抖的，则说明该遥控器是好的。否则，说明该遥控器异常。

（2）指针万用表法

打开遥控器电池盖，把指针万用表调到 50mA 挡，与电池串联。把指针万用表表笔连接好，然后按下红外遥控器的任一按钮。正常情况下，指针万用表表针应随着按键接通而来回摆动。如果指针万用表表针没有摆动，则说明该遥控器已经损坏了。

（3）数字万用表法

选择一只红外接收管，将其引脚适当加长后直接插入数字万用表的电容检测端口。再把数字万用表调到 2000p 或 20np 挡。这时，数字万用表一般会显示一数值，一般大约在 90～200p。然后用待测遥控器对准红外接收管，距离一般不超过 0.5m。按动按键，如果数字万用表显示的数值没有变化，则说明该遥控器可能损坏了。如果数字万用表显示的数值发生显著变化，则说明该遥控器可以发出红外信号。

4.19.2　万能红外线接收头引脚的检测判断

把万用表调到 R×1k 挡，假定任一只引脚为接地端，把万用表的黑表笔接假定的接地端，红表笔分别检测另外两只引脚，这时检测得到的电阻大约为 5～6kΩ，则说明假定脚为接地端是对的。如果检测得到的数值与 5～6kΩ 有差异，则需要重新假设接地端进行检测判断。

把万用表两表笔对未知两只引脚做正向、反向检测，以出现较大阻值的一次为依据，这时的红表笔所接的引脚为输出端（OUT），黑表笔所接的引脚为电源端。

常见的塑封万能红外线接收头的引脚分布如图 4-79 所示。

4.19.3　万能红外线接收头好坏的检测判断

根据图 4-80 所示连接好电路，用遥控器对着接收头操作，同时检测万能红外线接收头输出端的电压，正常情况一般为 4～4.8V，应有 0.6V 左右下降并且抖动，则说明该万能红外线接收头是好的。否则，说明该万能红外线接收头是坏的。

图 4-79　常见的塑封万能红外线接收头的引脚分布　　图 4-80　判断万能红外线接收头好坏的电路

4.19.4　红外接收头引脚的检测判断

把指针万用表调到 R×100 电阻挡，确定接地脚，一般接地脚与屏蔽外壳是相通的，余下的两只脚，则假设为 A 脚与 B 脚，用黑表笔接接地脚，红表笔检测 A 脚或 B 脚的阻值，一般情况下阻值分别大约为 6kΩ 与 8kΩ（具体型号数值有所差异）。然后把表笔调换检测，红表笔接地，黑表笔检测 A 脚与 B 脚，一般情况下阻值分别大约为 20kΩ 与 40kΩ。根据两次测量的阻值来判断，也就是两次测量阻值相对都小的 A 脚就是电源脚，阻值大的 B 脚就是信号输出脚。

说明 采用不同的万用表与检测不同型号的红外接收头，具体检测得到的电阻有所不同。

4.19.5 红外线接收管好坏的检测判断

把指针万用表 MF50（图 4-81）调到 R×1k 挡。光耦合器内的红外线接收管一般有 3 只引脚，用万用表的黑表笔接中间引脚，红表笔接两边的任意一引脚，正常情况下，该电阻值一般为 80kΩ。如果用遥控发射器对准接收管的感光面，并且按下遥控发射器任一按键，正常情况下，阻值会减小，有的减小大约到 70kΩ。如果该阻值不减小，则说明该遥控发射器存在故障。

图 4-81　指针万用表 MF50

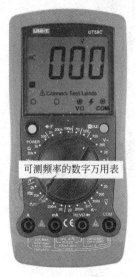

可测频率的数字万用表

图 4-82　可测频率的
数字万用表

4.19.6　红外遥控器好坏的检测判断

把遥控器面板拆开，并且把镶有橡胶按键的一面取下，把胶垫按键对准遥控器按键触点，把万用表调到直流 0.25V 挡，再把万用表的红表笔接红外发射管的正极端，黑表笔接红外发射管的负极端。这时，按下红外遥控器任一按键，正常情况下，万用表指针会不停地大幅度地摆动。如果这时万用表指针不摆动，说明该红外遥控器没有启振，或者其电路损坏。

4.19.7　红外遥控器发射频率的检测

取一只红外线接收二极管，把接收二极管的两极端分别接到调到 2kHz 频率挡的数字万用表（可测频率的）的两表笔上（有的需要加辅助电路）。再把遥控器的发射管对准接收管，距离越近越好。这时，按动遥控器上的一个键不放，直到数字万用表显示稳定数值，此时的数字万用表读数就是该遥控器的发射频率。可测频率的数字万用表如图 4-82 所示。

说明 有的遥控器发射频率有几个。

第 5 章

使用万用表检测家用电器、电脑、汽车等设备的元器件

5.1 洗衣机的检测判断

5.1.1 洗衣机电容好坏的检测判断

（1）万用表电容挡

洗衣机电容如图5-1所示。把万用表调到电容挡，检测电容容量。正常情况下，检测的容量不得低于电容容量的5%。

说明 检测在线的电容，需要拆下电容后，用金属线对电容正、负极放电，再采用万用表电容挡测量。

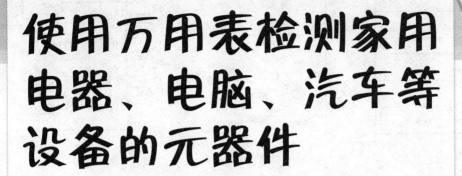

图 5-1 洗衣机电容

（2）万用表电阻挡

洗衣机电容应用电路如图5-2所示。把万用表调到1k或10k挡，把两支表笔分别接到电容的两个接线端子上进行检测。如果两端子间为通路，也就是万用表表针大幅度摆到零位置，并且不再返回，则说明该洗衣机电容已经断路或已经击穿。如果万用表表针大幅度摆向零位置方向，然后又慢慢地回到几百千欧的位置，则说明该洗衣机电容是好的。

5.1.2 洗衣机电源开关的检测判断

洗衣机电源开关如图5-3所示。用于全自动洗衣机的电源开关有普通式与自动断电式两

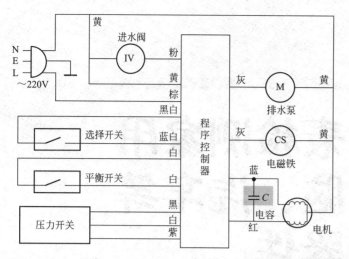
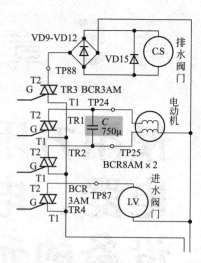

图 5-2　洗衣机电容应用电路

图 5-3　洗衣机电源开关

种。新型号全自动洗衣机电源开关已装配在电脑板上。自动断电式电源开关可用万用表检测线圈两个接线片间的电阻，正常值在 700Ω 左右。如果检测的电阻与正常数值相差较大，则说明该自动断电式电源开关可能损坏了。

把电源开关从控制面板上卸下来，把万用表调到电阻挡进行检测。对电源开关的常开触点进行检测时，按下开关键时，常开触点接通，常闭触点断开；松开开关键时，常开触点断开，常闭触点接通。上述情况，则说明该电源开关是好的。否则，则说明该电源开关异常。

5.1.3　洗衣机安全开关的检测判断

把万用表调到电阻挡，检测安全开关触点间的电阻。也就是平时与控制状态下，触点断开与闭合要控制可靠。安全开关触点通时，触点间的电阻为 0；安全开关触点断时，触点间的电阻为无穷大。

先把滑块向尾部推动，露出 PTC 元件挡块，给 L 与 N 端子供电，观察 PTC 元件挡块是否能够迅速动作。如果可以，则再断开 L 端子与 M 端子，用万用表检测 L 端子与 C 端子，正常情况下，其阻值为 0。PTC 限位块保持 30～120s 时间后断开，则 L 端子与 C 端子的阻值正常情况下为 ∞。然后把滑块向尾部推动，则滑块会将瞬动开关合上。这时，使用万用表检测尾部的两个端子，正常情况下阻值为 0。如果检测过程与上述检测情况有较大差异，则说明该洗衣机门开关可能损坏了。

说明　安全开关又称为门开关、微动开关，是一种触点式开关，由门盖来控制其通断，是控制洗衣机运转过程的重要部件。洗衣机门开关如图 5-4 所示。

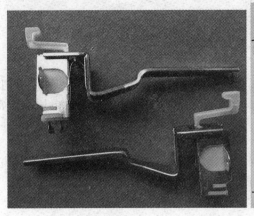
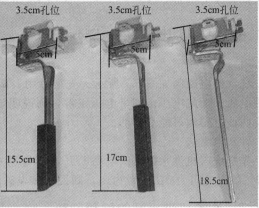

图 5-4 洗衣机门开关

5.1.4 洗衣机水位开关的检测判断

洗衣机水位开关如图 5-5 所示。先把万用表调到电阻挡，检测水位开关触点间电阻。如果应闭合触点的万用表检测数值为无穷大，则说明该触点已经损坏，也就是洗衣机水位开关异常。正常情况下，当水位到达设定值时，其常开触点应闭合导通，否则，说明该水位开关损坏了。

图 5-5 洗衣机水位开关

另外，如果把水源截门关闭，断开电源，卸下洗衣机上盖，再用万用表的电阻挡检查水位开关的常闭触点引出端是否断开。如果处于闭合状态，则说明该水位开关已经损坏。

洗衣机水位开关，有时也叫做水位传感器。某款洗衣机水位传感器的万用表判断方法与要点如下：先把万用表调到电阻挡，检测水位传感器的电阻，如图 5-6 所示。水位传感器的电阻为 20Ω，如果检测的电阻与正常数值相差较大，则说明该水位传感器可能损坏了。

说明 水位传感器的作用是控制注水与注水量，是参与自动洗衣控制的自动化元件。水位传感器的电阻如下：Q580J $R \approx 20.3\Omega$（在 20℃条件下）；Q2508G $R \approx 20.1\Omega$（在 20℃条件下）；Q88NF $R \approx 20.2\Omega$（在 20℃条件下）；Q602VL $R \approx 20.2\Omega$（在 20℃条件下）。

5.1.5 洗衣机温控开关的判断

当洗衣机处于加热状态时，水温超过38℃，洗衣机依旧在运转。这时断开电源，用万用表检测温控开关的常开触点是否关闭。如果此时温控开关的常开触点没有关闭，则说明

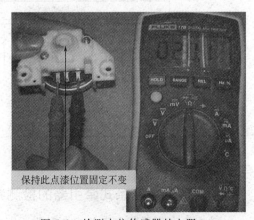

保持此点漆位置固定不变

图 5-6 检测水位传感器的电阻

该温控开关已经损坏了。

5.1.6 洗衣机电磁阀的检测判断

（1）电压法

洗衣机电磁阀如图5-7所示。先把万用表调到电压挡，把洗衣机上盖打开，再用万用表检测电磁阀两端电压。如果电压正常，则说明该电磁阀异常；如果电磁阀两端电压不正常，则说明该电磁阀可能是好的。

（2）电阻法

先把洗衣机进水电磁阀电路断开，测量进水电磁阀的阻值，正常情况下，一般为40～60Ω。如果电阻为0Ω或者为∞，则说明该电磁阀可能损坏了。

5.1.7 洗衣机进水阀的检测判断

先把万用表调到电阻挡，检测进水阀线圈的直流电阻，正常情况下，一般为4～6kΩ。如果检测的电阻与正常数值相差较大，则说明该进水阀可能损坏了。

说明 进水阀是对洗衣机自动进水和自动停止供水的作用。通常自来水管路的水压范围在0.03～0.1MPa。进水阀在不得电情况下，阀芯不动作，水便被控制住，进入不到洗衣机内。全自动进水阀主要有一进一出和一进两出两种类型。进水阀线圈烧坏，一般会引起电脑板进水晶闸管的损坏。洗衣机进水阀外形如图5-8所示。

图5-7 洗衣机电磁阀

图5-8 洗衣机进水阀外形

XQB45-448洗衣机进水阀的电路如图5-9所示。

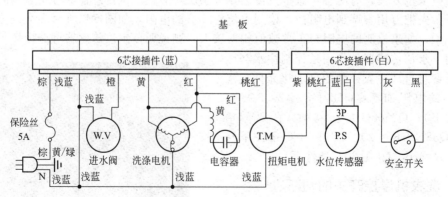

图5-9 XQB45-448洗衣机进水阀电路

5.1.8 洗衣机齿条式牵引器的检测判断

洗衣机牵引器分为齿条式牵引器、钢索式牵引器等类型，洗衣机牵引器如图5-10所示。

把万用表调到电阻挡，检测牵引器内继电器线圈的电阻、内继电器线圈电阻与电机绕阻的并联阻值。

图 5-10　洗衣机牵引器

牵引器内继电器的线圈的电阻如下：PQD-7 $R \approx 13.51\text{k}\Omega$（在 20℃ 条件下）；Q802CL $R \approx 12.13\text{k}\Omega$（在 20℃ 条件下）。

另外，牵引器内继电器的线圈电阻与电机绕阻的并联阻值如下：PQD-7 $R \approx 3.83\text{k}\Omega$（在 20℃ 条件下）；Q802CL $R \approx 3.76\text{k}\Omega$（在 20℃ 条件下）。

如果检测数值与正确数值相差较大，则说明该齿条式牵引器异常。

说明　牵引器是控制洗衣机离合器从洗涤状态转入脱水状态，以及控制洗衣机排水阀的重要部件。牵引器主要有齿条式牵引器、钢索式牵引器两种。

5.1.9　洗衣机钢索式牵引器的检测判断

把万用表调到电阻挡，检测牵引器的电机绕阻。钢索式牵引器的电机绕阻检测图例如图 5-11 所示。

钢索式牵引器的电机绕阻的电阻如下：Q290G $R \approx 6.15\text{k}\Omega$（在 20℃ 条件下）；Q199G $R \approx 5.94\text{k}\Omega$（在 20℃ 条件下）；Q3608PCL $R \approx 6.05\text{k}\Omega$（在 20℃ 条件下）。

如果检测数值与正确数值相差较大，则说明该钢索式牵引器异常。

5.1.10　洗衣机电机的检测判断

把万用表调到电阻挡，检测电机绕组电阻，如图 5-12 所示。XQB52-348 洗衣机电机的应用如图 5-13 所示。

图 5-11　排水牵引器（钢索式）　　　　图 5-12　检测电机绕组图例

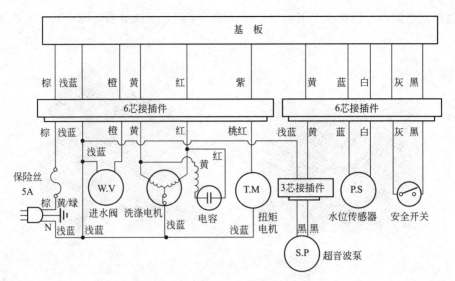

图 5-13　XQB52-348 洗衣机电机的应用

　　180W 电机绕组电阻如下：主绕组（黄-蓝间）19.72×（1±7%）Ω（在 20℃条件下）；副绕组（黄-红间）20.03×（1±7%）Ω（在 20℃条件下）。

　　140W 电机绕组电阻如下：主绕组（黄-蓝间）28.30×（1±7%）Ω（在 20℃条件下）；副绕组（黄-红间）29.09×（1±7%）Ω（在 20℃条件下）。

　　说明　洗衣机电机一般由定子、转子、端盖、轴承等组成。如小天鹅全自动洗衣机主要采用 140W 电机，目前主要用于 4kg 以下洗衣机上；180W 电机目前主要用在 5kg 以上洗衣机。

　　（1）同步电机

　　在程控器处于洗涤状态时，接通电源，如果听不到运转声，用万用表交流挡检测同步电机上两根引线的端电压。如果电压为同步电机正常的引入电源电压，则说明该电机绕组可能存在断路异常现象。

　　（2）水泵电机

　　洗衣机水泵电机如图 5-14 所示。断开电源，再把万用表调到电阻挡，检测水泵电机绕组线圈的直流电阻值。正常情况下，水泵电机的电阻值大约为 28Ω。如果检测值与正常数值相差较大，则说明该断洗衣机水泵电机可能损坏了。

图 5-14　洗衣机水泵电机

　　说明　洗衣机排水泵因其功率不同，正常阻值也不是完全一样，一般大约为 100Ω。

　　（3）举例

　　① 全自动滚筒洗衣机 XQG52-1301 电机好坏的检测判断　检测判断方法与要点如图 5-15 所示。

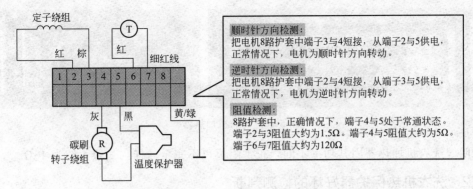

图 5-15　判断全自动滚筒洗衣机 XQG52-1301 电机好坏的方法与要点图

② 全自动滚筒洗衣机 XQG70-1302 电机好坏的检测判断　检测判断方法与要点如图 5-16 所示。

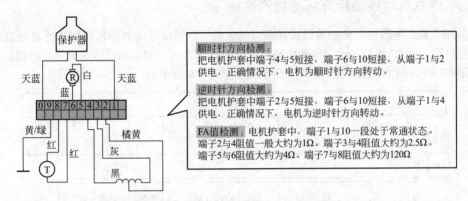

图 5-16　判断全自动滚筒洗衣机 XQG70-1302 电机好坏的方法与要点图

③ 美的洗衣机电机好坏的检测判断　检测判断方法与要点如图 5-17 所示。

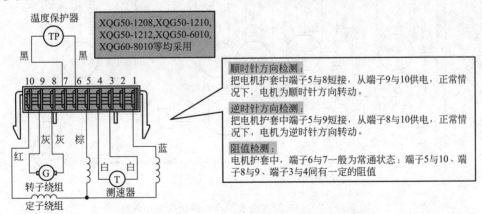

图 5-17　判断美的洗衣机电机好坏的方法与要点图

5.1.11　洗衣机加热器好坏的检测判断

洗衣机加热器如图 5-18 所示。把万用表调到电阻挡，检测加热器两端子间的阻值。如果检测得到的阻值为 0Ω 或为 ∞，则说明该洗衣机加热器已经损坏。

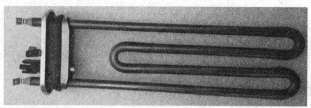

图 5-18　洗衣机加热器

说明　洗衣机加热器因其功率不同，正常阻值也不完全一样，一般大约为 40Ω。

5.1.12　洗衣机热保护器好坏的检测判断

热保护器常态时，其常闭触点为闭合导通状态，也就是用万用表电阻挡检测为 0Ω。如果这时处于断开状态，则说明该热保护器可能损坏了。

5.1.13　洗衣机导线插接好坏的检测判断

把万用表调到电阻挡，检测导线插接触点的电阻值。同根导线的两插接触点应是导通的，也就是检测电阻为 0Ω。如果导通的导线出现检测电阻为无穷大，则说明该洗衣机导线可能异常。

XQB80-8SA 洗衣机导线插接的应用电路如图 5-19 所示。

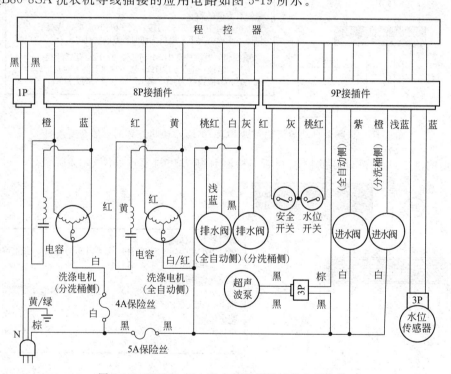

图 5-19　XQB80-8SA 洗衣机导线插接的应用电路

5.2 CRT 电视机的检测判断

5.2.1　彩色电视机消磁电阻的检测判断

CRT 彩色电视机 PTC 消磁电阻如图 5-20 所示。CRT 彩色电视机 PTC 消磁电阻一般是一种正温度系数的热敏电阻，它的阻值随温度升高而增大。把万用表调到 R×1 挡，进行检测。如果实际阻值与标称阻值相差±2Ω内，则说明所检测的消磁电阻是好的。

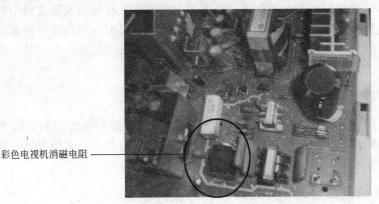

彩色电视机消磁电阻

图 5-20　CRT 彩色电视机 PTC 消磁电阻

如果实际阻值与标称阻值相差大于 5Ω 或小于 8Ω，则说明该消磁电阻性能不良或已经损坏。检测时，需要注意以下几点：

① 检测彩色电视机的消磁电阻，需要把消磁线圈插头拔下，以免消磁线圈对检测消磁电阻的影响；

② 不能在断电关机后立即检测热敏电阻的常温下阻值，如果这时检测，则消磁电阻温度很高，所测得的阻值应大于标称值；

③ 对消磁电阻进行焊接或者拆下后立即测其阻值，则与常温下的阻值应不同。

5.2.2　电视机高压滤波电容软击穿的检测判断

检测判断的方法与要点如图 5-21 所示。

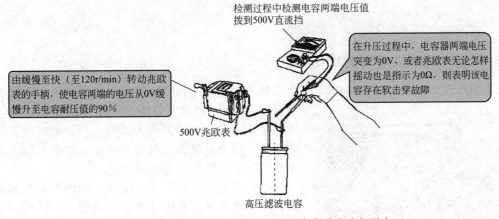

检测过程中检测电容两端电压值拨到500V直流挡

在升压过程中，电容器两端电压突变为0V，或者兆欧表无论怎样摇动也是指示为0Ω，则表明该电容存在软击穿故障

由缓慢至快（至120r/min）转动兆欧表的手柄，使电容两端的电压从0V缓慢升至电容耐压值的90%

500V兆欧表

高压滤波电容

图 5-21　判断电视机高压滤波电容软击穿的方法与要点

5.2.3　CRT 彩电行偏转线圈好坏的检测判断

（1）行、场偏转线圈短路法

一般正常情况下，行偏转线圈与场偏转线圈是开路的，并且场偏转线圈阻值一般为 3～5Ω，行偏转线圈阻值一般为 1～3Ω。如果用万用表检测的阻值与正常数值有差异，则说明该行、场偏转线圈可能损坏了。

（2）行幅缩小，并且失真的暗光栅，主电压也被拉低

行幅缩小，并且失真的暗光栅，主电压也被拉低，其他电路没有异常，则可能是行偏转线圈异常，具体检测与判断方法如下：用万用表检测串在行偏转线圈支路中的校正电容，如果该电容没有短路漏电，断开场偏转线圈，再给电视机通电，如果这时屏幕上显示 3 条不同位置的红色、绿色、蓝色横斜条，并且斜条两边均没有到屏幕左、右边缘，则说明该行偏转线圈损坏了。

5.2.4 电视机色度延迟线好坏的检测判断

色度延迟线的外形及电路符号分别如图 5-22 所示。把万用表调到电阻挡，检测色度延迟线两输入端间或两输出端间，以及输入、输出端的电阻值，正常情况下，均为无穷大。如果各引脚间存在一定的阻值读数，则说明该延迟线损坏了。

5.2.5 电视机亮度延迟线好坏的检测判断

把万用表调到 R×1 电阻挡，进行检测。亮度延迟线的输入端 1 与输出端 2（图 5-23）是导通的，也就是检测的直流电阻值为数十欧（具体阻值与延迟线的时间长短有关）。输入端 1、输出端 2 与公共端 3 是不通的，也就是检测的直流电阻值为无穷大。如果输入端 1 与公共端 3 间电阻为零，则说明该亮度延迟线已经短路。如果输入端 1 与输入端 2 的电阻为无穷大，则说明该延迟线已经开路了。

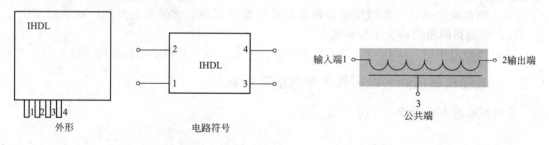

图 5-22 色度延迟线的外形及电路符号   图 5-23 亮度延迟线

5.2.6 彩电高频头好坏的检测判断

彩电高频头外形如图 5-24 所示。

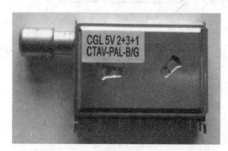

图 5-24 彩电高频头外形

把高频头的 BT 端掏空，脱离外围电路，把万用表调到 R×10k 挡，把黑表笔接 BT 端，红表笔接外壳，正常情况下，该检测的阻值为无穷大。如果高频头存在漏电阻，则会引起彩电跑台等现象。如果万用表指针不断往下滑，则说明跑台越严重。

然后把万用表调到 R×1k 挡，检测高频头其他各脚，正常情况下，不应有直接短路现象。否则，说明该高频头异常。

说明 高频头常见的故障有收不到台、图像不清、收台少、缺段少台、跑台等。

5.2.7 CRT 彩电行输出变压器异常的检测判断

（1）外接低压电源检测法

CRT 彩电行输出变压器外形如图 5-25 所示。CRT 彩电行输出变压器异常的万用表检测方法与要点如下：

① 准备好一台输出电压为 30V、输出电流大于 1A 的直流稳压电源；

② 先断开行输出变压器供电支路（例如 110V），把限流电阻从电路板上焊开一端即可；

③ 把万用表调到直流电流挡，并且注意挡位要大于 1A；

④ 把准备好的直流稳压电源，将其负极与彩电主板地连接，正极接万用表的红表笔，万用表的黑表笔直接接在行输出变压器的供电输入脚上，其余引脚保持与原机相接不变；

图 5-25　CRT 彩电行输出变压器外形

⑤ 断开彩电主机电源，断开 30V 直流低压供电电源，并且观察万用表指针指示的电流值大小。

正常情况下，电流一般小于 100mA。如果检测数值大于 100mA，则说明该行输出变压器的绕组可能存在匝间短路现象。

（2）行管的集电极法

先把指针万用表调到 $50\mu A$ 挡，再把红表笔与显像管的高压嘴相接，黑表笔与公用地线相连，然后把一个 3V 电源（可以是两节 1.5V 电池串接而成）正极接在公用地线上，负极去触碰行管的集电极，这时通过指针万用表的表针指示情况来判断，具体见表 5-1。

表 5-1　指针万用表的表针指示情况

现象	说明
万用表的表针有明显的正摆动	说明高压包及高压整流二极管是好的
万用表的表针无摆动或几乎看不到摆动	说明高压包可能短路、局部短路、高压整流二极管开路、内阻变大
万用表的表针在电源接通与断开行管集电极时表针向不同的方向摆动	说明高压整流二极管短路

说明　判断 CRT 彩电行输出变压器的好坏，可以利用给行输出变压器初级通上电流，使高压包的感应电流通过整流后，推动万用表的指针来判断行输出变压器的好坏。

5.2.8　电视机高压包相位的检测判断

先取下损坏的高压包，用万用表检测，如果内部没有断路，则把高压包的高压输出端与万用表的红表笔相接，高压包的接地端与黑表笔相接，把万用表调到 μA 挡。检测操作时，需要将磁铁在高压包的中心小孔内迅速插入、拔出，观察插入时表针的偏转方向，并且记住（或者记录）数值。然后把新的高压包根据上述方法接好，用同一磁铁的同一端头，在新的高压包中心小孔插入、拔出，观察插入时表针的偏转方向是否与已损坏的高压包是一致的。如果是一致的，即可直接代换使用。如果不一致，则必须另换与原高压包的相位完全相同的品种才能够替换使用。

5.2.9　电视机显像管阴极老化的检测判断

先只给灯丝通 6.3V 的电压，其他显像管脚不通电。用万用表检测阴极与栅极间的电阻。正常情况下，阴极与栅极间阻值一般为 $10\sim20k\Omega$。如果大于 $50k\Omega$，说明该显像管已经老化了。如果大于 $100k\Omega$，说明该显像管已经报废了。如图 5-26 所示。

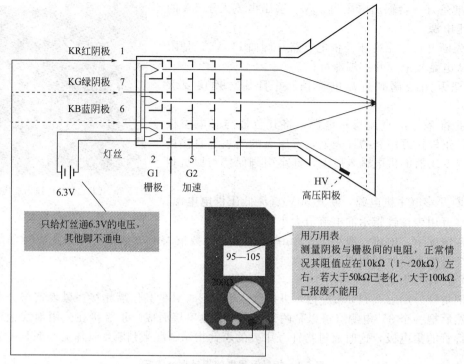

KR红阴极 1

KG绿阴极 7

KB蓝阴极 6

灯丝

6.3V

2
G1
栅极

5
G2
加速

HV
高压阳极

只给灯丝通6.3V的电压，其他脚不通电

95—105

200Ω

用万用表
测量阴极与栅极间的电阻，正常情况其阻值应在10kΩ（1～20kΩ）左右，若大于50kΩ已老化，大于100kΩ已报废不能用

图 5-26　判断电视机显像管阴极老化

5.3 PDP 等离子电视的检测判断

5.3.1　PDP 等离子电视电源线好坏的检测判断

　　PDP 等离子电视电源线如图 5-27 所示。用万用表检查电源线插座上的电压输入点与地间是否存在短路，如果存在短路，则说明该 PDP 等离子电视电源线异常。

5.3.2　PDP 等离子电视电源板好坏的检测判断

　　PDP 等离子电视电源板如图 5-28 所示。把万用表调到电压挡，测量各个输出电压是否正常。如果输出电压不正常，则说明该 PDP 等离子电视电源板异常。

图 5-27　PDP 等离子电视电源线

图 5-28　PDP 等离子电视电源板

　　说明　有时检测电压，可以拔掉与电源板相连的其他电路板。电源板上的各调节电压可调电阻的调整方向，一般顺时针调整为电压升高，逆时针调整为电压降低。

5.4.1 液晶彩电屏灯管好坏的检测判断

液晶彩电屏灯管如图 5-29 所示。把数字万用表调到 AC750V 挡，一支表笔接地，另外一支表笔靠近（不是接触）灯管插座或者高压变压器的高压输出端。然后通电，在通电瞬间仔细观察万用表的读数，如果读数不断增加，则说明该高压端有高压输出，也就是说明彩电屏灯管可能异常，而高压板可能正常。保证万用表表笔头与高压输出端距离不变的情况下，检测各高压输出端的电压值，并记录下来，再进行比较。如果读数明显低于其他的输出端电压，则说明液晶彩电高压输出变压器可能存在局部短路现象，也可能是灯管异常。

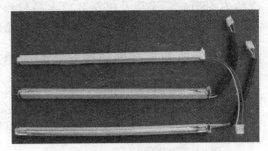

图 5-29 液晶彩电屏灯管

5.4.2 液晶电视背光板升压变压器好坏的检测判断

① 使用万用表 R×1 挡检测，升压变压器初级绕组阻值一般大约为 0.5Ω，两个绕组串起来阻值一般大约为 1Ω（有的液晶电视直接将两个初级绕组串起来，初级绕组的另一端悬空）。

② 使用万用表 R×100 挡检测，升压变压器次级绕组阻值一般为 500～1000Ω。

如果检测的绕组阻值存在异常，则说明该升压变压器可能损坏了。

5.4.3 液晶电视背光板 MOS 管好坏的检测判断

液晶电视背光板上常用的 MOS 管电路为双 MOS 管集成电路。检测时，可以根据内部结构特点来检测引脚间的电阻是接通还是断开（无穷大）来判断。

例如：如图 5-30 所示的双 MOS 管，可以用万用表单独检测各 MOS 管。其中，5、6 脚是相通的，7、8 脚是相通的，也就是用万用表检测 5、6 脚和 7、8 脚间的电阻为 0。1、8 脚间和 3、6 脚间接有反向保护二极管，因此，正向检测时，一般有几千欧阻值。其他引脚间因不接通，或者存在 PN 结，阻值一般均为无穷大。

5.4.4 液晶电视高压板电路中电流检测线圈好坏的检测判断

把万用表调到电阻挡，用万用表的红、黑两支表笔分别检测线圈绕组的电阻值。正常情况下，检测的电阻值一般大约为 250Ω。如果检测得到的电阻值为零或无穷大，则说明该电流检测线圈内部有短路或开路现象。电流检测线圈的结构如图 5-31 所示。

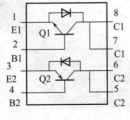

图 5-30 双 MOS 管

图 5-31 电流检测线圈

5.5 卫星接收机与电视机遥控系统的检测判断

5.5.1 卫星接收机高频头好坏的检测判断

卫星接收机高频头如图 5-32 所示。高频头的工作电压一般为 15～24V，工作电流一般大约为 150mA。采用万用表 R×1k 挡检测信号输出电缆芯线与屏蔽层间的正、反向电阻，应有明显差别。如果实测值与上述值相差悬殊，说明该高频头异常。

5.5.2 电视机遥控器晶振好坏的检测判断

（1）指针万用表的使用

电视机遥控器晶振如图 5-33 所示。把指针万用表调到 R×1k 挡，在路检测电阻，一般高阻值（数十千欧）为正常；不在路检测电阻，一般无穷大为正常。

图 5-32　卫星接收机高频头　　　　　　　图 5-33　电视机遥控器晶振

（2）数字万用表的使用

把数字万用表调到电容挡（图 5-34），如果检测容量为 300～500pF，说明所检测的晶振是好的。如果大于 500pF，则说明该晶振可能存在漏电。如果所检测容量很小或无容量，则说明该晶振可能开路了。

遥控发射器中常用的有 455kHz、480kHz、500kHz、560kHz 石英晶体振荡器，它们的电容近似值分别为 296～310pF、350～360pF、405～430pF、170～196pF。

5.5.3 电视机遥控器好坏的检测判断

（1）电压法

按电视机遥控器（图 5-35）任意键，并且用万用表测发射管两端电压，如果按动不同的按键有电压，并且电压幅度不同，则说明该电视机遥控器是好的。

图 5-34　把数字万用表调到电容挡　　　　图 5-35　电视机遥控器

（2）测量法

按遥控器任一键，同时使用万用表检测彩电机内遥控接收窗的信号输出电压变化幅度，正常情况下，一般为 0.11~0.3V。

另外，也可以在按下遥控器任一键时，使用万用表检测彩电机内主控 CPU 芯片的遥控信号输入端电压变化幅度（图 5-36），正常情况下，一般为 0.25~0.4V。如果检测与正常数值相符合，则说明该彩电遥控器是好的。否则，说明该彩电遥控器可能已经损坏了。

5.5.4　电视机接收头好坏的检测判断

电视机接收头如图 5-37 所示。找到 CPU 与接收头相连的引脚端，把万用表调到电压挡，进行检测。在按动遥控板的同时，观察检测的电压有无高低变化。如果检测的电压有高低变化，则说明该接收头已经损坏。

彩电机内主控CPU芯片的遥控信号输入端电压

OUT
GND　VCC

图 5-36　检测彩电机内主控 CPU 芯片的遥控信号输入端电压　　　图 5-37　电视机接收头

5.6　电冰箱的检测判断

5.6.1　电冰箱环境补偿加热开关好坏的检测判断

电冰箱补偿开关的应用电路如图 5-38 所示。拔掉电源插头，用十字改锥卸下冰箱后的压缩机后盖板，卸下压缩机接线盒后的电气接线盒，再拉出所有接线，断开自动温度补偿开关的接头，先用万用表测量补偿加热器的两端，在确认补偿加热器完好的情况下，测量自动温度补偿开关的两端，在开关表面温度低于 10℃时，开关应接通；否则，说明该电冰箱环境补偿加热开关已经损坏了。

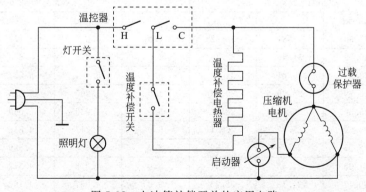

图 5-38　电冰箱补偿开关的应用电路

5.6.2　电冰箱低温补偿开关（冷冻室温度补偿开关）好坏的检测判断

当遇到冷冻室制冷能力弱，例如冷冻温度高于−8℃，压缩机仍不能正常运行，手摸冷藏室接水口处无热度，那么，可以将温控器拨到 0 位，拔掉电源插头，打开压缩机箱内的接线盒，用万用表测量加热器线间的阻值。如果加热器线间为开路，则说明加热器损坏。如果阻值在 6000～7000Ω，则说明是低温补偿开关的故障。

5.6.3　电冰箱磁控开关好坏的检测判断

由于一般磁控开关的测量端子是安装在温控盒内，因此，需要首先根据磁控开关探头安装的位置来判断其类型，然后拆下温控器盒。再用万用表检测其两接线端子，检查感温探头在一定温度下的通断状况进行判断。

说明　当温度到达某一节点时，磁控开关才转换为另一状态。电冰箱磁控开关的类型见表 5-2。

表 5-2　电冰箱磁控开关的类型

品牌	低温型		环温型	
	导通点	断开点	导通点	断开点
美菱	−9℃	−14.5℃	9℃	15℃
	−11℃	−16.5℃		
海尔	—	—	13℃	19℃
新飞	—	—	11℃±1℃	16℃±1℃
美的			11.5℃	16.5℃

5.6.4　电冰箱感温头好坏的检测判断

电冰箱感温头如图 5-39 所示。电冰箱感温头可以采用万用表测电阻值来判断，如果是 0Ω 或者∞，则说明该感温头损坏了。但是，如果是有一读数，则可以参照表 5-3 感温头电阻-温度特性表来判断：如果偏差超 10%，则说明该感温头可能损坏了。

图 5-39　电冰箱感温头

表 5-3　感温头电阻-温度特性

$R_5=5.06\mathrm{k}\Omega\pm2\%$				$B_{5/25}=3839\mathrm{K}\pm2\%$			
$T_x/℃$	$R_{min}/\mathrm{k}\Omega$	$R_{nom}/\mathrm{k}\Omega$	$R_{max}/\mathrm{k}\Omega$	$T_x/℃$	$R_{min}/\mathrm{k}\Omega$	$R_{nom}/\mathrm{k}\Omega$	$R_{max}/\mathrm{k}\Omega$
−30.0	31.90	33.81	35.82	1.0	6.028	6.175	6.324
−29.0	30.09	31.85	33.70	2.0	5.378	5.873	6.008
−28.0	28.39	30.01	31.72	3.0	5.464	5.587	5.710
−27.0	26.79	28.29	29.87	4.0	5.205	5.316	5.428
−26.0	25.30	26.68	28.14	5.0	4.959	5.060	5.161
−25.0	23.89	25.17	26.51	6.0	4.717	4.818	4.919
−24.0	22.57	23.76	24.99	7.0	4.488	4.589	4.690
−23.0	21.33	22.43	23.57	8.0	4.272	4.372	4.472
−22.0	20.17	21.18	22.23	9.0	4.067	4.167	4.256
−21.0	19.07	20.01	20.97	10.0	3.874	3.972	4.071

$R_5=5.06\text{k}\Omega\pm2\%$				$B_{5/25}=3839\text{K}\pm2\%$		
$T_x/\text{℃}$	$R_{min}/\text{k}\Omega$	$R_{nom}/\text{k}\Omega$	$R_{max}/\text{k}\Omega$	$T_x/\text{℃}$	$R_{min}/\text{k}\Omega$	$R_{nom}/\text{k}\Omega$	$R_{max}/\text{k}\Omega$
−20.0	18.04	18.90	19.80	11.0	3.690	3.788	3.886
−19.0	17.08	17.87	18.69	12.0	3.517	3.613	3.710
−18.0	16.16	16.90	17.66	13.0	3.352	3.447	3.543
−17.0	15.31	15.98	16.68	14.0	3.197	3.290	3.385
−16.0	14.50	15.12	15.77	15.0	3.049	3.141	3.234
−15.0	13.74	14.31	14.90	16.0	2.909	2.999	3.091
−14.0	13.02	13.55	14.10	17.0	2.776	2.865	2.956
−13.0	12.34	12.83	13.33	18.0	2.650	2.737	2.827
−12.0	11.71	12.16	12.62	19.0	2.530	2.616	2.704
−11.0	11.11	11.52	11.94	20.0	2.417	2.501	2.587
−10.0	10.54	10.92	11.31	21.0	2.309	2.391	2.476
−9.0	10.00	10.36	10.71	22.0	2.206	2.287	2.370
−8.0	9.496	9.820	10.15	23.0	2.109	2.188	2.270
−7.0	9.019	9.316	9.619	24.0	2.016	2.094	2.174
−6.0	8.568	8.841	9.119	25.0	1.929	2.005	2.083
−5.0	8.141	8.392	8.647	26.0	1.845	1.919	1.996
−4.0	7.738	7.968	8.202	27.0	1.765	1.838	1.913
−3.0	7.357	7.568	7.782	28.0	1.690	1.761	1.834
−2.0	6.997	7.190	7.386	29.0	1.618	1.687	1.759
−1.0	6.656	6.833	7.011	30.0	1.549	1.617	1.687
0.0	6.333	6.495	6.658				

5.6.5 电冰箱补偿加热器好坏的检测判断

电冰箱补偿加热器的应用电路如图 5-40 所示。由于磁控开关与补偿加热器是串联在一起的，它们与温控器是并联的，因此检测前需要把温控器的两端头断开。设磁控开关处在导通状态下，通过直接检测电源线插头 N 端与 L 端的阻值来判断（在关闭冰箱冷藏室门的状

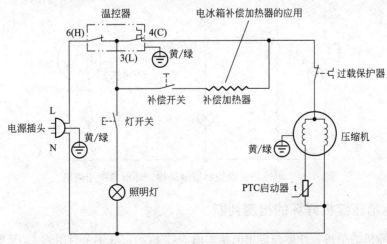

图 5-40 电冰箱补偿加热器的应用电路

态下）：如果检测得到的阻值大约为6kΩ，说明电冰箱补偿加热器是好的；如果检测得到的阻值为无穷大，说明电冰箱补偿加热器或者磁控开关异常；如果检测得到的阻值大约为25Ω，说明电冰箱补偿加热器异常。

5.6.6　电冰箱温度控制器好坏的检测判断

电冰箱温度控制器的结构、外形与应用电路如图5-41所示。把万用表调到相应电阻挡，把万用表的表笔接到温度控制器的接线柱上，转动旋钮到相应的关、开位置，以检测触点断开、接通下的电阻是否正常来判断。

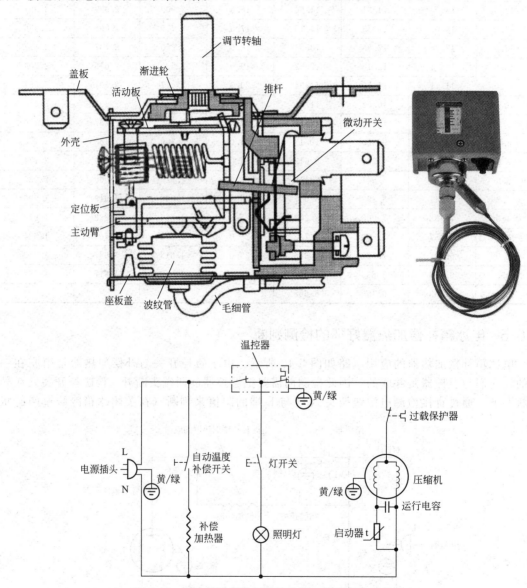

图 5-41　电冰箱温度控制器的结构、外形与应用电路

5.6.7　电冰箱压缩机好坏的检测判断

电冰箱压缩机的结构、外形与应用电路如图5-42所示。对于全封闭式220V电源的分相式单相感应电动机的压缩机，可以选择万用表电阻挡检测其电机绕组的通断状态来判断。正常情

况下，压缩机电机绕组断路时，其电阻很大；压缩机电机绕组短路时，其电阻值减小很多。

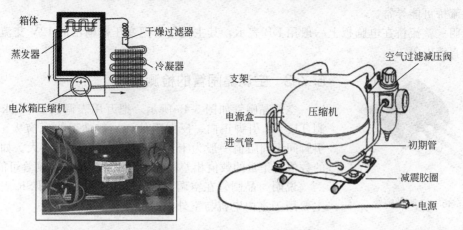

图 5-42　电冰箱压缩机的结构、外形与应用电路

5.7　空调的检测判断

5.7.1　空调压敏电阻的检测判断

空调压敏电阻与应用电路如图 5-43 所示。空调用压敏电阻一般采用万用表的 R×10k 挡来检测，正常阻值一般大约为 471kΩ。如果检测数值为 0Ω 或者无穷大，则说明所检测的压敏电阻异常。

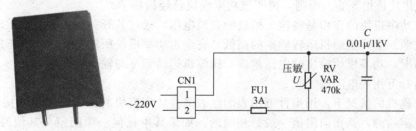

图 5-43　空调压敏电阻与应用电路

说明　压敏电阻在空调电脑板上一般用 ZE、RV 表示，其主要用于过电压等保护作用。

5.7.2　空调整流桥的检测判断

空调整流桥如图 5-44 所示。把万用表调到电压挡，检测整流桥的初级端，一般应有适

图 5-44　空调整流桥

合的电压输入,次级也应有适合的直流电压输出。如果检测时发现没有直流电压输出,则说明该整流桥可能异常。

说明 整流桥在电脑板上一般用 DB 表示,其主要用于把变压器输出的 12V 交流电变成 15V 的直流电等。

图 5-45 空调晶闸管

5.7.3 空调晶闸管的检测判断

空调晶闸管如图 5-45 所示。把万用表调到 R×10k 挡,检测 T1、T2 引脚正向、反向阻值,一般情况为无穷大。T1、G 引脚间正向阻值一般为十几欧,反向阻值为无穷大。如果检测的数值与正常的数值相差较大,则说明该空调晶闸管可能异常。

说明 晶闸管在空调电脑板上使用,一般用 SR 表示,其主要用于室内电机与室外电机的运转、调速。

5.7.4 空调功率模块的检测判断

（1）指针万用表电压法

用指针万用表检测 P、N 两端（有些标注为 +、-）的直流电压,正常情况下,一般大约为 300V,而且输出的交流电压（U、V、W）一般不高于 200V。如果功率模块的输入端没有 300V 直流电压,则说明该机功率模块是好的,而整流滤波电路可能存在故障。如果有 300V 直流输入,但是没有低于 210V 的交流输出,或 U、V、W 三相间输出的电压不均等,则说明该功率模块可能存在故障。

另外,用万用表电压挡测量功率模块驱动电动机的电压,其任意两相间的电压一般在 0~180V,并且是相等的。否则,说明该功率模块已经损坏了。

说明 功率模块的作用是将输入模块的直流电压,通过其开关作用转变成驱动压缩机的三相交流电源。变频压缩机运转频率的高低,完全由功率模块所输出的工作电压的高低来控制。一般情况,功率模块输出的电压越高,压缩机运转频率与输出功率越大。

（2）指针万用表电阻法

在没有连机的情况下,用指针万用表的红表笔接功率模块的 P 端,黑表笔接 U、V、W 三端进行电阻检测,其正向阻值一般是相同的。如果其中任何一项阻值与其他两项不相同,则说明该功率模块已经损坏。如果用黑表笔接 N 端,红表笔分别接 U、V、W 三端,其每项阻值一般是相同的,如果其中任何一项阻值与其他两项不相同,则说明该功率模块已经损坏。

（3）数字万用表的使用

把万用表调到二极管挡,红色表笔接 N 相端子不动,黑色表笔依次检测 P 相、U 相、V 相、W 相。然后黑色表笔接 P 相端子不动,红色表笔依次测量 N 相、U 相、V 相、W 相。正常情况下,上述检测 P、N 间的数值一般为 0.6~0.8,PU、PV、PW 间的数值一般为 0.4~0.6。如果其中任何数值有为 0 的,则说明该功率模块已经失效。

5.7.5 空调交流功率模块 IPM 好坏的检测判断

（1）电压法

空调交流功率模块 IPM 如图 5-46 所示。变频空调交流功率模块有的采用 IPM 模块,也有采用三相 IPM 模块的。IPM 的好坏可以采用电压法来检测判断。

如果用万用表测量 P、N 两端的直流电压,正常情况一般有 310V 左右电压,并且输出的交流电压,即 U、V、W 端电压一般不高于 200V。如果功率模块的输入端没有 310V 直流电压，则说明所检测的功率模块 IPM 是好的，故障一般是整流滤波电路等相关电路或者元件异常。如果功率模块的输入端有 310V 直流输入，但是其 U、V、W 端电压没有低于 200V 的交流输出，或 U、V、W 三相间输出的电压不均等，则说明所检测的功率模块 IPM 可能损坏了。

图 5-46　空调交流功率模块 IPM

（2）电阻法

变频空调交流功率模块 IPM 的判断，可以在静态下通过测量电阻来判断。先拆下 IPM 部件的＋、－、U、V、W 端子，把万用表调到 R×100 挡，按顺序检测＋、－、U、V、W 端子间电阻，正常的参考电阻见表 5-4。如果与表中数据相差较大，说明所检测的 IPM 可能损坏了。

表 5-4　参考电阻

万用表＋（正表笔）	U	V	W	U	V	W
万用表－（负表笔）	＋	＋	＋	－	－	－
电阻/Ω	∞			500～1000		
万用表＋（正表笔）	＋	＋	＋	－	－	－
万用表－（负表笔）	U	V	W	U	V	W
电阻/Ω	500～1000			∞		

没有连机的状态下，万用表的黑表笔接变频空调交流功率模块 IPM 的 N 端，红表笔分别接变频空调交流功率模块 IPM 的 U、V、W 端进行检测，正常情况每项阻值是一样的。如果有任何一项阻值与其他两项阻值不相等，则可以判断所检测的功率模块 IPM 异常。

没有连机的状态下，万用表的红表笔接变频空调交流功率模块 IPM 的 P 端，黑表笔分别接变频空调交流功率模块 IPM 的 U、V、W 端进行检测，正向阻值一般是一样的。如果有任何一项阻值与其他两项阻值不相等，则可以判断所检测的功率模块 IPM 异常。

用万用表测量变频空调交流功率模块 IPM 的 P 端对 U、V、W 端的正向电阻，一般约为 500～1000Ω，反向电阻一般为无穷大。用万用表测量变频空调交流功率模块 IPM 的 N 端对 U、V、W 端的正向电阻，一般约为 500～1000Ω，反向电阻一般为无穷大。否则，说明所检测的功率模块 IPM 可能损坏。

（3）万用表二极管挡法

① 先把万用表调到二极管挡，将两支表笔短接在一起。万用表蜂鸣器应长叫，显示为 0，这样即可判断万用表电池电量是否足够。

② 检测前，需要确定 IPM 应用机器（空调）已断电，并且 IPM 应用电路的外围高压电解电容里的余电已被放完。

③ 将空调的压缩机线连接端子从 IPM 模块输出端子上拔下，或将空调压缩机对接线端子拔开。

④ 把万用表的黑表笔接到 IPM 模块的 P 端，红表笔依次接触 IPM 模块的 U、V、W 端子。正常情况，每接触一只端子万用表均会短叫一声，并且显示值为 0.3～0.5。

⑤ 将红表笔接到 IPM 模块的 N 引端，用黑表笔依次接触 IPM 模块的 U、V、W 端子。正常情况，每接触一只端子万用表均会短叫一声，并且显示值为 0.3～0.5。

如果检测时，符合以上情况，则说明所检测的 IPM 模块可能是好的。如果检测时，万用表蜂鸣器长叫，并且显示 0 数值，则说明所检测的 IPM 模块内部 IGBT 可能击穿了，也就说明 IPM 可能损坏了。

（4）万用表＋图解法

① 了解 IPM 结构简图以及有关引脚间的关系。IPM 内部有驱动电路、保护电路、IGBT。IPM 内部结构如图 5-47 所示。

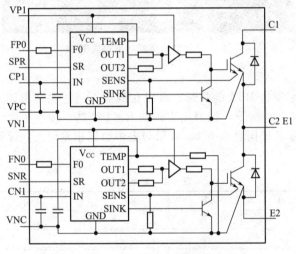

图 5-47　IPM 内部结构

② 根据 IPM 所在电路板上的特点，正确找到其引脚焊点位置，以便于万用表表笔检测接触，如图 5-48 所示。

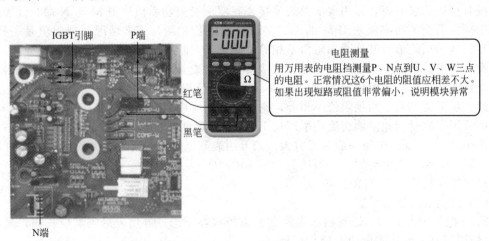

电阻测量
用万用表的电阻挡测量P、N点到U、V、W三点的电阻。正常情况这6个电阻的阻值应相差不大。如果出现短路或阻值非常偏小，说明模块异常

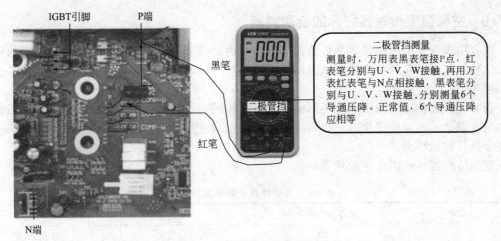

图 5-48 万用表表笔检测接触

二极管挡测量
测量时，万用表黑表笔接P点，红表笔分别与U、V、W接触，再用万表红表笔与N点相接触，黑表笔分别与U、V、W接触，分别测量6个导通压降。正常值，6个导通压降应相等

说明 因 IPM 内部具体结构有所差异，因此实际检测时，还需要根据实际型号的 IPM 内部具体结构来判断是否可以采取上述检测方法进行参考。IPM 内部结构如图 5-49 所示。

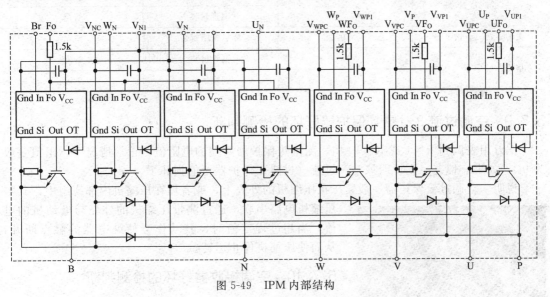

图 5-49 IPM 内部结构

5.7.6 空调 MC7805 三端集成稳压器好坏的检测判断

在通电的情况下，用万用表检测 MC7805 三端集成稳压器的输入端，一般应有适合的电压输入。检测其输出端，一般应有稳定的 5V 直流电压输出。如果检测其输出端无电压输出，则说明该 MC7805 三端集成稳压器异常。

说明 MC7805 三端集成稳压器在电脑板上一般用 RG 表示，其主要用于把经过整流电路的不稳定的输出电压变成稳定的输出电压。

5.7.7 空调高低压力开关好坏的检测判断

把万用表调到 R×1 挡，测量压力开关导通情况，也就是导通时的触点间电阻为 0Ω，断开时触点间电阻为无穷大。

5.7.8 空调温度传感器好坏的检测判断

把万用表调到电阻挡，检测传感器的阻值，再把检测数值与相应温度正常情况下的阻值进行比较。如果相符合，则说明该温度传感器是好的。如果不相符合，则说明该温度传感器已经损坏了。

说明 各类传感器的阻值在不同温度时是不相同的。温度传感器主要采用负温度系数热敏电阻，因此，当温度变化时，热敏电阻阻值也会发生变化，一般是温度升高其阻值变小，温度降低其阻值增大。

空调传感器标称阻值速查见表5-5。

表5-5 空调传感器标称阻值速查

品牌	传感器标称阻值/kΩ	封装	使用部位
华宝、海尔等	20	铜管封装	管温
	50	铜管封装	管温
格力、长虹等	50	铜管封装	管温
春兰、海尔、长虹等	5	环氧树脂封装	室温
		铜管封装	管温
美的、新飞、松下等	10	环氧树脂封装	室温
格力、松下等	15	铜管封装	管温
	50	铜管封装	管温

5.7.9 空调过流（过热）保护器好坏的检测判断

把万用表调到 R×1 或 R×10 挡，测量热保护器两端的电阻值。正常情况下，阻值一般为 0Ω。如果有偏差，则说明该空调过流（过热）保护器可能损坏了。

说明 空调过流保护器一般紧压在压缩机的外壳上，或者埋在压缩机内部绕组中，其与压缩机电路串联，通过测量压缩机的外壳与电动机的电流，当超过规定值时，其动作会使继电器的触点断开，从而使压缩机停止运转。

图 5-50 空调接收器

5.7.10 空调接收器好坏的检测判断

空调接收器如图 5-50 所示。把万用表调到相应电压挡，用表笔测量其相应信号输出脚。在接收头收到信号时，两脚间的电压正常一般低于 5V。在没有信号输入时，两脚间的电压正常为 5V。如果检测与上述相差较大，则说明该接收器可能损坏了。

说明 空调中的接收器主要用于接收遥控器所发出的各种运转指令，再传给电脑板主芯片来控制整机的运行状态。

5.7.11 空调加热器好坏的检测判断

空调加热器如图5-51所示。

（1）电阻法

采用万用表检测电加热器电阻值，如果阻值为无穷大，则说明该电加热器断路。如果阻

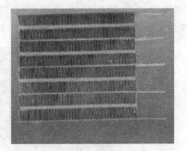

图 5-51　空调加热器

值很小，则说明该电加热器短路。

（2）绝缘检查法

采用万用表对电加热器接线端子与其金属外壳的绝缘电阻进行检测，正常的绝缘值一般大于 30MΩ。如果检测的绝缘值低于 30MΩ，则说明该电加热器的绝缘性能可能存在不足。

热泵型空调中的大中型空调一般采用电加热管式加热器。

5.7.12　空调电抗器好坏的检测判断

空调电抗器如图 5-52 所示。把万用表调到 R×1 挡，检测电抗器绕组的阻值，正常情况下，电抗器绕组的阻值大约为 1Ω。如果检测的数值与正常的数值相差较大，则说明该空调电抗器可能异常。

5.7.13　空调电磁四通阀好坏的检测判断

（1）电阻法

空调电磁四通阀如图 5-53 所示。把万用表调到 R×10 挡，检测电磁阀线圈的电阻值。正常情况下，电磁阀线圈的电阻值大约为 700Ω（四通阀线圈的电阻值一般为 1.2～1.8kΩ）。如果检测得到的阻值小于或等于 0，则说明空调电磁四通阀线圈存在匝间短路现象。如果检测得到线圈的阻值为无穷大，则说明空调电磁四通阀线圈已经断路。

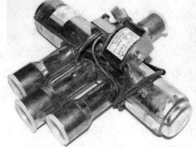

图 5-52　空调电抗器　　　　　　　　　　图 5-53　空调电磁四通阀

（2）电压法

四通阀线圈的供电电压一般为 AC220V。如果检测四通阀线圈没有供电电压，则说明室内或室外电脑板、室内外机信号连接线可能异常。如果检测四通阀线圈有正常的供电电压，但是四通阀不工作，则说明该四通阀可能异常。

5.7.14　空调电子膨胀阀好坏的检测判断

电子膨胀阀如图 5-54 所示。确定线圈牢固固定在阀体上后，采用万用表检测电子膨胀阀线圈两公共端与对应两绕组的阻值，正常情况一般为 50Ω。如果数值为无穷大，则说明电子膨胀阀线圈开路了。如果数值太小，则说明电子膨胀阀线圈存在短路现象。

图 5-54　电子膨胀阀

说明　空调电子膨胀阀一般是利用线圈通过电流产生磁场，并且作用于阀针，驱动阀针旋转。如果改变电子膨胀阀线圈的正、负电源电压与信号，电子膨胀阀也会随着开启、关闭或改变开启与关闭间隙的大小，进而达到控制系统中制冷剂的流量与制冷、热量的大小。

一般而言，电子膨胀阀阀芯开启越小，制冷剂流量越小，其制冷、热量也越大。

5.7.15　空调继电器好坏的检测判断

空调继电器如图 5-55 所示。

图 5-55　空调继电器

（1）检测继电器线圈的阻值

检测继电器线圈的阻值，一般情况下，空调继电器线圈的阻值为 $150\sim180\Omega$。如果检测得到的阻值为无穷大，则说明该继电器线圈已经断路。

（2）检测继电器的接点

继电器表面的两个接点在正常情况下是不导通的，也就是用万用表检测电阻为无穷大。如果两接点在没有通电的情况下导通，则说明该继电器触点粘连。

（3）检测继电器工作电压

一般空调继电器的工作电压为 12V，如果电脑板在接到运转信号后，继电器不吸合，则需要检测继电器是否有工作电压。如果继电器有正常的工作电压，但是继电器不动作，则说明该继电器可能存在异常情况。

空调继电器一般在电脑板上用 RL 表示，其主要用于控制压缩机、电机、电加热等部件的开停。

5.7.16　空调压缩机好坏的检测判断

空调压缩机结构如图 5-56 所示。

把万用表调到 R×1 挡，检测 R(运转端)、S(启动端)、C(公共端) 3 个接线柱间的阻值。正常情况下，R(运转端) 与 S(启动端) 两个接线柱间的阻值为 R(运转端) 与 C(公共端) 及 S(启动端）与 C（公共端）端子间绕组阻值之和。如果检测的数值与正常的数值相差较大，则说明该压缩机异常。三相交流电源供电的空调压缩机的 3 个端子的绕组阻值应相等，否则，则说明该压缩机可能损坏了。

压缩机为空调制冷系统的核心部件，为整个系统提供循环的动力。

图 5-56　空调压缩机结构

5.7.17　空调同步电机好坏的检测判断

同步电机主要作窗式与柜式机的导风板导向使用。同步电机工作电压一般为交流 220V。空调同步电机如图 5-57 所示。

先把万用表调到交流 250V 挡，检测连接插头处是否有 220V 电压输出。如果连接插头处有 220V 电压输出，则说明该同步电机已经损坏了。如果连接插头处无 220V 电压输出，则说明空调电脑板异常。

空调同步电机主要作窗式与柜式机的导风板导向使用。一般空调同步电机的工作电压为交流 220V，该电源由电脑板供给。

图 5-57　空调同步电机

图 5-58　空调步进电机

5.7.18　空调步进电机好坏的检测判断

空调步进电机主要用于控制分体壁挂式空调的进风栅、导风板，使风向能自动循环控制，气流分布均匀等。空调步进电机如图 5-58 所示。

（1）电阻法

把电机插头拔下，用万用表欧姆挡检测每相线圈的电阻值。如果检测得到某相电阻太大或太小，则说明该电机线圈已经损坏了。

（2）电压法

把电机插头插到控制板上，分别检测电机的工作电压、电源线与各相间的电压。一般额定电压为 12V 的电机，相电压为 4.2V 左右。额定电压为 5V 的电机，相电压为 1.6V 左右。遇有故障，如果电源电压或相电压异常，则说明控制电路可能损坏了；如果电源电压或相电压正常，则说明步进电机可能损坏了。

说明　空调步进电机一般额定电压为 12V，每相电阻大约为 $200\sim400\Omega$。5V 的电机，每相电阻大约为 $70\sim100\Omega$。例如，海尔 KFR-26GW/CA、KFR-35GW/CA 变频空调步进电机的阻值——雷利型步进电机的红线与其他几根接线间阻值，一般都为 $300\Omega+20\%$。

5.7.19　空调内外风机电机好坏的检测判断

空调内外风机电机如图 5-59 所示。把电机插头拔下，用万用表欧姆挡检测内外风机电机每相线圈的电阻值。如果检测得到某相电阻太大或太小，则说明该内外风机电机线圈已经损坏了。

　　说明　有的空调器的内外风扇电机采用的是电容感应式电机。该电机有启动与运转两个绕组，启动绕组串联了一个容量较大的交流电容器。

　　内外风扇电机型号不同，电机绕组的阻值与测量端子有所差异。例如，海尔 KFR-35GW/CA 变频空调室内风扇电机的阻值——主绕组的阻值大约为 $285\Omega\pm10\%$，副绕组的阻值大约为 $430\Omega+10\%$。

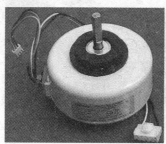

图 5-59　空调内外风机电机

5.7.20　空调交流接触器好坏的检测判断

　　空调交流接触器如图 5-60 所示。

图 5-60　空调交流接触器

　　① 用万用表检测线圈绕组的阻值，以判断是否断路或者短路。如果断路或者短路，均需要更换交流接触器。

　　② 检测接点。把万用表调到欧姆挡，表笔检测交流接触器上、下触点的通断情况：没有通电的状态下，上、下触点间的阻值应为无穷大；如果有阻值，则说明该交流接触器内部触点可能存在粘连现象。

　　③ 按下交流接触器表面的强制按钮，再用万用表测量上、下触点的阻值，每组阻值正常一般为 0Ω。如果为无穷大或阻值变大，则说明该交流接触器内部触点表面可能存在挂弧现象。

　　说明　交流接触器是由铁芯、线圈和触头组成的一种利用电磁吸力使电路接通和断开的自动控制器。

5.7.21　空调变压器好坏的检测判断

　　空调变压器如图 5-61 所示。在通电的情况下，用万用表检测变压器的次级是否有 12V 电压输出。如果没有电压输出，则说明该变压器异常。

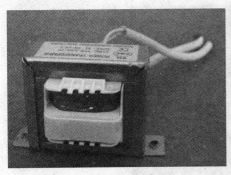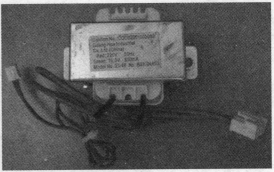

图 5-61　空调变压器

另外，也可以在没有电的情况下，用万用表检测变压器初级与次级的阻值。一般情况下，初级阻值大约为几百欧，次级阻值大约为几欧。如果检测的数值与正常的数值相差较大，则说明该变压器异常。

说明　变压器一般用符号 T 表示，其在空调中主要用于将交流 220V 电压转变为供给电脑板使用的 12V 低压电源。

5.8　微波炉的检测判断

5.8.1　微波炉高压电容好坏的检测判断

微波炉高压电容应用电路如图 5-62 所示。把万用表调到 R×10k 或 R×1k 挡，测量高压电容：如果万用表指针摆动一定角度后逐渐回到 9～12MΩ 处，则说明该高压电容是好的；如果电阻小或者导通，则说明该高压电容漏电或者击穿；如果万用表指针不摆动，即指在 9～12MΩ 处，则说明该电容开路损坏；如果测量电容两端与外壳间电阻不为无穷大，则表明该电容与外壳绝缘不良。

说明　微波炉高压电容的内部有一只 10MΩ 的电阻，因此，正常的检测现象与普通的电容有所差异。

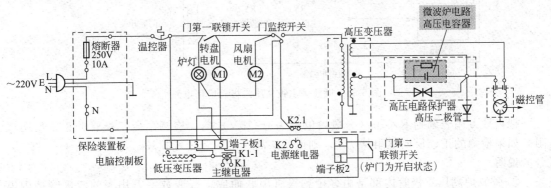

图 5-62　微波炉高压电容应用电路

5.8.2　微波炉主板高压二极管好坏的检测判断

微波炉主板高压二极管如图 5-63 所示，应用电路如图 5-64 所示。微波炉中的高压二极管正向电阻一般为 20～300kΩ，反向电阻一般为无穷大。非对称保护二极管，可用 R×10k 挡测量，正常的正、反向电阻都应为无穷大。

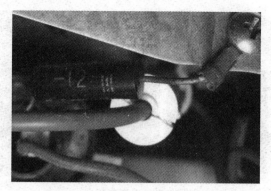

图 5-63　微波炉主板高压二极管

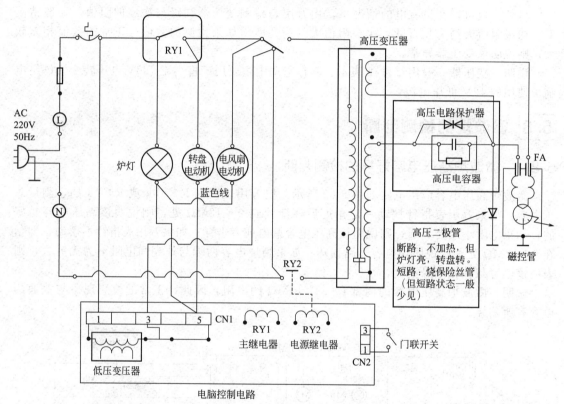

图 5-64　微波炉主板高压二极管应用电路

把指针万用表调到 R×10k(一般内电压为9～15V) 挡，检测高压二极管的正、反向电阻。如果检测的正、反向电阻均为 0，则说明该高压二极管已经损坏。

说明

① 微波炉高压二极管内部是由多个二极管串联而成，普通数字万用表的二极管挡内电压只有 3V，不足以使微波炉高压二极管导通，只能够检测其是否短路。

② 高压二极管的导通阈值电压较高，如果用内电池电压为 1.5V 的普通万用表测其正向电阻，测出阻值可能很大，表针往往不动，因此，一般采用内电池大于 6V 的或者 9～15V 的万用表的 R×10k 挡来测量。

③ 测量时不可短路两测量端，也不要去测量已知内阻不正常（过小）的高压二极管。为保险起见，可以串联一个合适的限流电阻后再使用。

5.8.3 微波炉磁控管好坏的检测判断

微波炉磁控管如图 5-65 所示，应用电路如图 5-66 所示。

（1）灯丝电阻的检测

把万用表调到 R×1 电阻挡并检测。正常情况下，灯丝电阻一般小于 1Ω。如果检测得到的数值与正常数值有较大差异，则说明该微波炉磁控管可能损坏了。

（2）灯丝与外壳间电阻

把万用表调到 R×10k 挡，检测灯丝任一脚对地（金属机壳）的电阻。正常情况下，一般都为无穷大。如果灯丝对外壳阻值为 0Ω，则说明该灯丝碰极，即说明该磁控管损坏了。

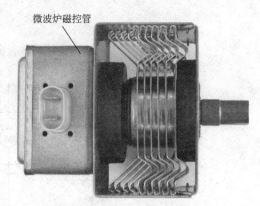

图 5-65　微波炉磁控管

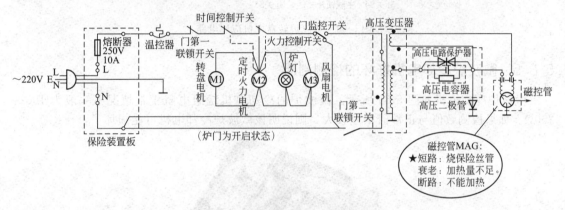

图 5-66　微波炉磁控管应用电路

5.8.4 微波炉转盘电机好坏的检测判断

微波炉转盘电机如图 5-67 所示，应用电路如图 5-68 所示。微波炉转盘电机的绕组电阻正常情况下一般为 10～20kΩ。一些较早的产品的转盘电机电阻小于 10kΩ，一般为 4～8kΩ。如果检测数值与正常值相差较大，则说明该微波炉转盘电机可能损坏了。

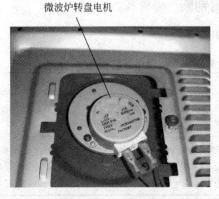

图 5-67　微波炉转盘电机

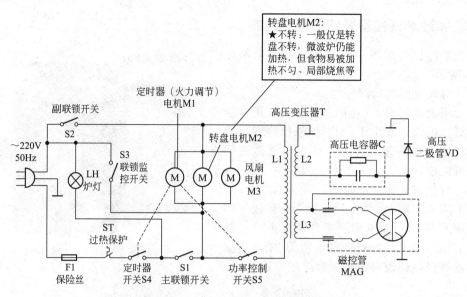

转盘电机M2:
★不转: 一般仅是转盘不转, 微波炉仍能加热, 但食物易被加热不匀、局部烧焦等

图 5-68 微波炉转盘电机应用电路

5.8.5 微波炉冷却电机好坏的检测判断

微波炉冷却电机如图 5-69 所示。微波炉的冷却电机绕组电阻正常情况下一般为 $100 \sim 250\Omega$。如果检测数值与正常值相差较大, 则说明该微波炉冷却电机可能损坏了。

图 5-69 微波炉冷却电机

5.8.6 微波炉高压变压器好坏的检测判断

微波炉高压变压器好坏的检测判断见表 5-6。

表 5-6 检测判断微波炉高压变压器的好坏

方法	说明
电阻法	采用万用表的电阻挡检测高压变压器的绕组, 其初级绕组大约为 2.2Ω, 高压绕组大约为 130Ω。如果检测的数值与规定的数值偏差较大, 则说明该高压变压器可能损坏了
电压法	高压变压器初级绕组一般接 220V 市电交流电, 次级一般有两组电压输出: 一组提供 3.4V 灯丝电压, 另一组提供大约 2000V 的高压。如果用万用表检测的电压与规定的数值电压存在较大偏差, 则说明该高压变压器可能损坏了。采用电压法检测一定要注意安全操作

5.9 电磁炉的检测判断

5.9.1 电磁炉电压检测电阻好坏的检测判断

用万用表检测电磁炉的电压检测电阻，如果与原阻值相差 20kΩ 以上，则说明该电阻异常。

5.9.2 电磁炉压敏电阻好坏的检测判断

电磁炉压敏电阻及其应用电路如图 5-70 所示。采用 1000V 的 IC25-4 型兆欧表、500 型万用表的直流电压挡 2500V 与被测的压敏电阻并联连接进行检测。如果被检测电压为 390V，则说明该压敏电阻是正常的。如果被检测电压大于 400V，则说明所检测的压敏电阻异常。

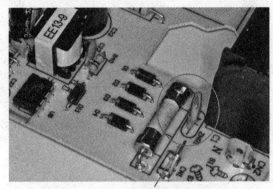

电磁炉压敏电阻

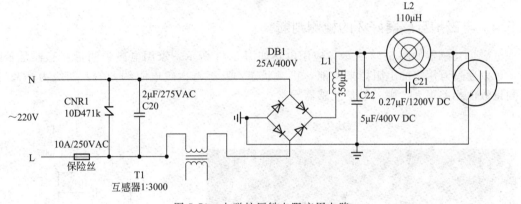

图 5-70　电磁炉压敏电阻应用电路

5.9.3 电磁炉共振电容好坏的检测判断

（1）万用表法

电磁炉共振电容如图 5-71 所示，应用电路如图 5-72 所示。把 500 型万用表调到直流电压挡 2500V，与被测的共振电容同时并联在一起，这时万用表的直流电压 650V 为正常值。如果被测共振电容耐压为 100V，说明该共振电容耐压已经下降。

（2）万用表＋兆欧表法

采用 1000V 的 IC25-4 型兆欧表、500 型万用表的直流电压挡 2500V 与被测的共振电容同时并联在一起。其中，兆欧表的 E 端接正极，L 端接负极进行检测。检测时，顺时针方向转动兆欧表的手柄，并且速度逐渐增到 120r/min，这时，万用表的直流电压如果为 650V，则说明该共振电容是正常的。如果被测的共振电容耐压为100V，则说明该共振电容异常。

图 5-71 电磁炉共振电容

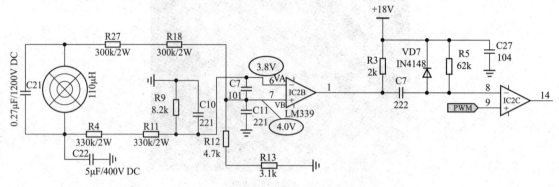

图 5-72 电磁炉共振电容应用电路

5.9.4 电磁炉互感器好坏的检测判断

电磁炉互感器如图 5-73 所示，应用电路如图 5-74 所示。家用电磁炉测量互感器是否断脚，可以通过万用表的电阻挡来检测。正常状态：互感器次级电阻约 80Ω，初级为 0Ω。如果测得数值相差很大，则一般是互感器异常。

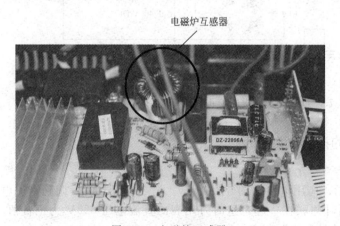

图 5-73 电磁炉互感器

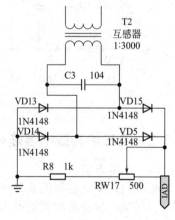

图 5-74 电磁炉互感器应用电路

5.9.5 电磁炉桥堆好坏的检测判断

（1）万用表法

电磁炉桥堆如图 5-75 所示。500 型万用表的直流电压挡 2500V（图 5-76）可以检测判断电磁炉桥堆的好坏。把整流桥的交流两端与万用表并联在一起，正常时检测电压为 650V，低于正常值时，说明耐压下降，如果继续使用，则会引起整机短路、击穿整流桥等疑难故障的发生。

图 5-75　电磁炉桥堆

直流电压挡 2500V

图 5-76　500 型万用表的直流电压挡 2500V

（2）万用表＋兆欧表法

采用 1000V 的 IC25-4 型兆欧表、500 型万用表的直流电压挡 2500V（图 5-76）与被测的整流桥交流两端同时并联在一起进行检测。其中，兆欧表的 E 端接正极，L 端接负极。检测时顺时针方向转动手柄，速度逐渐增至 120r/min，这时万用表的直流电压如果为 650V，则说明整流桥正常；如果低于 650V，则整流桥容易被击穿损坏。

5.9.6　电磁炉 IGBT 好坏的检测判断

根据所检测的 IGBT 选择恰当量程的兆欧表与万用表。把兆欧表（例如 IC25-4 型兆欧表 1000V）、万用表（例如 500 型，直流＋2500V 电压挡）的直流电压挡与被测的 IGBT 连接进行检测。其中，兆欧表的 E 端接 IGBT 集电极 C 和万用表的正极，兆欧表的 L 端接 IGBT 发射极 E 和万用表的负极。检测时顺时针方向转动手柄，速度逐渐增至 120r/min，读出万用表的直流电压，然后根据该数值来检测判断 IGBT 是否正常。

万用表调到直流电压 50V 挡上进行检测，正常时耐压读数为 45V。如果电压偏低，说明耐压下降。如果电压超过 100V 以上（万用表需要调到更高直流电压），说明 IGBT 开路损坏。

说明　以上方法主要是检测电磁炉中的 IGBT 所得出的经验。检测其他的 IGBT，则 IGBT 集电极 C、发射极 E 间的耐压数值有可能存在差异。

5.9.7　电磁炉单片机好坏的检测判断

电磁炉单片机应用如图 5-77 所示。用万用表二极管挡测量电磁炉单片机与接地端，一般均有 0.7V 左右的电压降。如果万用表红表笔接地，黑表笔接电磁炉单片机按键端口，如果检测得到的电压为 0，则说明该电磁炉单片机按键端口有击穿现象。

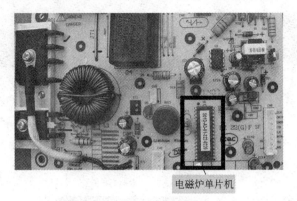

图 5-77　电磁炉单片机应用

5.10 电饭煲与电压力锅的检测判断

5.10.1 电饭煲热敏电阻好坏的检测判断

电饭煲热敏电阻应用电路如图 5-78 所示。采用万用表的欧姆挡检测热敏电阻的阻值，如果检测得到的数值为 0 或者无穷大，则说明该热敏电阻异常。电饭煲常见热敏电阻的阻值见表 5-7。

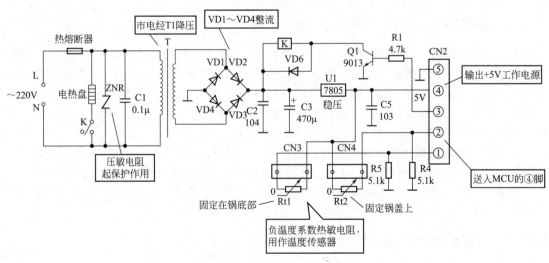

图 5-78　电饭煲热敏电阻应用电路

表 5-7　电饭煲常见热敏电阻的阻值

室温/℃	5	10	15	20	25	30	35	40
阻值/kΩ	121	96	77	62	50	41	33	27

5.10.2　电饭煲限流电阻好坏的检测判断

采用万用表的欧姆挡检查。如果检测数值为无穷大，则说明该限流电阻断路。另外需要注意：如果该限流电阻熔断，必须采用同型号限流电阻代替，不能直接用导线代替。

说明　电饭煲限流电阻异常，往往是熔断。

5.10.3　电饭煲快速开关二极管好坏的检测判断

断电情况下，直接用数字万用表二极管挡检查。

① 万用表正极连接二极管阳极，负极接二极管阴极。正常情况下，电阻显示 400～700Ω。

② 万用表正极连接二极管阴极，负极接二极管阳极。正常情况下，电阻显示为无穷大。

5.10.4　电饭煲线性变压器好坏的检测判断

把万用表调到欧姆挡，检测变压器初级电阻，正常情况下，电阻值为几欧。如果检测值为几千欧以上，或者呈开路状态，则说明该变压器初级已经损坏。

然后把变压器次级连接的板块（负载）拿开，用万用表检测其次级电阻，正常情况下，电阻为几欧。如果检测得到的数值过大，或者出现短路现象，则说明该变压器已经损坏。

如果变压器初级、次级电阻均正常，可以连接好电源板接通电源，进行电压检测判断。

5.10.5　电饭煲继电器好坏的检测判断

电饭煲继电器的主要作用是用低压信号控制高压信号，从而实现发热盘通断的控制，其结构如图 5-79 所示。在断电状态下，检测 4、5 脚间的电阻应为低阻值，如果电阻为无穷大，则说明该继电器已经损坏了。在断电状态下，检测 1、3 脚间的电阻正常应为开路，否则，说明该继电器已经损坏了。在断电状态下，检测 1、2 脚间的电阻正常应为接通状态，否则，说明该继电器已经损坏了

图 5-79　继电器

5.10.6　电饭煲发热管（电热盘）好坏的检测判断

电饭煲发热管（电热盘）如图 5-80 所示，应用电路如图 5-81 所示。

图 5-80　电饭煲发热管（电热盘）

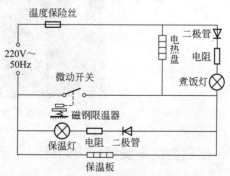

图 5-81　电饭煲发热管（电热盘）应用电路

（1）电饭煲发热管的检测

采用万用表的欧姆挡检测，如果检测的阻值为无穷大，则说明该电饭煲发热管已经断路。

电饭煲发热管异常，往往是烧断。特别是没有限流电阻的电饭煲长时间工作，烧断发热管现象更为常见。

（2）电饭煲保温加热盘的检测

用万用表测量保温加热盘的电阻，正常情况下，检测阻值应大约为 $1.5k\Omega$。如果阻值为无穷大，则说明该保温加热盘烧断了。电饭煲保温加热盘如图 5-82 所示。

5.10.7 电饭煲开关触点好坏的检测判断

开关触点断开时，用万用表检测其电阻值为无穷大。闭合时，用万用表检测其电阻值很小。如果无法断开，则说明该触点粘连。如果闭合时电阻值很大，则说明该触点氧化。电饭煲开关触点如图 5-83 所示。

图 5-82　电饭煲保温加热盘

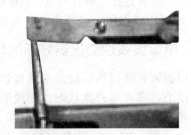

图 5-83　电饭煲开关触点

5.10.8 电饭煲双金属片温控开关好坏的检测判断

双金属片温控开关触点应当光洁平整，有金属光泽。如果外观没有光泽，则说明该双金属片温控开关可能异常。常温下用万用表检测接线端子应能导通，万用表测量时也能够测量出触点间的通断变化。如果检测时双金属片温控开关触点间通断异常，则说明该双金属片温控开关可能异常。

如果用手推动双金属片，应能够听到触点通断的声音。如果推动时没有声音，则说明该双金属片温控开关可能异常。

电饭煲双金属片温控开关如图 5-84 所示。

图 5-84　电饭煲双金属片温控开关

5.10.9 电压力锅干簧管好坏的检测判断

电压力锅干簧管应用电路如图 5-85 所示。把万用表调到欧姆挡，检测干簧管两端的电阻值。常态下干簧管的电阻值为无穷大。如果检测得到的数值与正常数值有较大差异，说明该干簧管异常。

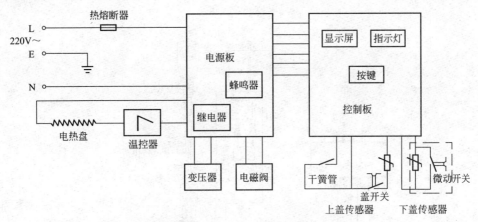

图 5-85　电压力锅干簧管应用电路

5.11.1　热水器电源变压器好坏的检测判断

　　热水器电源变压器如图 5-86 所示，应用电路如图 5-87 所示。把万用表调到交流电压挡，检测其输入电压（一般是红线与红线间）大约为 220V，输出电压（一般是蓝线与黑线间）大约为 12V（空载情况，具体数值因机型有差异）。否则，说明该热水器电源变压器已经损坏了。

图 5-86　热水器电源变压器

5.11.2　热水器出水温度传感器好坏的检测判断

　　热水器出水温度传感器如图 5-88 所示，应用电路如图 5-89 所示。把万用表调到电阻挡，测量水温度传感器的阻值。正常情况下，25℃时热水器出水温度传感器阻值大约为 10kΩ。如果检测的数值与正常的数值相差较大，则说明该热水器出水温度传感器可能损坏了。

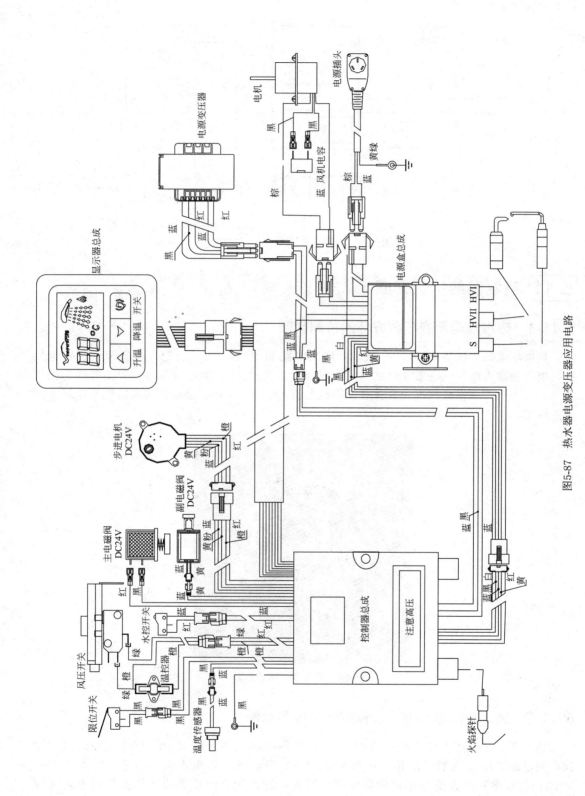

图5-87 热水器电源变压器应用电路

热水器出水温度传感器

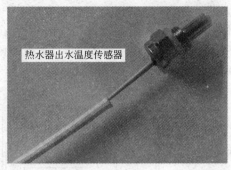
热水器出水温度传感器

图 5-88　热水器出水温度传感器

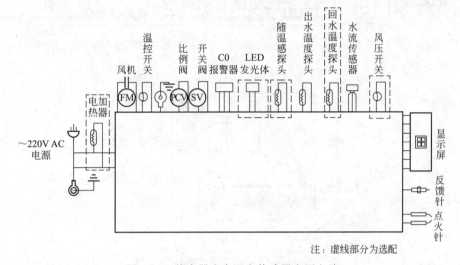

注：虚线部分为选配

图 5-89　热水器出水温度传感器应用电路

5.11.3　热水器防冻温度传感器好坏的检测判断

　　把万用表调到电阻挡，测量防冻温度传感器的阻值。正常情况下，25℃时热水器防冻温度传感器阻值大约为 10kΩ。如果检测的数值与正常的数值相差较大，则说明该热水器防冻温度传感器可能损坏了。

5.11.4　热水器水流量传感器总成好坏的检测判断

　　热水器水流量传感器总成如图 5-90 所示，应用电路如图 5-91 所示。给热水器通电（一

热水器水流量
传感器总成

图 5-90　热水器水流量传感器总成

般的热水器是 220V），打开水阀，当流量大于 3.5L/min 的水流过流量传感器时，用万用表检测工作电压，正常情况下大约为 5V（一般是红线、黑线间）；检测输出电压，正常情况下为 2.5～3V（一般是白线、黑线间）。如果检测的数值与正常的数值相差较大，则说明该热水器水流量传感器损坏了或磁轮不转。

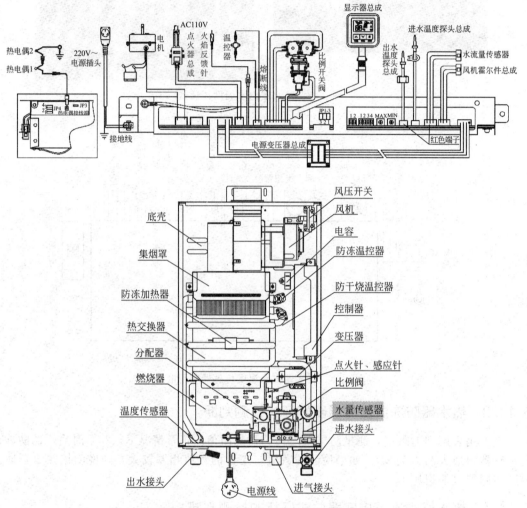

图 5-91　热水器水流量传感器应用电路

5.11.5　热水器电热管好坏的检测判断

电热管是将电能转换成热能的一种转化装置，也就是说用来对水进行加热的部件。电热管的功率有 1500～3000W，主要用的是 1500W。

电热水器电热管的构成特点如图 5-92 所示。

把万用表调到 R×10 挡，检测电热管两端子间的电阻。正常情况下，1500W 的电热管电阻一般为 307～358Ω。如果检测的数值为无穷大，则说明该电热管已经开路了。如果检测的数值太小，则说明该电热管老化了。

另外，把万用表调到 R×10 或 R×2M 电阻挡，把红表笔接端子，黑表笔接安装盘。如果检测得到的阻值大于 2MΩ，则说明该电热管是好的。如果检测得到的阻值小于 2MΩ，则说明该电热管绝缘损坏。

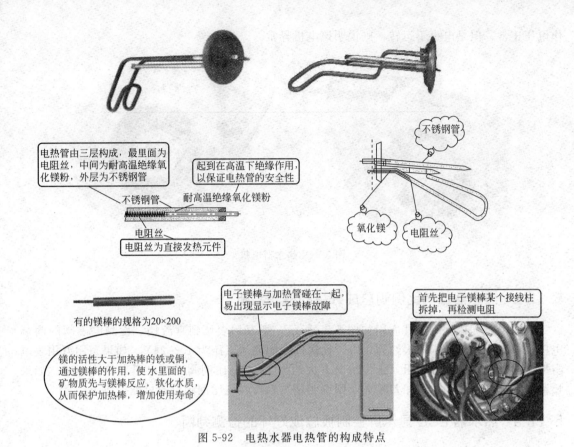

电热管由三层构成，最里面为电阻丝，中间为耐高温绝缘氧化镁粉，外层为不锈钢管

起到在高温下绝缘作用，以保证电热管的安全性

不锈钢管

不锈钢管　耐高温绝缘氧化镁粉

氧化镁　电阻丝

电阻丝

电阻丝为直接发热元件

有的镁棒的规格为20×200

镁的活性大于加热棒的铁或铜，通过镁棒的作用，使水里面的矿物质先与镁棒反应，软化水质，从而保护加热棒，增加使用寿命

电子镁棒与加热管碰在一起，易出现显示电子镁棒故障

首先把电子镁棒某个接线柱拆掉，再检测电阻

图 5-92　电热水器电热管的构成特点

5.11.6　热水器脉冲点火器好坏的检测判断

热水器脉冲点火器如图 5-93 所示。高压点火时，用万用表直流电压挡检测红-黑线工作电压，正常情况下大约为 5V。如果用交流电压挡检测蓝-黑线反馈信号输出电压，大约为交流 15V。如果检测的数值与正常的数值相差较大，则说明该热水器脉冲点火器可能损坏了。

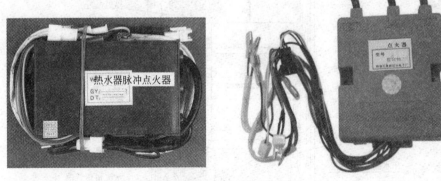

图 5-93　热水器脉冲点火器

说明　上述是以某型热水器为例进行介绍。

5.11.7　热水器直流电机好坏的检测判断

热水器电机如图 5-94 所示。用万用表直流挡检测电机的工作电压。如果直流电机的工作电压正常，但是电机不运转，则说明该电机异常。

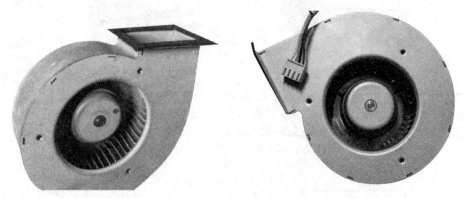

图 5-94　热水器电机

5.11.8　热水器燃气比例阀总成好坏的检测判断

　　热水器燃气比例阀及其应用如图 5-95 所示。把万用表调到直流挡，检测电磁阀的两端电压。电磁阀正常情况下大约为 12V，比例阀线圈两端电压为 10～24V。如果采用万用表电阻挡检测电磁阀的两端电阻，正常情况下大约为 130Ω，比例阀两端电阻大约为 80Ω。如果检测的数值与正常的数值相差较大，则说明该热水器燃气比例阀总成可能损坏了。

5.11.9　热水器 LCD 显示屏控制板总成好坏的检测判断

　　热水器 LCD 显示屏控制板总成如图 5-96 所示。把万用表调到直流挡，检测 LCD 显示屏连接排线的电源端输入电压（有的机型为 5V），如果测得有电压，正常按下开关键时，LCD 显示屏没有任何反应，则说明该显示器可能损坏了。

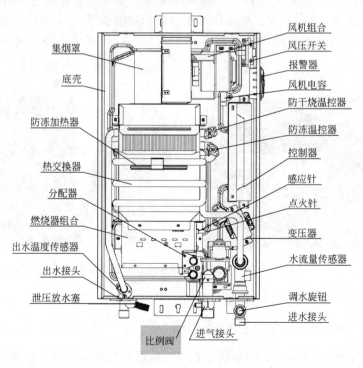

集烟罩
底壳
防冻加热器
热交换器
分配器
燃烧器组合
出水温度传感器
出水接头
泄压放水塞
比例阀
进气接头

风机组合
风压开关
报警器
风机电容
防干烧温控器
防冻温控器
控制器
感应针
点火针
变压器
水流量传感器
调水旋钮
进水接头

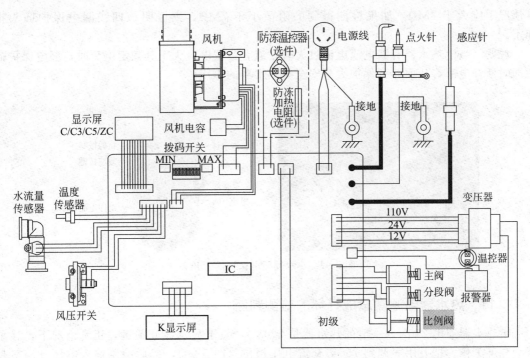

图 5-95　热水器燃气比例阀及其应用

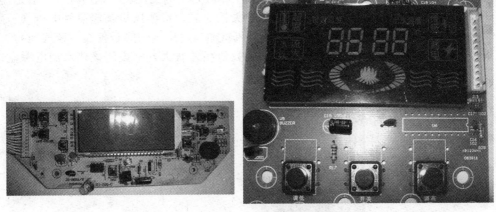

图 5-96　热水器 LCD 显示屏控制板总成

5.11.10　热水器漏电保护插头开关好坏的检测判断

　　热水器漏电保护插头开关如图 5-97 所示。通电后，按试验按钮，漏电开关应立即跳闸。漏电保护插头复位后，拔下插头。然后把万用表调到 $R \times 10$ 电阻挡，再把红表笔接插头一端子，黑表笔接在连线端子，插头端子与连线末端端子正常情况下是一一对应导通，也就是 L、N、G 线两端头是一一对应导通的。如果检测得到的电阻为无穷大，则说明该线可能断路了。不同线间的电阻应是不导通的，如果检测得到的电阻为 0Ω，则说明该漏电保护插头存在短路现象。

　　四线漏电保护插头通电后，如果用蓝色接线端与超温信号线端相接触，漏电开关正常应立即跳动闸。如果按下复位键，电源指示灯应是亮着的。如果把漏电保护插头线全部从热水器上拆下后，再复位，把万用表调到 $R \times 10k$ 或 2M 挡，检测任意两插头端子间的阻值，正常情况下应大于 7MΩ。如果检测得到的阻值小于 7MΩ，则说明该四线漏电保护插头损坏了。

说明 当电热水器有漏电或电流过大时，或者负载电流大于其额定电流时，漏电保护插头即时断开电源，从而起到保护人身安全与热水器的作用。

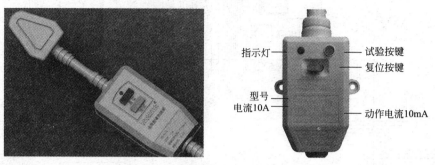

指示灯 —— 试验按键
—— 复位按键
型号 ——
电流10A —— —— 动作电流10mA

图 5-97　热水器漏电保护插头开关

5. 11. 11　热水器电源盒总成好坏的检测判断

给热水器通电 220V（一般的热水器是 220V），按下显示器开关键，正常情况下，显示屏会亮屏工作。把万用表调到 750V 交流电压挡位（图 5-98），然后检测输入电压（一般是红线、红线间），正常情况下大约为 220V。把万用表调到直流电压挡，检测排线中的 5V 电压线（一般是红线、黑线间）。当脉冲高压点火工作时，检测交流反馈电压线（一般是蓝线、黑线间），正常情况下大约为十几伏。当微动开关接通后，检测风机调速信号电压（一般是黄线、白线-黑线），正常情况下小于 5V。检测风机输出电压（一般是棕线、蓝线间），正常情况下为 60～210V。如果检测的数值与正常的数值相差较大，则说明该热水器电源盒总成可能损坏了。

—— 万用表调到750V交流电压挡

图 5-98　把万用表调到 750V 交流电压挡位

5. 11. 12　热水器控制器好坏的检测判断

给热水器通电（一般的热水器是 220V），按下显示屏开关键，正常情况下显示屏会亮屏工作。把万用表调到直流电压挡（图 5-99），检测与电源盒连接的输入电压排线（一般是红线、黑线间），正常情况下大约为 5V。如果检测的数值与正常的数值相差较大，则说明该热水器控制器可能损坏了。

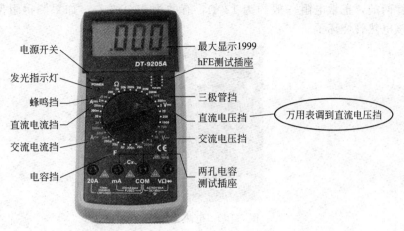

图 5-99　把万用表调到直流电压挡

5.11.13　热水器液体膨胀式控温器好坏的检测判断

把控温器连接线拆掉，卸下控温器。把万用表调到电阻 R×10 挡，调零后，用表笔检测控温器两端子（触点）。正常情况下应导通，否则，说明该控温器损坏了。如果用表笔检测控温器的两端子与金属外壳间的电阻，应为不导通状态。否则，说明该控温器损坏了。

5.11.14　热水器超温保护器（热断路器）好坏的检测判断

拆下热断路器的连接线，把万用表调到电阻 R×10 挡，并在调零后，用表笔检测热断路器两端子的电阻，常态下为导通。如果常态下为断开状态，则说明该热断路器损坏了。

如果用表笔检测端子与金属外壳，正常情况下应为不导通。否则，说明该热断路器损坏了。

5.11.15　烟道燃气热水器微动开关好坏的检测判断

拆下微动开关的连接线，把万用表调到电阻×10 挡，调零后进行检测。常态下（也就是压片弹起）用表笔检测两端子（一般三线的微动开关是 1、3 脚），正常情况下为导通状态。如果压下弹片，检测两端子（一般三线的微动开关是 1、3 脚），正常情况下为断开状态。如果检测的数值与正常的数值相差较大，则说明该热水器微动开关可能损坏了。

另外，如果微动开关压片无法自然弹起，则说明该微动开关已经损坏了。

5.11.16　烟道燃气热水器电磁阀好坏的检测判断

拆下电磁阀的连接线，把万用表调到 R×10 挡，调零后进行检测。用表笔检测维持线圈（一般是黄线、黑线引线），正常情况下电阻一般为 360～390Ω。检测启动线圈（一般是红线、黑线引线），正常情况下电阻一般为 7～8Ω。如果检测的数值与正常的数值相差较大，则说明该热水器电磁阀可能损坏了。

5.12　饮水机的检测判断

5.12.1　饮水机加热罐电热管好坏的检测判断

电热管也就是加热管，其外形如图 5-100 所示。其正常两端应有一定的电阻，采用万用表测量电热管两端，正常电阻一般约为120Ω，有的为69Ω左右。如果测得阻值为无穷大，则一般说明该电热管烧坏了。

图 5-100　电热管外形

另外，还可以通过检测电源插头 L、N 脚的电阻来检测判断：把定时器复位，再用万用表 R×1 挡将两表笔分别接触电源插头 L、N 脚，并且闭合加热开关，正常的回路电阻约120Ω，即电热管内阻。如果检测得到为无穷大，则说明该加热电路断路了，也就是加热罐电热管可能断路了。

饮水机加热罐的结构如图 5-101 所示。

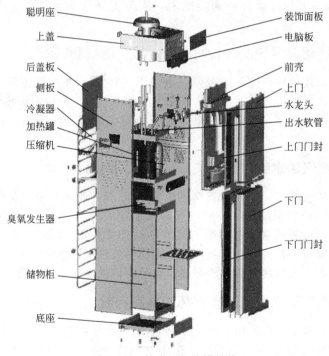

图 5-101　饮水机加热罐结构

5.12.2　饮水机半导体制冷片好坏的检测判断

饮水机结构如图 5-102 所示。饮水机半导体制冷元件如图 5-103 所示。把万用表调到电阻挡，检测半导体制冷片的电阻，正常情况下，半导体制冷片的正向、反向电阻大约为2.5Ω。如果检测得到的电阻为无穷大，则说明该制冷片出现了断路故障。

说明　如果是在线的半导体制冷片，需要把半导体制冷片的引线焊下后再检测。

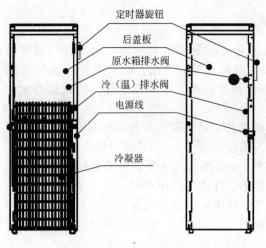

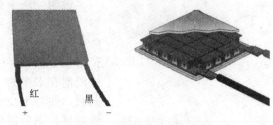

图 5-102　饮水机结构 　　　　　　　图 5-103　饮水机半导体制冷元件

红　　　黑
+　　　 −

5.13　豆浆机与电水壶的检测判断

5.13.1　豆浆机微动开关好坏的检测判断

用万用表表笔检测电路板保险管金属部分与插头 L 端，同时按下微动开关，检测出开关或开关线是否存在接触不良、断线、触点粘连等异常现象。如果存在异常现象，则说明该微动开关异常。

5.13.2　豆浆机电热器好坏的检测判断

把万用表调到电阻挡，检测电热器两端头的电阻，如果检测得到的数值为无穷大，则说明该电热器可能断路了。

5.13.3　豆浆机温度传感器好坏的检测判断

豆浆机如图 5-104 所示。把万用表调到 R×1 挡进行检测，即万用表两表笔接触温度传感器的引出线（或者插座）两引脚，测其阻值，然后与负温度系数热敏电阻标称阻值对比。如果两者相差在 ±2Ω 内即为正常，相差过大，则说明该温度传感器不良或者损坏。如果检测得到的数值为无穷大，则说明该温度传感器已经断路。

说明　豆浆机的温度传感器是一根实心的不锈钢管。钢管内具有温度传感探头，能够把温度转化成电信号。豆浆机的温度传感器其实是钢管应用了一只 NTC 热敏电阻。

豆浆机的温度传感器主要用于检测预热时杯体内的水温。当体内的水温达到 MCU 设定温度（一般大约是 80℃）时，会启动电机开始打浆。

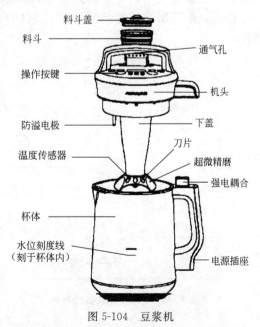

图 5-104　豆浆机

料斗盖
料斗
操作按键
防溢电极
温度传感器
杯体
水位刻度线
（刻于杯体内）
通气孔
机头
下盖
刀片
超微精磨
强电耦合
电源插座

5.13.4 豆浆机防干烧电极好坏的检测判断

把万用表调到 R×1 挡进行检测，即万用表两表笔接触温度传感器的引出线（或者插座）两引脚，测其阻值，然后与负温度系数热敏电阻标称阻值对比。如果两者相差在 ±2Ω 内即为正常，相差过大，则说明该温度传感器不良或者损坏。如果检测得到的数值为无穷大，则说明该防干烧电极已经断路。

图 5-105　豆浆机防干烧电极

说明　防干烧电极其实是水位探测器，里面有个温度传感器，也就是不锈钢的圆管内有一只 NTC 负温度系数热敏电阻。防干烧电极外形如图 5-105 所示。防干烧电极长度比防溢电极长很多，插入杯体底部。杯体水位正常时，防干烧电极下端是被浸泡在水中的。当杯体中水位偏低或没有水时，或机头被提起时，使防干烧电极下端离开水面，微控制器通过防干烧电极检测到状态后进行相应的处理，禁止豆浆机工作。

5.13.5 豆浆机继电器好坏的检测判断

给继电器单独外加一个电源（符合继电器线圈的额定电压即可，豆浆机上一般是 12V），如果存在续流二极管，则外加电源的正极要接在续流二极管负极上，负极要接在续流二极管的正极上。正常情况下，接通或断开外加电源，一般能够听到继电器吸合与释放的动作声，并且用万用表检测常开或常闭触点，正常情况下应有接通或断开相应状态。如果继电器没有动作，或者动作错误，则说明该继电器电磁线圈异常。

说明　豆浆机应用的继电器，工作电压一般为 DC12V，触点负载额定电流一般为 10A（28V DC）。

5.13.6 豆浆机打浆电机好坏的检测判断

豆浆机线路图如图 5-106 所示，豆浆机打浆电机如图 5-107 所示。断开电机与外部的连接线，把表笔夹分别夹在碳刷后面的引线上，用手转动电机轴，逐次检测出每对换向片间的电阻值。正常情况下，豆浆机打浆电机阻值大约为 540Ω。如果豆浆机打浆电机阻值降到 50Ω 以下，则说明连接在该对换向片间的绕组已经烧毁，或者击穿损坏，出现匝间短路现象。

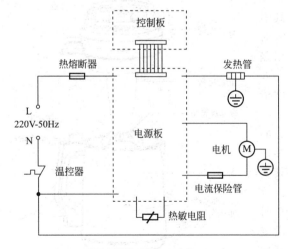

图 5-106　豆浆机线路图

图 5-107　豆浆机打浆电机

5.13.7 电水壶发热器好坏的检测判断

把万用表调到电阻挡，检测发热器的电插头两端，如果检测电阻为无穷大，则说明该电水壶发热器断路了。

说明 发热器自成电源回路。发热器是电水壶烧水的热源，主要由不锈钢电热管、连接端盖、底座、接电插头等组成。发热器的两引脚通过底座的触点与接电插头连接，同时电热管的中点与连接端盖焊成一体，用于防干烧，传递热量。发热器底座内部装置为防干烧温控器，上方装置为蒸汽感应控制器。

5.14 电风扇的检测判断

5.14.1 家用电扇开关好坏的检测判断

家用电扇的结构如图 5-108 所示。家用电扇开关的应用电路如图 5-109 所示。把万用表调到电阻挡，在家用电扇不通电的状态下，检测开关两引出线间的电阻，按下接通开关，正常情况下数值为 0。如果开关为断开状态，则万用表检测数值为无穷大。

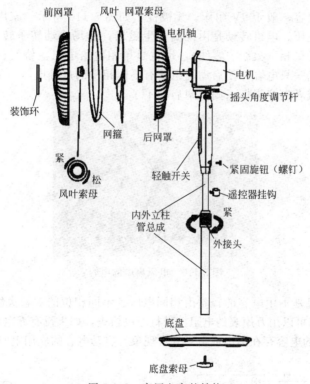

图 5-108　家用电扇的结构

5.14.2 家用电扇安全开关好坏的检测判断

把万用表调到电阻挡，在家用电扇正置时（不通电的状态下），检测安全开关两引出线间的电阻，正常情况下是导通数值 0。然后把家用电扇倾斜或倒置（不通电的状态下），检测安全开关两引出线间的电阻，正常情况下是断开，数值无穷大。如果检测的数值与正常的数值相差较大，则说明该安全开关已经损坏了。

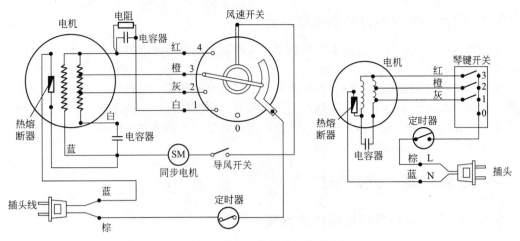

图 5-109　家用电扇开关的应用电路

5.14.3　家用电扇电容好坏的检测判断

　　家用电扇中的电容一般 400V 耐压、无极性，如图 5-110 所示。家用电扇中电容的作用为启动时提供偏相电压。电机转动是由线圈产生磁场，磁场推动转子转动，转子带动扇叶。家用电器电源一般是单相（火线、零线），也就是单相电给电机主绕组供电。因此，电机启动绕组需要从火线接一只电容，使启动绕组具有不同相位的启动电压，从而使电机能够正常启动。如果没电容或者电容损坏，则风扇启动不了。

图 5-110　电风扇中的电容

　　说明　三相电机是不用电容的，是由相同电压、不同相位的 3 根火线供电。

　　启动电容的好坏可以用万用表的电阻挡进行充电检查，如果没有充电现象（电阻先小后变大），则说明所检测的电容存在漏电或击穿异常现象。启动电容的应用电路如图 5-111 所示。

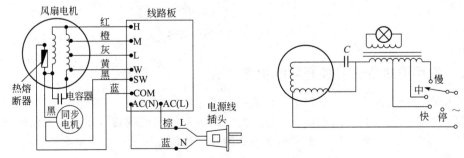

图 5-111　启动电容的应用电路

5.14.4　电扇定时器好坏的检测判断

　　家用电扇的定时器外形如图 5-112 所示，应用电路如图 5-113 所示。把万用表调到电阻挡，旋转前检测定时器的触点开关，正常情况下，触点开关是断开的，也就是检测数值应为无穷大。旋转触点开关后，触点开关应闭合，也就是检测数值应为 0Ω。如果检测的数值与正常的数值相差较大，则说明该定时器已经损坏了。

图 5-112　家用电扇的定时器外形

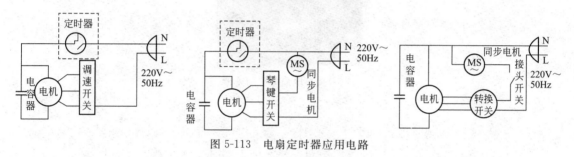

图 5-113　电扇定时器应用电路

5.14.5　电扇电抗器好坏的检测判断

　　把万用表调到电阻挡，检测绕组、绕组间、绕组与铁芯间电阻。正常情况下，同一绕组不同抽头间的电阻应为低阻状态；不同绕组间引线头间电阻应为高阻状态；绕组与铁芯间电阻应为高阻状态。如果检测的数值与正常的数值相差较大，则说明该电抗器已经损坏了。

　　说明　家用电扇电抗器类型有许多种，但是基本上是由绕组与铁芯组成。家用电扇电抗器的结构与应用电路如图 5-114 所示。

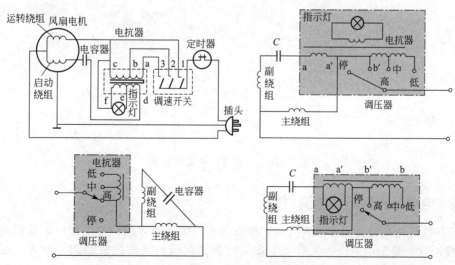

图 5-114　家用电扇电抗器的结构与应用电路

5.14.6 电扇电机抽头好坏的检测判断

把万用表调到 R×1 电阻挡，检测抽头间电阻、抽头与外壳间的电阻。正常情况下，一般抽头与各个端子都连通，即检测电阻为低阻状态。一般抽头与外壳间的电阻，正常情况下检测电阻为无穷大。如果检测的数值与正常的数值相差较大，则说明该电机已经损坏了。

电机 5 条线电阻分别如下：电容上的两根线间电阻大约 900Ω；公共线与电机线（红快，白中，蓝慢）间电阻分别大约为 400Ω、500Ω、600Ω（不同的电机差别比较大）。

如果检测的数值太大，则说明该电机绕组断路。如果检测的数值太小，则说明该电机绕组短路。电机的外形如图 5-115 所示。电扇电机抽头的类型如图 5-116 所示。

图 5-115　电扇电机的外形

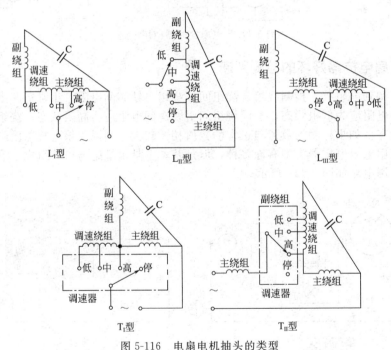

图 5-116　电扇电机抽头的类型

5.14.7 电扇导线好坏的检测判断

电扇导线应用电路如图 5-117 所示。用万用表检测电扇导线，导线通时，检测电阻应为 0Ω；导线断时，检测电阻应为无穷大。如果检测的数值与正常的数值相差较大，则说明该电扇导线已经损坏了。

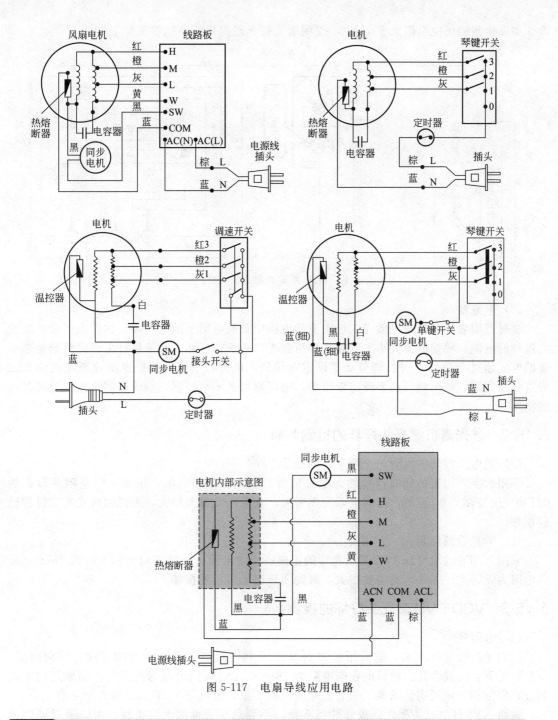

图 5-117　电扇导线应用电路

5.15.1　影碟机激光二极管好坏的检测判断

（1）电阻法

影碟机激光头组件如图 5-118 所示。采用万用表检测激光管的正、反向电阻，正常正向电阻为 $20\sim36k\Omega$，反向电阻为无穷大。如果检测的正向电阻大于 $50k\Omega$，说明激光管性能下降。如果检测的正向电阻大于 70kΩ，说明激光管已经损坏，不能够正常工作。

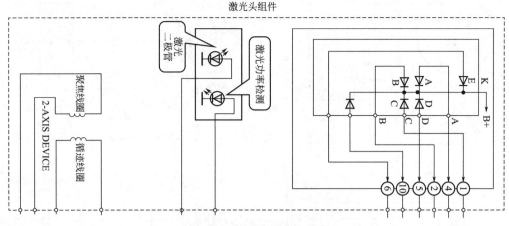

图 5-118 影碟机激光头组件

（2）电流法

通过万用表检测影碟机激光二极管驱动电路中负载电阻上的电压降，估计出影碟机激光二极管的电流，根据电流大小来判断影碟机激光二极管的好坏。如果估计出影碟机激光二极管的电流超过 100mA，并且调节功率设定电位器，电流没有变化，则说明该影碟机激光二极管已经损坏。如果调节功率设定电位器，电流剧增且不可控制，则该影碟机激光二极管已经损坏。

5.15.2 激光唱机激光头好坏的检测判断

（1）光电二极管的检测——数字万用表法

采用数字万用表的蜂鸣挡检测光电二极管的正向、反向电阻，正常正向电阻显示大约 0.700，误差在 0.05 左右。反向电阻为无穷大。如果与此偏差很大，则说明该光电二极管已经损坏。

（2）激光管的检测——万用表法

采用万用表的 R×1k 挡检测激光管的正向、反向电阻，正常正向电阻大约为 18kΩ，反向电阻为无穷大。如果与此偏差很大，则说明该激光管已经损坏。

5.15.3 VCD/DVD 激光头好坏的检测判断

（1）电阻法

把激光二极管拆下来，把万用表调到 R×1k 挡，检测激光二极管的正向、反向电阻，正常情况下，一般激光二极管的正向电阻是 18～50kΩ，反向电阻为无穷大。如果正向电阻超过正常范围，则说明该激光二极管击穿或性能不良，也就是 VCD 激光头性能不良。

说明 VCD 激光头激光二极管性能不良，不要急于更换激光二极管，可以通过调整或者更换光强电位器来解决。

（2）电流法

把万用表调到电流挡，串接在激光二极管驱动回路中，正常情况下，该电流一般为 35～60mA。如果该电流超过 100mA，调节激光功率电位器时电流也没有变化，则说明该激光二极管已经老化，进而检测判断该 VCD/DVD 激光头已经损坏。

说明 VCD/DVD 激光头激光二极管的驱动电流，在 RF 信号≥1.5V_{P-P}的情况下，驱动电流一般小于 120mA，如果大于 120mA，则说明该激光二极管已经老化。

（3）电压法

先开机，在读碟时，使用数字万用表检测激光头组件印制电路板上与激光管并联的电容两端电压，正常情况下，一般在$1.85\sim1.95V$。如果该电压过高，调整激光功率电位器也无效，则说明该激光头已经老化了。

说明 影碟机使用的激光二极管参数见表5-8。

表5-8 影碟机使用的激光二极管参数

型号	波长/nm	额定功率/mW	阈值电流/mA	典型工作电流/mA	封装形式
SLD104AU	780	5	45	52	M
RLD78MA	780	5	35	45	M
RLD78AP	780	5	35	45	P
RLD78MV	780	5	45	55	M
RLD78PA	780	5	45	55	M
SLDI122VS	670	5	40	50	N
TOLD9221M	670	5	35	45	N

5.15.4 视盘机聚焦、循迹线圈好坏的检测判断

视盘机聚焦、循迹线圈应用框图如图5-119所示。把万用表调到电阻挡，检测循迹、聚焦线圈的阻值。正常情况下，循迹、聚焦线圈的电阻值为$8\sim15\Omega$。如果检测的数值与正常的数值有较大差异，则说明该视盘机聚焦、循迹线圈已经损坏了。

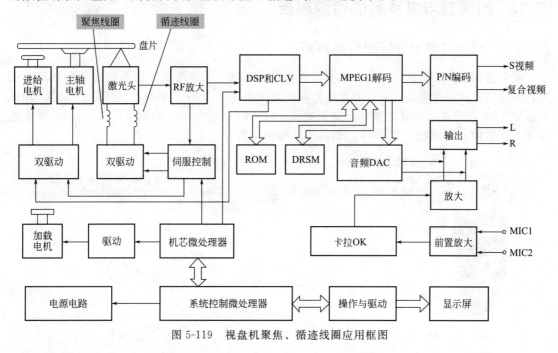

图5-119 视盘机聚焦、循迹线圈应用框图

5.15.5 VCD/DVD主轴电机好坏的检测判断

（1）电压法

VCD/DVD主轴电机的结构如图5-120所示。把万用表调到电压挡，把表笔与电机正、

负电极正确连接好，快速、连续转动电机主轴。正常的电机一般有 $1.5\sim1.8V$ 的电压，有的机型电压会更高一点。如果电压低于 $1V$，则说明该 DVD 主轴电机已经损坏了。

　　说明　需要注意有时电压正常，电机仍不转动，主要原因可能是主轴电机碳刷氧化、换向器接触不良等引起的。

图 5-120　VCD/DVD 主轴电机的结构

（2）电阻法

　　在断电的情况下，把万用表调到电阻挡，检测线圈阻值，一般正常情况下，主轴电机的阻值应大于数十欧。损坏的主轴电机一般只有几欧。

5.16　剃须刀与电推剪的检测判断

5.16.1　剃须刀电池好坏的检测判断

　　剃须刀如图 5-121 所示，电动剃须刀充电电路如图 5-122 所示。把万用表调到直流电压挡，测试电池。额定电压 $1.2V$ 的充电电池，测试电压 $\geqslant0.9V$，则电池往往是正常的；测试电压 $<0.9V$，则说明该电池异常。额定电压 $2.4V$ 的充电电池，测试电压 $\geqslant1.8V$，则电池往往是正常的；测试电压 $<1.8V$，则说明该电池异常。

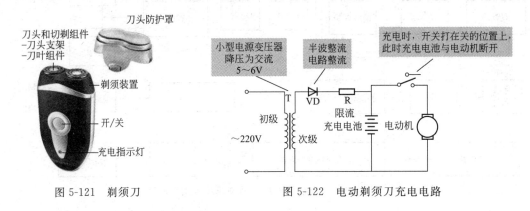

图 5-121　剃须刀　　　　　　　　图 5-122　电动剃须刀充电电路

5.16.2　电推剪开关的检测判断

　　把电推剪的开关调到开的位置，用万用表检查开关的接线柱间是否接通。如果没有接通，则可能是该开关的活动弹簧片失去弹性，或者已经变形，或者开关已经损坏。

5.17.1 复读机电机好坏的检测判断

(1) 电压法

复读机电机应用线路如图 5-123 所示。把万用表调到直流电压 10V 挡，在电路供电正常的情况下，按下复读机的放音键。如果电机不转，则用万用表检测电路板上电机两引线的端电压，如果发现与正常的电机端电压（电机大约为 3V）相差较大，一般小于 1V（如果电机能够转动但是偏慢时，端电压要接近 2V），此时焊脱电机的一端引线，再检测电路板电机引线接点处的电压，如果能够上升到大约 3V，则说明该电机不良。

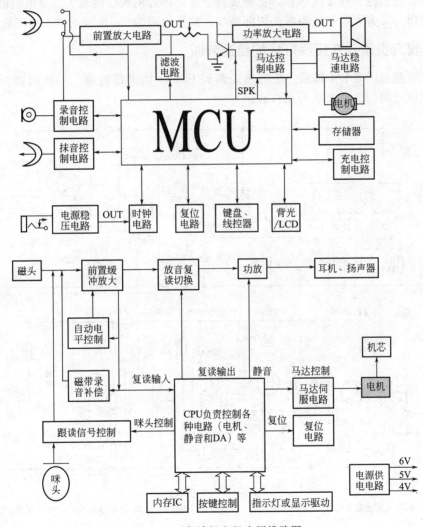

图 5-123 复读机电机应用线路图

(2) 电流法

焊脱电机引线的一端，在该端串入一只电流表，按下复读机的放音键，用万用表检测电机的电流。如果检测的电流明显大于正常值，则说明该电机不良。

说明 卸下复读机的皮带，正常的电机电流大约为 15mA。装入复读机的皮带但不放入磁带，正常的电机电流大约为 50mA。装入复读机的皮带并装入磁带，正常的电机电流大约为 70mA。

电流法可以用于检修电机不转或转速慢等现象时的判断。

（3）电阻法

把万用表调到 R×1 挡，检测复读机电机的两引线端。正常情况下的数值为 90Ω 左右，并且检测时电机可以转动。如果检测的阻值明显偏小，则说明该电机已经损坏了。如果检测的阻值为 0，则说明该电机的电刷、整流子严重脏污，有死点等异常情况，也就是说明该电机异常。

5.17.2　录放音机磁头内部断线、短路的检测判断

把录放音机的磁头连接线焊掉，把磁头拆下来，用万用表检测磁头的导电阻值大小来判断。如果电阻为无穷大，则说明磁头内部断线。如果电阻为 0，则说明磁头内部短路。

5.17.3　收音机输入变压器好坏的检测判断

收音机电路如图 5-124 所示。把万用表调到 R×10 挡进行检测。一般的输入变压器初级、次级直流电阻约为几十欧到几百欧。

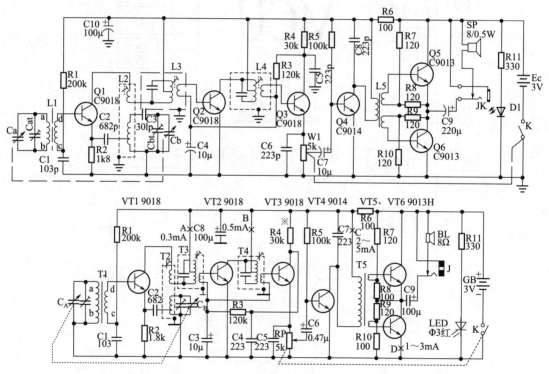

图 5-124　收音机电路

注：1. 调试时注意连接集电极回路 A、B、C、D（测集电极电流用）；2. 中放增益低时，可改变 R4 的阻值，声音会提高。

5.17.4　收音机输出变压器好坏的检测判断

把万用表调到 R×10 挡进行检测。一般的输出变压器初级为几十欧或几百欧，输出次级线圈为几欧。

5.18.1 激光打印机中压敏电阻好坏的检测判断

压敏电阻一般并联在电路中使用，当电阻两端的电压发生急剧变化时，电阻能够短路，将电流保险丝熔断，从而起到保护的作用。

压敏电阻在激光打印机电路中，一般用于电源过压保护与稳压电路中。检查激光打印机电路中的压敏电阻可以采用万用表法：把万用表调到 R×10k 挡，两表笔接电阻两端，根据万用表上显示或者指示的阻值，比较其与标称值：如果一致，说明该压敏电阻正常；如果相差较大，说明该压敏电阻异常。

5.18.2 激光打印机中热敏电阻好坏的检测判断

激光打印机中的热敏电阻主要功能是调节温度。有的激光打印机中，热敏电阻紧贴在定影上辊或陶瓷加热器上。当温度变化时，热敏电阻阻值发生变化，通过逻辑电路控制加热灯的开关，从而实现对定影温度的调节与恒温控制。

激光打印机中使用的热敏电阻，一般是负温度系数热敏电阻。也就是外部温度越高，热敏电阻的阻值越低。

选择万用表 R×10k 电阻挡，将两表笔分别连接在热敏电阻的两端，得出热敏电阻的检测值。该检测值应与热敏电阻的标称值一致，否则，说明该热敏电阻异常。然后，将热源（例如电烙铁）靠近热敏电阻时（不要接触，以免烧坏热敏电阻），其阻值正常情况应随着温度的升高而变小。如果表针（或数字）不动，或一开始测量显示的数值就偏小，说明该热敏电阻损坏了。

多数激光打印机中应用的热敏电阻阻值在 300～500kΩ。根据该特点，可以作为检测判断激光打印机中热敏电阻是否正常的依据：检测的热敏电阻检测阻值在 300～500kΩ，说明该热敏电阻正常，否则说明该热敏电阻可能异常。

5.18.3 打印机陶瓷电容好坏的检测判断

根据陶瓷电容的标称容量，选择好数字万用表的电容挡，将陶瓷电容插入万用表的电容测试孔中，观察万用表的表盘，读出显示的测量值。如果检测的数值与电容的标称数值基本相同，则说明该陶瓷电容是好的；如果检测的数值与电容的标称数值相差较大，则说明该陶瓷电容已经损坏了。

说明 如果是在线的陶瓷电容，需要把陶瓷电容先卸下来，清洁陶瓷电容的引脚，并且在检测前，要先对陶瓷电容进行放电。放电的方法：可以将小阻值电阻的两只引脚与陶瓷电容的两只引脚相连进行放电，或者用导体直接将电容的两只引脚相连放电。

5.18.4 打印机纸介电容好坏的检测判断

把万用表调到 R×10k 挡，用两表笔分别任意接电容的两只引脚，如果指针指在无穷大处，则接着将两支表笔对调进行测量，如果电容的阻值依然为无穷大，则说明该纸介电容是好的。如果检测得到的数值为 0，则说明该纸介电容已经损坏了。

5.18.5 打印机薄膜电容好坏的检测判断

把万用表调到 R×10k 挡，用两表笔分别任意接电容的两只引脚，如果发现指针指在无穷大处，则接着将两表笔交换进行测量，如果电容的阻值依然为无穷大，则说明该薄膜电容是好的。如果检测得到的数值为 0，则说明该薄膜电容已经损坏了。

5.18.6 打印针线圈好坏的检测判断

把万用表调到 R×1 挡，测量其直流电阻，一般驱动线圈的直流电阻为 33Ω±2Ω。如果检测的数据为无穷大，则说明该打印针线圈开路损坏了。

5.18.7 打印头电缆好坏的检测判断

把万用表调到电阻挡，把万用表的两支表笔分别搭在所查电缆两端的对应线上，检测其电阻值是否为零。如果检测电阻为无穷大，则说明该打印头电缆断路了。

另外，必要时还要在折痕处做弯曲试验，以及观察万用表上所测阻值有无变化来检测判断。

说明 通用针式打印机中打印头的连接电缆一般都采用塑料柔性带状电缆（扁平电缆）。

5.18.8 打印机字节电机好坏的检测判断

把万用表调到电阻挡，用万用表直接测量电机线圈绕组的直流阻值，把检测数值与正常阻值比较。如果检测的电阻数值与正常阻值相差较大，则说明该打印机字节电机损坏了。如果检测的电阻数值与正常阻值基本一样，则说明该打印机字节电机是好的。

说明 字节电机本身故障主要是步进电机的一组或多相绕组线圈烧坏。

另外，打印机字车电机缺相的检测判断方法如下：打印机在加电工作后，如果出现字车在原来位置上抖动或字车乏力，甚至字车不动，则说明字车电机的插头接触不良，或断线，或字车电机控制与驱动电路中相位控制部分发生故障，或字车步进电机的四相绕组上有一组或两组开路。

5.18.9 打印机光电传感器好坏的检测判断

打印机光电传感器为 U 形，两端内部各有一只发光二极管与一只光敏二极管。其中，检测判断发光二极管的好坏与普通二极管的检测方法基本一样。光敏二极管的检测可以采用万用表 R×10k 挡来检测，其中，＋表笔接 C 端，－表笔接 E 端，正常情况下正向阻值一般为 1200kΩ 左右，反向阻值一般为无穷大。否则，说明该光电传感器已经损坏。

说明 光敏二极管的集电极一般定义为 C 极，发射极一般定义为 E 极。发光二极管的＋极一般定义为 K 极，－极一般定义为 A 极。

5.19 电脑的检测判断

5.19.1 CRT 彩显行输出高压包好坏的检测判断

（1）电阻法

把 500 型万用表调到 R×10k 电阻挡，检测高压帽对地电阻。如果检测的数值不为无穷大，则说明该彩显行输出高压包已经损坏了。

CRT 彩显行输出高压包类型多，如图 5-125 所示。

（2）高压电容法

如果采用 500 型万用检测高压帽对地电阻测不出阻值，则可以使用电容表检测高压帽与地间的容量，一般的行输出电容为 2700～3000pF，部分行输出为 4000～6000pF。如果检测的数值小于 2500pF，则说明电行输出已经异常了。

说明 彩显行输出与彩电行输出最大的区别，在于高压输出端和地间内部并接了一只高压电容。98％的彩显行输出损坏原因，是该高压电容击穿引起的。

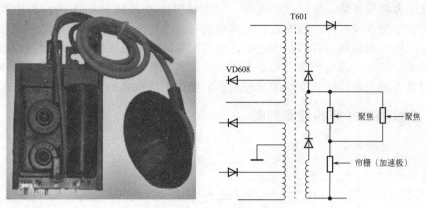

图 5-125　CRT 彩显行输出高压包

5.19.2　液晶显示器高压板电路中高频升压变压器的好坏判断

液晶显示器高压板电路如图 5-126 所示。把万用表调好挡位，把万用表红表笔、黑表笔接在初级线圈绕组的两焊点上，观察万用表的读数，正常情况下大约为 0.3Ω，则说明其初级线圈是好的。

然后把万用表调到 $R\times100$ 挡，把红表笔、黑表笔接在次级线圈绕组的两焊点上，观察万用表的读数，正常情况下大约为 $11k\Omega$，则说明其次级线圈是好的。如果万用表检测的数值为零或为无穷大，则说明其次级线圈绕组内部存在短路或开路现象。

图 5-126　液晶显示器高压板电路

5.19.3　平板电脑电解电容的检测判断

平板电脑电容应用电路如图 5-127 所示。

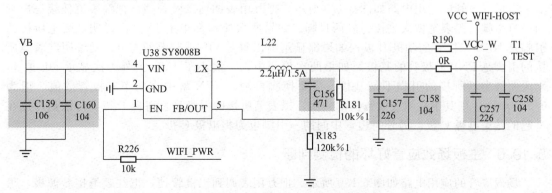

图 5-127　平板电脑电容应用电路

把滤波电容两端短路，放掉残余电荷，把指针万用表调到 R×1k 挡，再用表笔接触电容两端，正常情况下，指针万用表表针会向右偏转一个角度，再缓慢向左转回，最后万用表表针停下来的阻值就是该电容的漏电电阻。电容的漏电电阻愈大愈好，如果漏电电阻只有几十千欧，则说明该电容漏电严重。如果万用表表针向右摆动的角度越大，则说明该电容的容量越大；如果万用表表针向右摆动的角度越小，则说明该电容的容量越小。

5.19.4　主板晶振好坏的检测判断

晶振的应用电路如图 5-128 所示。

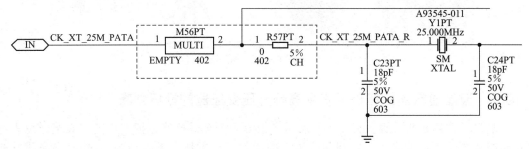

图 5-128　晶振的应用电路

① 时钟晶振 14.318MHz 与时钟芯片相连。如果其损坏，则主板不能启动。用万用表检测其开机对地有电压 1～1.6V。

② 实时晶振 32.768KHz 与南桥芯片相连。如果其损坏，则时间不准或不能启动。用万用表检测其开机对地电压 0.5V 左右。

③ 声卡晶振 24.576MHz 与声卡芯片相连。如果其损坏，则声音变质或无声。用万用表检测其开机对地电压为 1.1～2.1V。

④ 网卡晶振 25.000MHz 与网卡芯片相连。如果其损坏，则网卡不能工作。用万用表检测其开机对地电压为 1.1～2.1V。

如果检测的电压与正常数值有差异，则说明所检测的晶振可能异常。

另外，主板晶振好坏也可以采用万用表二极管挡来检测。把万用表调到二极管挡，检测其两引脚间的数值，正常情况下为无穷大。如果检测得到一定的数值，则说明该晶振已经损坏，或者与其连接的集成电路已经损坏。如果检测得到的数值为无穷大，不一定说明该晶振正常。

5.19.5　主板三极管好坏的检测判断

主板三极管的应用电路如图 5-129 所示。把万用表调到二极管挡，把红表笔任接三极管的一只引脚，黑表笔依次去接另外两只脚。如果两次显示都小于 1V，则说明红表笔所接的引脚是 NPN 三极管的基极 B 极；如果都显示溢出符号 OL 或超载符号 1，则说明红表笔所接的引脚是 PNP 三极管的基极。如果两次检测中，一次小于 1V，另外一次显示 OL 或 1，则说明红表笔所接的引脚不是基极，需要换脚再测。NPN 型中小功率三极管数值一般为 0.6～0.8V，则其中检测较大数值的一次，黑表笔所接的引脚是发射极 E 极，与散热片连在一起的是集电极 C 极。另外一边，中间的一引脚也为集电极 C 极。

5.19.6　主板场效应管好坏的检测判断

场效应管的应用电路如图 5-130 所示。把万用表调到二极管挡，把红表笔接 S 源极，黑表笔接 D 漏极，此时的数值为 S-D 极间二极管的压降值（N 沟道场效应管而言）。如果接反

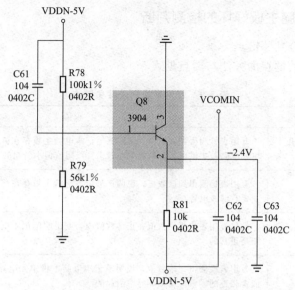

图 5-129　主板三极管的应用电路

检测，则一般无压降值，也就是万用表显示超载符号 1。另外，G 极与其他各脚间，正常情况下，万用表为无值。

如果是 P 沟道场效应管，则万用表红表笔接 D 极，黑表笔接 S 极检测时才有压降值。大功率的场效应管压降值一般为 $0.4\sim8V$。

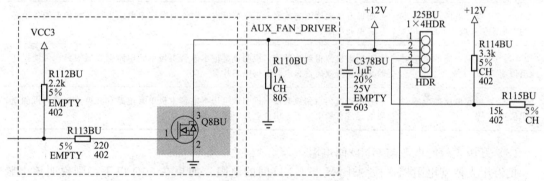

图 5-130　场效应管的应用电路

另外，也可以采用下面方法来检测、判断场效应管：把万用表调到二极管挡，用两表笔任意触碰场效应管的 3 只引脚。好的场效应管，最终测量结果一般只有一次有读数，并且一般大约为 500。如果在最终测量结果中，检测得到只有一次有读数，并且为 0 时，则用表笔短接场效应管 G 引脚，测量一次，如果又检测得到一组大约为 500 的读数时，则说明该管场效应管是好的。如果检测结果、数据与上述规律不符合，则说明该场效应管已经损坏了。

说明　对于功率大一些的场效应管，与场效应管散热片相连的脚一般是 D 漏极。

电脑 CPU 供电电路场效应管好坏的检测判断方法如下：把万用表调到 R×100 挡，把万用表两表笔分别接在场效应管的漏极 D 与源极 S 端，用螺丝刀的金属杆接触场效应管的栅极 G 端。正常情况下，万用表检测显示的数字会变大或变小，并且数字变化越大，则说明该场效应管的放大能力越好。如果数字不发生变化，则说明该场效应管已经损坏了。

5.19.7 笔记本电脑主板好坏的检测判断

（1）万用表检测公共关键点

万用表检测公共关键点的方法与要点见表5-9。

表5-9 万用表检测公共关键点

关键点检测值	说明
公共点对地阻值大约为几十欧到100Ω	万用表检测得到该数值，说明该笔记本电脑主板存在微短路，损坏的元件可能是单元电路与主供电相连的场效应管击穿或阻值偏小引起的
公共点阻值为0	万用表检测得到该数值，说明该笔记本电脑主板存在严重短路，可能损坏的元件主要有滤波电容
公共点对地间阻值正常一般为400～600Ω	如果万用表检测的数值在正常数值内，则说明笔记本电脑主板主供电、各单元电路是正常的
公共点对地阻值大约为200Ω	万用表检测得到该数值，说明笔记本电脑主板单元电路中的供电芯片可能损坏，或者相连的场效应管损坏异常引起的

（2）万用表检测3V与5V单元电路的电感

万用表检测3V与5V单元电路电感的方法与要点见表5-10。

表5-10 万用表检测3V与5V单元电路的电感

单元电路电感检测数值	说明
3V与5V单元电路的电感正常的对地阻值一般为80～120Ω	如果万用表检测的数值在正常数值内，则说明笔记本电脑主板与此相连的各个芯片、单元电路、元件是好的
3V与5V单元电路的电感对地阻值为7～30Ω	万用表检测得到该数值，说明该笔记本电脑主板单元电路存在微短路，可能损坏的元件有场效应管、电容、供电芯片等
3V与5V单元电路的电感对地阻值为0	万用表检测得到该数值，说明该笔记本电脑主板单元电路存在严重短路，可能损坏的元件有场效应管、供电芯片、网卡声卡芯片等

（3）万用表检测电源与GND间电阻

把万用表调到电阻挡，检测＋5V与GND间的电阻，如果在50Ω以下，则说明该电脑主板可能异常。

另外，主板芯片的电源引脚与地间的电阻，在没有插入电源插头时，正常情况下的电阻大约为300Ω，最低一般不低于100Ω。然后检测反向电阻，数值略有差异，但是一般不会相差过大。如果检测得到的正向、反向阻值很小或接近导通，则说明该主板可能存在短路现象。

5.19.8 电脑主板上电源芯片好坏的检测判断

把数字万用表调到二极管挡，检测电源芯片相关电感与地的通断情况。如果万用表检测的阻值为无穷大，则说明该电源芯片是好的。如果检测电感对地短路，则说明主板电源部分异常。

说明 电源芯片坏了，CPU一般无温度。另外，更换主板电源部分的元件、零件，以及安装CPU前，一般需要先检测电感上的电压，正常情况下，一般在1.5～2.0V才能够安装CPU。

5.19.9 电脑主板键盘、鼠标口好坏的检测判断

电脑主板键盘、鼠标口如图 5-131 所示。把万用表调到电阻挡，检测信号线对地间的阻值，正常情况下，大约为 600Ω，并且几根信号线对地间的阻值相差不大。如果检测的信号线对地的阻值比正常值高，甚至为无穷大，则说明电脑主板键盘、鼠标口异常，可能是有关电感、保险、I/O、南桥、跳线等元件或者部件异常引起的。如果比正常值低，甚至为短路，则说明电脑主板键盘、鼠标口异常，可能是有关电容、I/O、南桥等元件或者部件异常引起的。

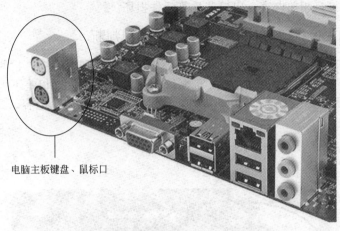

电脑主板键盘、鼠标口

图 5-131　电脑主板键盘、鼠标口

5.19.10　电脑主板 USB 接口好坏的检测判断

电脑主板 USB 接口如图 5-132 所示。把万用表调到电阻挡，检测信号线对地间的阻值，正常情况下，大约为 500Ω。如果与正常数值相差较大，则说明该电脑主板 USB 接口，或者接口相关电容、电感、保险等元件损坏。

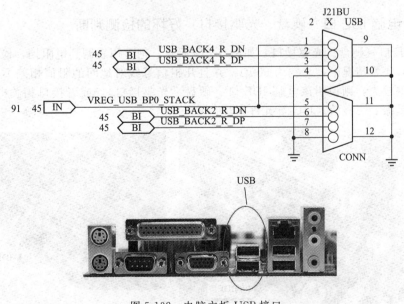

图 5-132　电脑主板 USB 接口

5. 19. 11　USB 电路好坏的检测判断

把万用表调到电阻挡，检测 USB 接口电路中数据线对地间的阻值。如果所有数据线对地阻值均为 180～380Ω，则说明 USB 电路是好的。否则，说明 USB 电路异常。

5. 19. 12　电脑主板 COM 接口好坏的检测判断

把万用表调到电阻挡，检测信号线对地间的阻值，正常情况下，大约为 1000～1700Ω，并且几根信号线对地间的阻值相差不大。如果与正常数值相差较大，则说明该电脑主板 COM 接口，或者接口相关电容、串口芯片等元件损坏。

5. 19. 13　电脑主板打印口（LPT）好坏的检测判断

电脑主板打印口（LPT）如图 5-133 所示。把万用表调到电阻挡，检测信号线对地间的阻值，正常情况下，大约为 600Ω，并且几根信号线对地间的阻值相差不大。如果与正常数值相差较大，则说明该电脑主板 COM 接口，或者接口相关电阻、电容、二极管、I/O 等元件损坏。

图 5-133　电脑主板打印口（LPT）

5. 19. 14　电脑 IDE 口（硬盘、光驱接口）好坏的检测判断

电脑 IDE 口（硬盘、光驱接口）如图 5-134 所示。把万用表调到电阻挡，检测信号线对地间的阻值，正常情况下，大约为 600Ω，并且几根信号线对地间的阻值相差不大。如果与正常数值相差较大，则说明该电脑 IDE 口（硬盘、光驱接口），或者接口相关电阻、南桥、电容、实时晶振、二极管、I/O 等元件损坏。

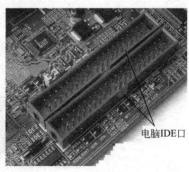

图 5-134　电脑 IDE 口（硬盘、光驱接口）

5.19.15 电脑主板集成显卡好坏的检测判断

把万用表调到电阻挡，检测红、绿、蓝三基色对地间的阻值，正常情况下，大约为75～180Ω，并且几根三基色对地间的阻值相差不大。行、场同步信号对地阻值，正常情况下，大约为380Ω。如果检测数值与正常数值相差较大，则说明该电脑主板集成显卡，或者相关北桥、电阻、电感、二极管、等元件损坏。

5.19.16 电脑主板并口连接滤波电容好坏的检测判断

把万用表调到20k电阻挡，把两表笔分别接在电容的两端。如果万用表检测的显示值从000开始增加，最终显示溢出符号1，则说明该电容是好的。如果万用表检测的显示值始终为溢出符号1，则说明该电容内部极间开路了。如果万用表检测的显示值始终显示为000，则说明该电容内部短路了。

5.19.17 电脑主板变压器好坏的检测判断

把万用表调到R×1挡，分别检测变压器一次、二次绕组间的电阻值。正常情况下，电脑主板变压器一次绕组的电阻值大约为几十欧到几百欧，其中变压器功率越小，电阻值越小。电脑主板变压器二次绕组的电阻值在几欧到几十欧间。如果存在一绕组的电阻值为无穷大，则说明该绕组存在断路现象。如果存在一绕组阻值为零，则说明该绕组存在内部短路现象。

然后把万用表调到R×1k挡，再检测每两个绕组线圈间的绝缘电阻值，正常情况下，绝缘电阻为无穷大。如果正常，把万用表调到R×1k挡，再检测出每个绕组线圈与铁芯间的绝缘电阻值，正常情况下为无穷大。否则，说明该变压器的绝缘性能不好。

5.19.18 串口管理芯片好坏的检测判断

把万用表调到电阻挡，检测串口插座到串口管理芯片中的数据线对地面间的阻值。如果所有数据线对地面间的阻值相同，则说明该串口管理芯片是好的。否则，说明该电脑串口管理芯片可能损坏了。

5.19.19 BIOS芯片好坏的检测判断

BIOS芯片如图5-135所示。把万用表调到电阻挡，检测BIOS芯片V_{CC}脚与V_{PP}脚间的电压。如果检测得到的电压不正常，则说明主板电源插座到BIOS芯片的V_{CC}脚或V_{PP}脚间的电路中的元器件存在异常。

如果检测BIOS芯片的V_{CC}脚与V_{PP}脚间的电压正常，则可以再检测BIOS芯片的CE/CS片选信号脚端的信号。如果没有片选信号，则说明CPU没有选中BIOS芯片，故障可能是CPU本身，或者是前端总线异常引起的。如果BIOS芯片有片选信号，则可以再检测BIOS芯片的OE脚端信号。如果OE脚端没有跳变信号，则说明该电脑的南桥，或者I/O芯片、PCI总线、ISA总线出现故障。如果能够检测到BIOS芯片的跳变信号，则说明BIOS内部程序或者BIOS芯片可能损坏了。

图5-135　BIOS芯片

5.19.20 电脑电池好坏的检测判断

电脑电池如图5-136所示。把万用表调到电压挡，测量电池的电压。正常情况下，电池电压一般为3V。如果检测的数值与正常数值有较大的差异，则说明该电脑电池可能损坏了。

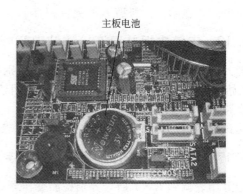

主板电池

主板电池

图5-136　电脑电池

5.19.21 电脑电源好坏的检测判断

把电脑电源脱机，单独给电脑电源带电，检测电脑电源的PS-ON与PW-OK两路电源信号。一般情况下，待机状态下的PS-ON与PW-OK两路电源信号，一个是高电平，则另一个是低电平。如果检测的电压与正常数值相差较大，则说明该电脑电源可能异常。

5.19.22 电脑硬盘电源好坏的检测判断

一般与硬盘相连的电源接头中间的2插头是接地端，两边的接头是各+5V DC、+12V DC。如果采用万用表检测，发现电压异常，则说明电脑硬盘电源可能异常。

另外，也可以采用相应好的小电机接在该电源上，如果小电机能够转动，则说明电源供电是正常的。如果小电机不转动，则说明电源供电异常。

5.19.23 键盘连线好坏的检测判断

键盘连线如图5-137所示。键盘的连线一般用红色、黑色、绿色、黄色四芯线缆连接，该线缆的功能分别对应为电源线、地线、信号线、时钟线。使用万用表电阻挡检测时，同线缆两端是导通状态，不同线缆间是断开状态。如果检测数值与正常情况有差异，则说明该键盘连线可能损坏了。

键盘连线

键盘连线

图5-137　键盘连线

5.19.24 键盘按键好坏的检测判断

键盘按键结构如图 5-138 所示。把万用表调到电阻挡，检测按键接点的通断状态。如果按键始终不导通，则说明该按键损坏了。如果通断正常，则说明该键盘按键正常，故障可能是虚焊、脱焊等原因引起的。

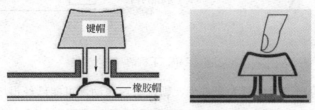

图 5-138　键盘按键结构

5.20　手机的检测判断

5.20.1 手机 CPU 好坏的检测判断

手机 CPU 一般位于手机主板上，如图 5-139 所示。如果按开机键，用万用表检测 32.768kHz 晶振两边的电压不一样，则大多数情况是 CPU 损坏了。

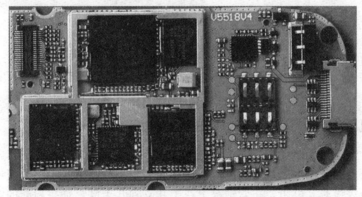

图 5-139　手机 CPU

5.20.2 手机耳机好坏的检测判断

把万用表调到 R×1 挡，把一支表笔接手机耳机插头的公共端 COM，另外一支表笔断续碰触插头的耳机端，正常情况下，耳机应有较大的"吁吁"声发出。如果碰触插头时，没有声音发出，则说明该手机耳机异常。

把万用表调到 R×100 挡，把红表笔接手机耳机插头的公共端 COM，黑表笔接手机耳机插头的话筒端，用嘴向话筒吹气，正常情况下，万用表指针应向右明显地摆动。如果吹气万用表指针没有动作，则说明该手机耳机异常。

说明　手机的耳机，实际上是耳机＋话筒，如图 5-140 所示。

5.20.3 手机振动器好坏的检测判断

（1）电阻法

手机振动器如图 5-141 所示。把万用表调到电阻挡，检测其电阻，正常情况下，该阻值

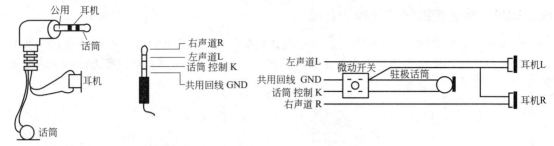

图 5-140　手机的耳机

大约为 30Ω。如果检测该阻值过大或过小，则说明该振动器可能已经损坏了。

图 5-141　手机振动器

（2）电压法

给振动器加 1.5～3V 的直流电，观察振动情况，如果此时能够正常产生振动，说明该振动器是好的。如果此时不能正常产生振动，则说明该振动器可能已经损坏了。

5.20.4　手机振铃器（蜂鸣器）好坏的检测判断

手机的振铃器也叫做蜂鸣器。振铃器在电路中一般用字母 BUZZ 表示。手机的振铃器有两种：一种是动圈式扬声器；一种电声器件是压电陶瓷蜂鸣器。手机的振铃是一个动圈式小喇叭，用万用表检测其电阻，正常情况下在十几欧到几十欧。如果检测的电阻与正常数值相差较大，则说明该手机振铃（蜂鸣器）是坏的。

压电式蜂鸣器呈电容性，可以使用万用表检测其有无充放电现象来判断。把万用表调到 R×10k 挡，把一支表笔接在受话器的一端，另一支表笔快速触碰受话器的另一端，观察表针的摆动。正常情况下，在表笔刚接通的瞬间表针有小摆动，然后返回到电阻无穷大处。如果该压电式蜂鸣器具有充、放电特性，则说明该压电式蜂鸣器是好的。如果压电式蜂鸣器没有充、放电特性，则说明该压电蜂鸣器内部已经开路了。如果检测压电式蜂鸣器的电阻值为零，则说明该压电式蜂鸣器内部存在短路现象。

5.20.5　手机驻极体送话器好坏的检测判断

把万用表调到 R×100 挡，红表笔接送话器的负电源端，黑表笔接送话器的正电源端。对着送话器发声或吹气，这时，如果表针存在明显的摆动，说明该驻极体送话器转换正常。如果吹气时，万用表表针不摆动，或者用劲吹气时表针才存在微小摆动，则说明该驻极体送话器已经失效，或者说明该驻极体送话器灵敏度很低。

另外，驻极体送话器的阻抗很高，可以达到 100MΩ。

说明

① 送话器又叫做麦克风、拾音器、微音器等，是将声音信号转换为电信号的一种器件，也就是能够将话音信号转化为模拟的电信号。

② 送话器在手机电路中，一般用字母 MIC 或 Microphone 表示。

③ 送话器可以分为驻极体送话器、动圈式送话器等种类，其中，手机中使用较多的是驻极体送话器。

④ 驻极体送话器有正、负极之分，如果极性接反，则送话器不能输出信号。

⑤ 驻极体送话器在工作时，需要为其提供偏压，否则，也会出现不能送话的故障。

5.20.6 手机动圈式送话器好坏的检测判断

把万用表调到 R×1k 挡，测量动圈式送话器的接线端，正常情况下，应为几欧到十几欧。如果检测的电阻为无穷大，则说明该动圈式送话器内部已经开路。

5.20.7 手机受话器好坏的检测判断

受话器又叫做听筒、喇叭、扬声器等，是一只电声转换器件，能够将模拟的电信号转化为声波。受话器在手机电路中，一般用字母 SPK、SPEKER、EAR、EARPHONE 等表示。手机受话器如图 5-142 所示。

把万用表调到电阻挡，检测手机受话器的直流电阻。正常情况下，手机受话器的直流电阻一般在几十欧。如果检测得到的直流电阻明显变小或很大，则说明该受话器可能损坏了。

也可以采用下面方法来进行：把数字万用表的红表笔接在送话器的正极端，黑表笔接在送话器的负极端（如果使用指针万用表，则表笔与送话器的引脚端连接是相反的），然后对着送话器说话，正常情况下，能够看到万用表的读数发生变化，或者指针发生摆动现象。

另外，也可以使用万用表 R×1 挡检测。当表笔接触受话器时，正常情况下，受话器能够发出"嚓嚓"的声音。如果受话器不能够发出"嚓嚓"的声音，则说明该受话器已经损坏了。

说明 驻极体送话器的阻抗很高，可以达到 $100M\Omega$。

5.20.8 手机声表面滤波器好坏的检测判断

把万用表调到电阻挡，检测输入端与输出端间的电阻，正常情况下为无穷大。如果检测得到一小阻值，则说明该声表面滤波器已经损坏了。声表面滤波器的内部结构如图 5-143 所示。

图 5-142 手机受话器

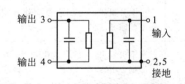

图 5-143 声表面滤波器的内部结构

5.20.9 手机天线开关好坏的检测判断

把万用表调到电阻挡，检测天线输入端与 TX 端或者 RX 端间的电阻。如果是接收状态，则天线输入端应与 RX 端接通；如果是发射状态，则天线输入端应与 TX 端接通。如果检测结果与正常情况有差异，则说明该天线开关可能异常。天线开关与 RX、TX 的连接图如图 5-144 所示。

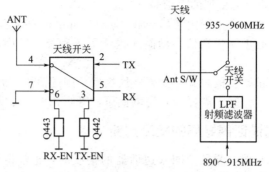

图 5-144 天线开关与 RX、TX 的连接图

5.20.10 手机 VCO 组件引脚的检测判断

VCO 组件一般有 4 只引脚，即输出端、电源端、控制端、接地端。VCO 组件接地端对地电阻一般为 0。控制端接有电阻或电感，在待机状态下或启动发射时，该端口有脉冲控制信号。电源端的电压与该机的射频电压很接近。则剩下的引脚一般就是输出端。

说明 VCO 电路一般采用的是一个组件，该组件包含电阻、电容、晶体管、变容二极管等。VCO 组件将这些元件封装在一个屏蔽罩内。

5.20.11 手机触摸屏好坏的检测判断

手机故障，拆机，用万用表检测手机触摸屏 4 只引脚电压，正常情况应有两只脚是高电位，两只脚是低电位。如果电压正常，则说明触摸屏可能损坏了。

5.20.12 手机不开机故障的维修

手机不开机故障的万用表维修方法与要点见表 5-11。

表 5-11 手机不开机故障的万用表维修方法与要点

电流大小	现象	可能涉及的元件
0mA	按开机键时，万用表电流没有任何反应	电池、线路、开机键、开机线路等
20mA 以内	万用表电流有指示，但是指针不摆动，定在 20mA	软件、尾插、字库码片相连的电容/稳压管、后备电池、CPU、字库、32.768kHz 晶振、按键等
20mA	松手归零	13MHz 晶振等
50mA	按下开机键，万用表电流就升到 50mA，松手就回零	程序、字库等
50mA、20mA	按下开机键，万用表电流为 50mA，然后回到 20mA	码片、软件等
50mA、20mA	万用表检测手机的工作电流能够从 50mA 下落到 20mA	软件、初始化等
1000mA	万用表检测电流高于 1000mA，出现短路保护	电源大滤波电容、电源 IC、开关控制管、逻辑供电管、射频供电管、功放、振动器、排插、后壳等

5.21.1 电动车充电器滤波电容好坏的检测判断

电动自行车如图 5-145 所示。电动车充电器电路如图 5-146 所示。把万用表调到电阻挡，如果检测的数值为 0 或小于 200kΩ，说明该滤波电容异常。

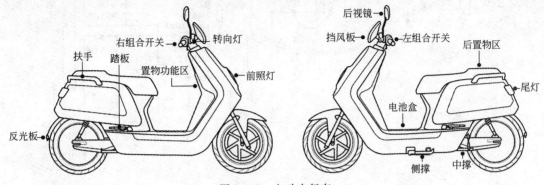

图 5-145　电动自行车

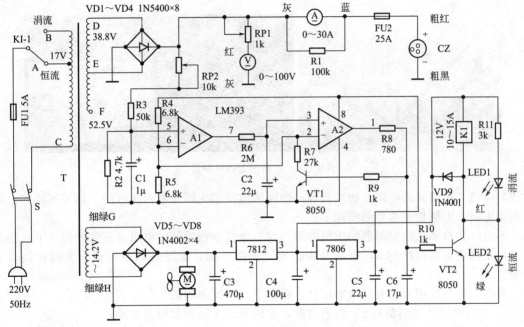

图 5-146　电动车充电器电路

5.21.2 电动车充电器整流管短路好坏的检测判断

电动车充电器整流管应用电路如图 5-147 所示。把万用表调到二极管挡检测，如果有鸣响，则说明该整流管异常。

5.21.3 电动车无刷控制器好坏的检测判断

电动车无刷控制器如图 5-148 所示。把万用表调到电阻挡，检测无刷控制器的正负电源

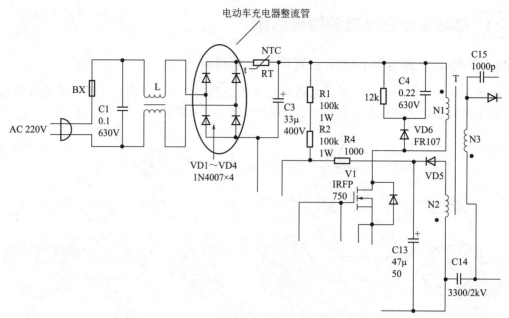

图 5-147　电动车充电器整流管应用电路

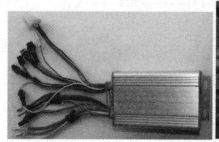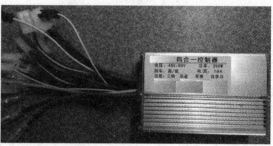

图 5-148　电动车无刷控制器

进线与电机 3 根线间的电阻。如果相等，则说明电动车无刷控制器是好的；如果不相等，则说明该电动车无刷控制器可能损坏了。

不过，在判断无刷控制器的正负电源进线与电机 3 根线间的电阻是正常的情况下，还需要进一步判断霍尔转把的 5V 电压是否正确。如果正确，才能够判断电动车无刷控制器是好的。

另外，还可以把万用表调到电压挡，根据下列情况来判断：

① 如果检测转把电源有 5V 以上电源，则说明该无刷控制器是好的；

② 如果转动转把，检测信号线上有 0.8～4.2V 的变化，则说明该无刷控制器是好的；

③ 如果检测控制器电源输入电压有 36V（48V）以上的电压，则说明该无刷控制器是好的；

④ 如果检测霍尔信号线有 5～7V 电压，则说明该无刷控制器是好的。

如果检测情况与上述正常情况相差较大，则说明该电动车无刷控制器异常。

5.21.4　电动车无刷控制器功率管好坏的检测判断

（1）万用表电阻挡检测判断

把万用表调到电阻挡，检测控制器的 A、B、C 三相电机接线。其中，万用表的黑表笔接电源红线，红表笔分别接三相电机相线，正常情况下的数值一般为 500～600Ω。如果检测得到某相数值为零或很小，则说明该无刷控制器这相的功率管可能击穿损坏了。如果检测得到某相数值很大，则说明该无刷控制器这相的功率管可能断路损坏了。

如果把万用表的红表笔接电源地线，黑表笔分别接三相电机的相线，正常情况下，检测的数值一般为 500～600Ω。如果检测得到某相数值为零或很小，则说明该无刷控制器这相的功率管可能击穿损坏了。如果检测得到某相数值为很大，则说明该无刷控制器功率管断路损坏了。

（2）万用表电压挡检测判断

给无刷控制器通电源，用万用表电压挡检测控制器九芯插头中的细红线与细黑线，正常情况下的电压一般为 5V。如果检测没有电压，则说明该无刷控制器已经损坏了。

说明 功率管损坏表现为整车不转或缺相等异常现象。

5.21.5 电动车有刷控制器好坏的检测判断

（1）万用表电阻挡检测判断

断开电源，把万用表调到电阻挡检测。其中红表笔接控制器的电源输入正极，黑表笔接控制器的电源输入负极，如果存在充电现象，则说明该有刷控制器是好的。如果存在短路现象，则说明该有刷控制器是坏的。

如果红表笔接控制器电源输入的负极，黑表笔分别接红色、黄色线。如果存在短路现象，则说明该有刷控制器是坏的。

如果红表笔接控制器的电源输入极，黑表笔接电动机负极（蓝色线或绿色线），正常情况下，数值一般为 100～200Ω。如果存在短路现象，则说明该有刷控制器是坏的。

检测转把的红线、黑线、绿线（蓝线），正常没有短路现象。如果存在短路现象（检测数值为低阻值），则说明该有刷控制器是坏的。

（2）万用表电压挡检测判断

断开制动断电插头，给有刷控制器通电，检测控制器电源输入正极和负极，正常情况下应有 36V 或 48V 以上电压。检测转把电源，正常情况下应有 5V 以上电压。短路制动断电线（黄线、黑线），正常情况下，控制器应停止输出。转动转把，检测霍尔输出电压，正常情况下应在 0.8～4.2V 间变化。转动转把，检测控制器（黄线、绿线），正常情况下应无电压输出。

如果检测情况与上述正常情况相差较大，则说明该电动车有刷控制器异常。

5.21.6 电动车转把好坏的检测判断

电动车转把应用线路如图 5-149 所示。霍尔转把一般有三根线：一根红线、一根黑线、一根绿线。准备好一个 5V 的稳压电源，霍尔转把的红线接 5V，黑线接负极。然后用万用表检测绿线与黑线间的电压，在不转动转把时，电压一般为 0.8～1.2V。如果转动转把，则电压会慢慢升高，转到底时，可以达到 4.2V。如果检测情况与上述情况一致，则说明该霍尔转把是好的。如果检测情况与上述正常情况相差较大，则说明该霍尔转把异常。

另外，也可以用万用表 20V 电压挡测量控制器的九芯插头。先调好挡位，把黑笔接在细黑线上，红笔接在细黄线上。这时，正常的电压大约为 1V。把转把转到底，万用表检测的正常电压为 1～4.2V 或 4.8V。如果检测情况与上述情况一致，则说明该霍尔转把是好的。如果检测情况与上述正常情况相差较大，则说明该霍尔转把异常。

说明 电动车调速转把一般是用线性霍尔元件来实现的。

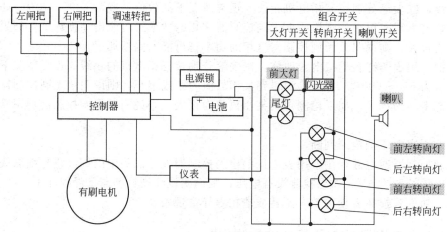

图 5-149　电动车转把应用线路

5.21.7　电动车刹把好坏的检测判断

电动车刹把如图 5-150 所示。把万用表调到 20V 或 200V 挡，把万用表红表笔接在控制器九芯插接件的紫线上，也就是刹把的绿色信号线上，黑表笔接在控制器九芯插接件的黑线上，也就是刹把的黑线上。然后打开电源，正常情况下，这时万用表检测的电压为 5～6V。如果检测的电压为零，则说明该刹车常断电。如果握住刹把，正常情况下，万用表检测的数值为零，如果检测的电压为 5～6V，则说明刹车不断电。当刹车常断电时，会出现整车有电但电机不转等异常现象。

另外，刹把一般用的霍尔元件为开关型霍尔。当霍尔元件表面有磁场时，刹把会输出低电压；无磁场时，刹把会输出高电压。如果所用的刹把为电子低电位，则表示刹车时信号输出为低电压。如果检测情况与上述正常情况相差较大，则说明该刹把异常。

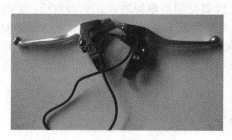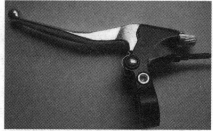

图 5-150　电动车刹把

5.21.8　电动车霍尔传感器好坏的检测判断

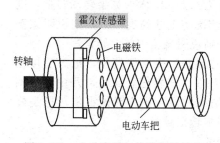

图 5-151　电动车霍尔传感器的结构

电动车霍尔传感器的结构如图 5-151 所示。把万用表调到二极管挡，把红表笔接红线，黑表笔接黄线、蓝线、绿线、信号线、黑线，正常情况下万用表应显示 900V 以上。如果用红表笔接黑线，黑表笔接黄线、蓝线、绿线，正常情况下电压为 600～800V。如果黑表笔接正极，则电压一般为无穷大。如果给电机通电，检测霍尔信号电压，正常情况下一般在 0～5V 或 0～6.25V。

如果检测情况与上述正常情况相差较大，则说明该电动车霍尔传感器异常。

5.21.9 电动车蓄电池好坏的检测判断

电动车蓄电池如图 5-152 所示。在给电动车蓄电池充电时，分几次检测每节电池的电压，一般每次间隔 20min。如果检测有单体电池的电压超过 15V，或者单块蓄电池电压始终达不到 13V 以上，则说明该节电池异常。如果蓄电池处在负载放电中，此时用万用表分别检测每节电池（例如一节电池为 12V）的电压，如果有单块电池的电压下降较快，并且低于 10V，则说明该节电池极板软化或损坏。

图 5-152　电动车蓄电池

5.21.10 电动车无刷电机好坏的检测判断

（1）电阻法

把电机所有线束的插头拔开，用万用表二极管挡检测。把万用表红表笔与电机六芯插头细红线相连，黑表笔与细黄线、蓝线、绿线、黑线相连。正常情况下，数值显示大约为 900Ω 以上。如果把红表笔接在黑线上，黑表笔接在细黄线、蓝线、绿线、红线上，正常情况下，数值显示为 500～600Ω。如果检测的数值为零或无穷大，则说明该无刷电机已经损坏了。

（2）电压法

电动车无刷电机的应用线路如图 5-153 所示。把万用表调到 200V 直流电压挡，在通电的状态下，把黑表笔接在六芯插头细黑线上，红表笔分别接在细黄线、蓝线、绿线上，然后转动电机。正常情况下，电压显示大约为 0～6.25V，并且 3 根线的最大值与最小值应相差不大。如果检测情况与上述正常情况相差较大，则说明该电动车无刷电机异常。

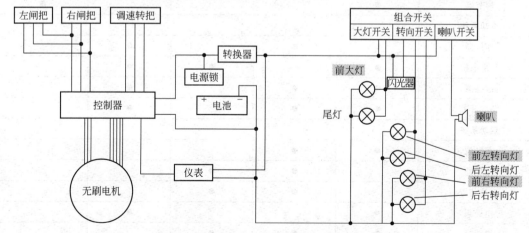

图 5-153　电动车无刷电机的应用线路

另外，电动车无刷低速电机好坏的判断方法如下：把万用表调到电阻挡进行检测。正常情况下，3根大线是相通的，如果断开，则说明该无刷低速电机异常。3根大线与外壳的阻值正常情况下为无穷大，如果检测的阻值偏小，则说明该无刷低速电机存在短路现象。

5.21.11 电动车电源锁好坏的检测判断

电动车电源锁如图5-154所示。用万用表DC挡检测电池盒触点，观察有无电压显示。如果没有电压显示，则打开电源锁，如果仪表盘指示灯不亮，则说明保险管熔丝可能断、电线可能脱落等。如果有电压显示，打开电源锁，仪表盘指示灯不亮，则说明该电动车电源锁坏了。

图5-154　电动车电源锁

5.22 汽车的检测判断

5.22.1 汽车电气系统测试的测量类型

汽车电气系统测试的测量类型见表5-12。

表5-12　汽车电气系统测试的测量类型

系统/元件	测量类型				
	电压	电压降	电流	电阻	频率
充电系统					
发电机	●		●		●
连接器	●	●		●	
二极管		●		●	
调节器	●				●
冷却系统					
连接器	●	●		●	
风扇电机	●		●	●	
继电器	●	●		●	
温度开关				●	
启动系统					
蓄电池	●	●			
连接器		●	●		
互锁装置		●	●		
电磁阀	●			●	
启动机	●	●	●		

系统/元件	测量类型				
	电压	电压降	电流	电阻	频率
点火系统					
点火线圈	●			●	
电容器	●			●	
连接器	●	●		●	
针脚	●			●	
空气流量计	●			●	
感应夹	●		●	●	
进气压力传感器	●			●	
氧传感器	●			●	

5.22.2 汽车冷却液温度传感器好坏的检测判断

（1）电阻法

把点火开关关闭，拆下传感器的连接器，把汽车专用万用表（图5-155）调到R×1挡，检测传感器两端子间的阻值。根据检测数值与正常参考数值比较，如果有较大差异，则说明该冷却液温度传感器损坏了。汽车冷却液温度传感器的电阻值与温度的高低一般是成反比的。如果检测的数值与正常参考数值关系规律有差异，则说明该冷却液温度传感器损坏了。

例如，皇冠3.0 THW与E2端子的正常参考数值如下：温度为0℃时，电阻值一般为4～7kΩ；温度为20℃时，电阻值一般为2～3kΩ；温度为40℃时，电阻值一般为0.9～1.3kΩ；温度为60℃时，电阻值一般为0.4～0.7kΩ；温度为80℃时，电阻值一般为0.2～0.4kΩ。

如果检测值与正常参考数值相差较大，则说明该冷却液温度传感器损坏了。如果检测值与正常参考数值相差不大，则说明该冷却液温度传感器是好的。

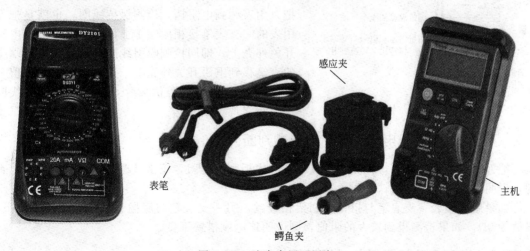

感应夹

表笔

鳄鱼夹

主机

图5-155 汽车专用万用表

（2）单件检查法

拆下冷却液温度传感器的导线连接器，然后从发动机上拆下冷却液传感器。把冷却液传感器放在盛有水的烧杯内，加热烧杯中的水。这样，利用传感器随着温度逐渐升高来判断，也就是用万用表的电阻挡检测传感器在不同温度下的电阻值，根据检测数值与正常参考数值比较，如果有较大差异，则说明该冷却液温度传感器损坏了。如果检测值与正常参考数值相差不大，则说明该冷却液温度传感器是好的。

说明 汽车上的温度传感器多数是采用负温度系数的热敏电阻。

（3）输出信号电压法

安装好冷却液温度传感器，把传感器的连接器插好。当点火开关置于 ON 位置时，检测连接器中的 THW 端子，或者 ECU 连接器的 THW 端子与 E2 间的输出电压。万用表检测得到的电压，正常情况下，一般与冷却液温度成反比变化。如果检测得到的电压与正常参考数值或者与正常变化规律有较大差异，则说明该冷却液温度传感器损坏了。

如果先拆下冷却液温度传感器线束插头，然后打开点火开关，检测冷却温度传感器的电源电压，正常情况下一般是 5V。如果电源电压正常，如有故障则可能是冷却液温度传感器本身损坏了。

（4）ECU 连接线束阻值检查法

把万用表调到高阻抗电阻挡，检测冷却液温度传感器与 ECU 两连接线束的电阻值，也就是冷却液传感器的信号端、地线端分别与对应 ECU 的两端子间的电阻值。正常情况下，其线路是导通的。如果线路不导通，或者电阻值大于规定值，则说明该冷却液传感器线束断路，或者连接器接头接触不良。

5.22.3 汽车启动机电磁开关好坏的检测判断

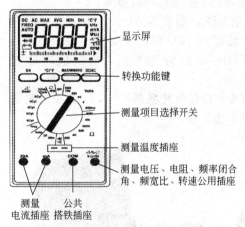

显示屏

转换功能键

测量项目选择开关

测量温度插座

测量电压、电阻、频率闭合角、频宽比、转速公用插座

测量电流插座 公共搭铁插座

图 5-156 汽车专用万用表面板

汽车专用万用表面板如图 5-156 所示。把万用表调到电阻挡，检测吸引线圈，也就是把万用表的一支表笔接电磁开关吸引线圈的相应端子，另一支表笔接 C 端子，正常情况下，阻值一般为 0Ω。如果检测阻值为∞，则说明该吸引线圈存在断路现象。

检测吸引线圈后，可以检测保持线圈来判断。把万用表调到电阻挡，检测保持线圈，也就是把万用表的一支表笔接相应端子上，另一支表笔接电磁开关外壳上，即同检测吸引线圈，只是把接 C 端子的表笔移到电磁开关外壳上。正常情况下，阻值一般为 0Ω。如果检测阻值为∞，则说明该保持线圈存在断路现象。

5.22.4 汽车启动机电刷架好坏的检测判断

把万用表调到电阻挡，检测绝缘电刷架与底板间的电阻，正常情况下，电阻值为∞，否则，说明该绝缘电刷架搭铁。

如果用万用表一支表笔与搭铁电刷架相接触，另一支表笔与底槛相接触，正常情况下，阻值为 0Ω。如果检测得到较大的阻值，则说明该电刷搭铁不良。

5.22.5 汽车启动机磁场总成好坏的检测判断

把万用表调到电阻挡，把万用表一支表笔接磁场线圈的正极引线端，另一支表笔接正极电刷端上，正常情况下阻值一般为 0Ω。如果检测得到的阻值为∞，则说明该磁场线圈已经断路。这时，把万用表的一支表笔与其外壳接触，检测的阻值正常情况下一般为∞，否则，说明该磁场线圈与外壳存在接触异常现象。

5.22.6　汽车点火系统点火线圈好坏的检测判断

① 操作前，需要先冷却发动机，断开点火线圈。再把万用表的量程开关调到欧姆挡，将红表笔插入Ω插孔，黑表笔插入COM插孔，对点火线圈初级进行检测。

② 把红表笔、黑表笔探针短接，其短路电阻正常一般为0.5Ω以下。如果大于0.5Ω，则需要检查表笔是否存在松动或损坏。如果损坏了，则需要更换表笔。再把万用表红表笔探针接点火线圈初级＋，黑表笔探针接点火线圈初级－，如图5-157所示。

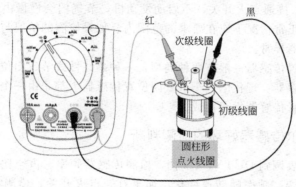

图 5-157　万用表检测点火线圈

③ 检测的读数值减去万用表表笔短路值，就是实际被检测的电阻值。点火线圈初级电阻一般为0.3～2.0Ω。然后把量程开关调到R×200k挡，对点火线圈次级进行检测。

④ 把红表笔探针接到次级输出端，黑表笔探针接到初级一极。正常情况下，次级电阻范围一般为6～30kΩ。

对于发热的点火线圈需要重复上述检测步骤。检测的发热点火线圈电阻值可能会大一些。

5.22.7　汽车启动机电枢总成好坏的检测判断

把万用表调到电阻挡，把万用表两表笔接在换向器上，依次与相邻的两换向片相接，正常情况下阻值一般为0。如果检测得到的阻值为∞，则说明该电枢绕组存在断路异常现象。

如果用万用表一支表笔与电枢的铁芯或者电枢轴接触，另外一支表笔接换向器上，分别与各换向片接触，正常情况下，阻值一般均为∞。如果检测得到的阻值为0，则说明该电枢绕组存在短路异常现象。

5.22.8　汽车翼板式空气流量计（MAF）好坏的检测判断

对于有的车型，可以先打开点火开关，不启动发动机，用数字万用表的DC挡测量输出信号电压。在翼板关闭的情况下，输出电压大约为4V，如果用手慢慢推动流量计的翼板，则输出信号电压一般会逐渐下降。翼板全开时，电压一般会变到大约为0.5V。如果检测的情况与正常情况下不同，则说明该汽车翼板式空气流量计（MAF）已经损坏了。

5.22.9　汽车频率输出型空气流量计好坏的检测判断

找到流量计的频率信号输出线，把万用表调到DC挡，按SELECT功能选择键，转换成 DC＋Hz 挡。在启动发动机逐渐加速的情况下，观察主显示直流电压与副显示上的频率是否随转速变化而变化，一般的频率输出型空气流量计是随着进气量的增加频率也在改变。如果检测情况与正常情况不同，则说明该频率输出型空气流量计异常。

说明 有的车的频率输出型空气流量计安装在空气滤清器里，随着进气量的改变，频率与脉冲宽度都在改变。这样，需要使用万用表的频率（Hz）、占空比（DUTY）挡调整功能选择键（SELECT）到频率占空比挡。

5.22.10 汽车节气门位置传感器好坏的检测判断

通常节气门位置传感器在节气门全开时，会产生大约 5V 的信号电压；关闭时，会产生低于 1V 的电压信号。接通点火开关，不启动发动机，节气会慢慢由关到开，这样反复做几次，检查电压值，正常情况下应在要求的范围内。如果检测的情况与正常情况不同，则说明该节气门位置传感器异常。

说明 节气门位置传感器一般有两种类型，一种是线性式节气门位置传感器，另一种是开关式节气门位置传感器。现代的汽车节气门位置传感器大都是由一个怠速触点与一个可变电阻线性式节气门位置传感器组合而成。

5.22.11 汽车霍尔传感器好坏的检测判断

把汽车专用万用表调到 DUTY、Hz 挡，检测传感器频率、占空比。正常情况下，霍尔传感器的脉冲幅度不变，频率随转速变化。如果打开点火开关，检测霍尔传感器的 3 个端子，正常情况下，一个端子与另外一个端子间一般有 5V 或者 12V 的电压。将红表笔接到另一端子上，把汽车专用万用表调到直流电压挡，按功能转换键选择 DC 挡与 Hz 挡同时检测。让霍尔传感器的叶片转子转动，这时，万用表的频率与电压就是霍尔传感器的输出信号参数，并且该频率是随着转速的增加而增加的。如果检测的情况与正常情况下不同，则说明该霍尔传感器异常。

说明 汽车霍尔传感器实际上是一个开关量的输出，它不受转速的限制，低速输出信号幅值与高速时是一样的。汽车霍尔传感器一般由一个几乎完全封闭的包含永久磁铁与磁路组成。

5.22.12 汽车磁电式转速传感器好坏的检测判断

把汽车专用万用表调到电阻挡，检测磁电式传感器的线圈。如果检测得到的电阻为无穷大，则说明该磁电式传感器的线圈断路了。

也可以把汽车万用表调到交流 AC 挡，按功能转换键选择 AC 挡与 Hz 挡同时测量。让铁质环状齿轮转动，这时，正常情况下，信号幅值与频率一般应随转速的增加而增加。如果幅值较小或者变化异常，则说明该磁电式转速传感器异常。

说明 磁电式转速传感器一般是由线圈、磁铁组成。当铁质环状齿轮转动经过传感器时，其线圈一般会产生交变电压。ABS 车轮转速传感器也是磁电式转速传感器，它输出的信号幅值与频率一般是随转速的增加而增加。

5.22.13 汽车氧传感器好坏的检测判断

启动发动机，使发动机在 2500r/min 运转 90s，预热氧传感器。把汽车万用表调到直流（DC）mV 挡，检测氧传感器的输出电压。正常情况下，10s 内传感器电压一般在 100～900mV 内跳变 8 次以上。如果检测的情况与正常情况下不同，则说明该氧传感器异常。

说明 氧传感器一般是电子控制燃油喷射系统中重要的一种反馈传感器，其检测排放气体中氧气的浓度、混合气浓度，监测发动机是否根据理论空燃比燃烧。

5.22.14 汽车喷油嘴好坏的检测判断

把汽车万用表调到频率 Hz 挡，根据副显示键选择触发正脉冲、负脉冲，检测喷油嘴的喷油脉冲宽度。如果检测的情况与正常情况下不同，则说明该喷油嘴异常。

说明 喷油嘴是喷射系统的主要执行元件，其好坏影响发动机的性能。

5.22.15 汽车燃油泵好坏的检测判断

把汽车万用表调到电流挡，也就是用 SELECT 调到直流 DC 挡，串在燃油泵线路上。在燃油泵工作时，按下动态记录键 MAX/MIN。如果车辆行驶中发现供油异常，可以观察自动记录的最大值与最小值的电流，然后与正常参考值比较，如果差异大，则说明该燃油泵异常。

5.22.16 汽车怠速电磁阀好坏的检测判断

（1）频率挡

把汽车万用表调到频率 DUTY-Hz 挡（图 5-158），根据 2nd VIEW 副显示键，调整副显示正脉冲、负脉冲占空比，根据检查的数据与标准数值比较，如果差异大，则说明该怠速电磁阀异常。

（2）电阻挡

把万用表调到电阻挡，检测其阻值。各种发动机在不同水温下测试，其温度传感器的阻值、电压值符合一定的参数，见表 5-13（不同车型可能存在差异）。如果检测的数值与标准参考数值存在差异，则说明该怠速电磁阀异常。

说明 温度传感器一般由负温度系数的热敏电组构成。温度传感器一般向发动机 ECU 提供 5V 电源信号电压，向发动机 ECU 反馈与温度成反比的电压信号。

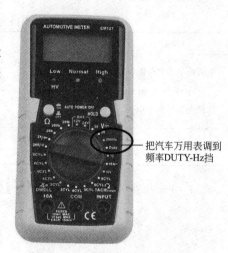

把汽车万用表调到频率 DUTY-Hz 挡

图 5-158 把汽车万用表调到频率 DUTY-Hz 挡

表 5-13 不同水温下温度传感器的阻值与电压值

温度/℃	0	20	40	60	80	100
电阻/Ω	5911	2471	1114	551	296	164
电压/V	3.50	3.60	1.65	0.99	0.60	0.345

5.22.17 汽车点火系统高压阻尼线好坏的检测判断

① 先移开发动机上点火系统的连接头。有的汽车使用的是一种正极锁定终端电极的火花塞高压阻尼线，该根线只能从分电盘中移出，如果从别的地方移出可能会导致损坏。

② 把万用表的量程开关调到欧姆挡，把红表笔插入 Ω 插孔，黑表笔插入 COM 插孔，如图 5-159 所示。

③ 再把红黑表笔探针并接到高压阻尼线的两端，观察读数，正常的电阻数值一般为 3～50kΩ。在弯曲导线时，读数应保持不变。

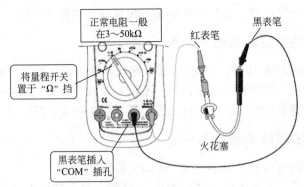

图 5-159　点火系统高压阻尼线的检测

5.22.18　汽车蓄电池好坏的检测判断

汽车蓄电池好坏的检测判断方法与要点见表 5-14。

表 5-14　汽车蓄电池好坏的检测判断

类型	说明
电池放电模式下检测	用万用表检测电池组中各个电池端电压，如果发现其中一个或多个电池端电压明显高于或低于标称电压，则说明该蓄电池老化了
检测电池组的总电压	用万用表检测电池组总电压，如果发现明显低于标称值，并且充电 8h 后依旧不能恢复到正常值，则说明该蓄电池老化了
市电模式下检测	用万用表检测电池组中各个电池端的充电电压，如果发现其中一个或多个电池的充电电压明显高于或低于其他电压，则说明该蓄电池老化了

汽车蓄电池正极处测试发电机输出电压如图 5-160 所示。

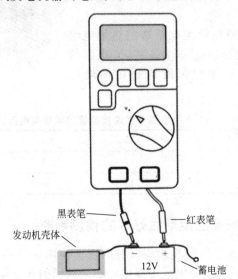

图 5-160　汽车蓄电池正极处测试发电机输出电压

5.22.19　汽车无负载的电池好坏的检测判断

汽车发动机启动系统的开关组件常包括电池、发动机启动钮、螺线管、继电器启动钮、导线连接、线路等。发动机运行时，充电系统保持电池充电。检查该系统，可以采用万用表来检测。

在检测汽车启动/充电系统前，需要先检测电池是否充满。

① 把万用表功能量程开关调到 DCV 挡。

② 把红表笔插入 V 插孔，黑表笔插入 COM 插孔。

③ 关闭点火开关。

④ 打开前车灯 10s，释放电池电荷。

⑤ 把黑表笔探针接电池负极，红表笔探针接电池正极。对照检测结果，如果电池不满100％，则需要先充电后再使用。检测参考结果见表 5-15。

表 5-15　检测参考结果

电压/V	电池充电情况/％
12.30	50
12.15	25
12.60	100
12.45	75

5.22.20　汽车闭合角的检测判断

（1）选择量程

根据有关资料查信息，例如对于 6 缸发动机大约是 32°～40°，则根据阻值范围，需要把万用表的量程选择开关调到 Dwell 的闭合角测量 6CYL 上（图 5-161）。一般正常的闭合角，6 缸发动机大约是 32°～40°；4 缸发动机大约是 50°～64°；8 缸发动机大约是 25°～32°。

（2）检测

将两根表棒分别接触点火线圈两端（红表棒接触点火线圈的负极，黑表棒接触搭铁），如图 5-162 所示。

图 5-161　把万用表的量程选择 6CYL 上

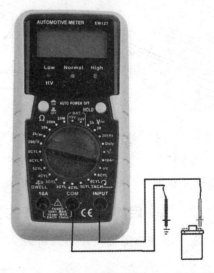

图 5-162　两根表棒分别接触点火线圈两端

（3）读数

根据显示数值读数，例如图 5-163 所示测得的闭合角为 40°。

说明　发动机转速稳定在 1000r/min 以内，测量白金触点闭合角的大小。如果白金闭合角太小，则触点间隙大；如果白金闭合角太大，则触点间隙小。

5.22.21 汽车发动机转速的检测判断

（1）选择量程

估计或者根据有关资料确定当启动发动机并使之达到其工作温度怠速时的转速。例如怠速时的转速为 550r/min。然后根据阻值范围，把万用表的量程选择开关调到转速 RPM 挡上，如图 5-164 所示。

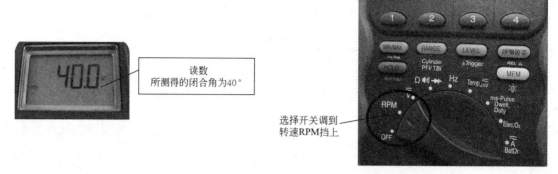

图 5-163   读数   图 5-164   选择开关调到转速 RPM 挡上

（2）检测

使用感应式转速传感器来测量，将感应式转速传感器夹子夹住某一缸的高压分线，如图 5-165 所示。

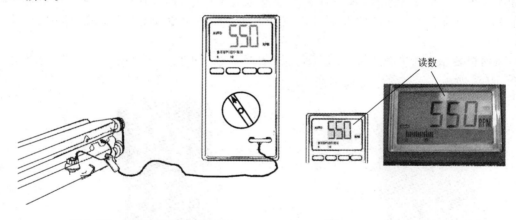

图 5-165   汽车发动机转速检测   图 5-166   汽车发动机转速读数

（3）读数

根据显示数值读数，如图 5-166 所示，测得发动机某一缸的转速为 550r/min。

5.22.22 汽车启动电压电池负载的检测判断

① 把万用表功能量程开关调到 DCV 挡。再把万用表红表笔插入 V 插孔，黑表笔插入 COM 插孔。

② 中断点火系统，使汽车无法启动。断开的部位或零件主要有点火线圈、分流器线圈、凸轮、启动传感器、中断点火系统等。

③ 把万用表黑表笔探针接电池负极，红表笔探针接电池正极。

④ 再连续启动发动机 15s，并且对照检测结果作出判断，如果符合正常范围，则说明启动系统正常；反之，则说明电池电缆、启动系统电缆、启动螺线管、启动电机等可能存在异

常情况。

启动电压电池负载对照的参考结果见表 5-16。

表 5-16 启动电压电池负载参考结果

电压/V	温度
≥9.6	21.1℃（70°F）
9.5	15.6℃（60°F）
9.4	10.0℃（50°F）
9.3	4.4℃（40°F）
9.1	−1.1℃（30°F）
8.9	−6.7℃（20°F）
8.7	−12.2℃（10°F）
8.5	−17.8℃（0°F）

5.22.23 汽车水箱温度的检测判断

（1）选择量程

根据有关资料查信息进行估计。例如当发动机正常运转时，水温达到 80～90℃。根据阻值范围，把万用表的量程选择开关调到温度 Temp 挡上，如图 5-167 所示。

（2）检测

使用专用测试棒来测量。把专用测试棒放到水箱中，如图 5-168 所示。

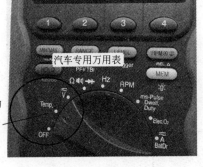

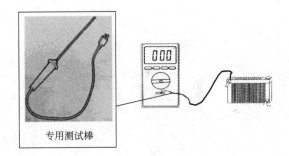

图 5-167 把万用表的量程选择开关
调到温度 Temp 挡上

图 5-168 水箱温度检测

（3）读数

根据显示数值读数。如图 5-169 所示，测得发动机的水箱温度为 90℃。

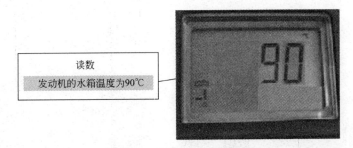

图 5-169 汽车水箱温度读数

第 **6** 章

使用万用表检测低压电器

6.1 变频器的检测判断

6.1.1 变频器桥堆好坏的检测判断

变频器桥堆应用电路如图 6-1 所示。首先找到变频器内部直流电源 P 端、N 端，把万用表调到 R×10 挡，把红表笔接到 P 端，黑表笔分别接触 R 端、S 端、T 端，正常情况下，阻值一般为几十欧，3 组数值基本一样。然后将黑表笔接到 P 端，红表笔依次接触 R 端、S 端、T 端，正常情况下，阻值一般是一个接近于无穷大的数值。再把红表笔接到 N 端进行检测，正常情况下，检测的结果应相同。如果阻值三相不平衡，则说明该整流桥存在故障。如果红表笔接 P 端时，电阻为无穷大，则说明整流桥有故障或启动电阻存在异常情况。

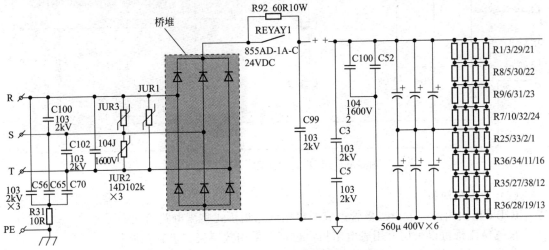

图 6-1　变频器桥堆应用电路

6.1.2 变频器 IPM/IGBT 模块好坏的检测判断

（1）准备工作

如果是在电路板上的逆变模块，则需要拆下其与外连接的电源线（R、S、T）、电机线

（U、V、W）。选择万用表的1Ω电阻挡或二极管挡。测定时必须确认滤波电容放电后才能进行检测，如图6-2所示。变频器IPM/IGBT模块应用电路如图6-3所示。

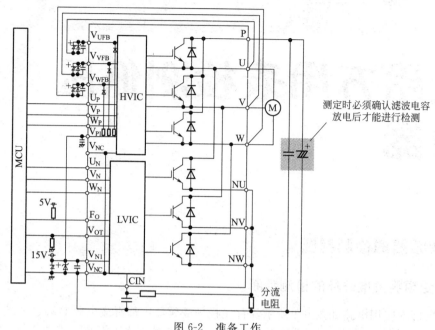

图6-2 准备工作

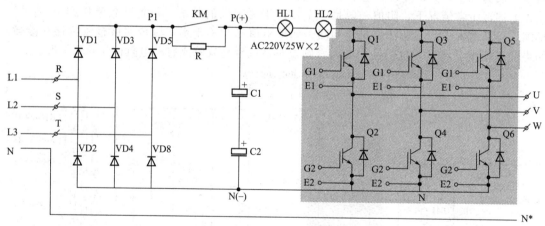

图6-3 变频器IPM/IGBT模块应用电路

（2）检测整流桥

IGBT模块内部一般由二极管组成的单相或三相桥式整流电路组成。

检测整流桥可以采用万用表电阻挡，也可以采用数字表二极管挡测量。

测量整流下桥——红表笔接主接线端子上的"－"，黑表笔接R端、S端、T端。

测量整流上桥——黑表笔接主接线端子上的"＋"，红表笔接R端、S端、T端。

正常情况一般整流桥压差0.3～0.5V，6者数值偏差不大。如果与此有差异，则说明整流桥可能损坏了。

（3）检测逆变桥

IGBT模块内部由6个IGBT管与配合使用的6个阻尼二极管组成三相桥式输出电路。

检测逆变下桥——红表笔接"−",黑表笔接 U 端、V 端、W 端。

检测逆变上桥——黑表笔接"+",红表笔接 U 端、V 端、W 端。

正常情况一般逆变压差 0.28～0.5V,6 者数值偏差不大。如果与此有差异,则说明逆变可能损坏了。

(4) 检测内置制动

变频器如果有内置制动(端子一般标 B1、B2),其制动管好坏的检测方法如下:红表笔接 B2,黑表笔接 B1,正常一般在 0.4V 左右。如果与此有差异,则说明该制动管可能损坏了。

检测 IPM/IGBT 模块整流、逆变、制动部分好坏的判断图解如图 6-4 所示。

	万用表极性		测量值		万用表极性		测量值
	⊕	⊖			⊕	⊖	
整流桥模块	VD1	R/L1	P/+	不导通	VD4	R/L1	N/−	导通
		P/+	R/L1	导通		N/−	R/L1	不导通
	VD2	S/L2	P/+	不导通	VD5	S/L2	N/−	导通
		P/+	S/L2	导通		N/−	S/L2	不导通
	VD3	T/L3	P/+	不导通	VD6	T/L3	N/−	导通
		P/+	T/L3	导通		N/−	T/L3	导通
逆变器模块	TR1	U	P/+	不导通	TR4	U	N/−	导通
		P/+	U	导通		N/−	U	不导通
	TR3	V	P/+	不导通	TR6	V	N/−	导通
		P/+	V	导通		N/−	V	不导通
	TR5	W	P/+	不导通	TR2	W	N/−	导通
		P/+	W	导通		N/−	W	不导通

用模拟式万用表R×100电阻挡。

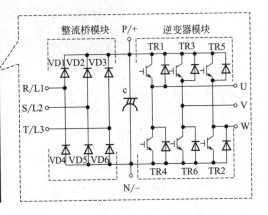

图 6-4 逆变模块判断图解

6.2 电动机的检测判断

6.2.1 电动机好坏的检测判断

用万用表分别测量电机引出来的每一根线,任意两引线间都必须有阻值,否则,说明该电机已经损坏。如果任意两引线的电阻(万用表的最小欧姆挡测量)值为 0Ω 或阻值很小,说明该电机已经损坏。

电机三根线的,先找出哪两根线电阻最大,则剩余的那根线就是公共地。

异步电动机结构如图 6-5 所示。电动机接线端子如图 6-6 所示。

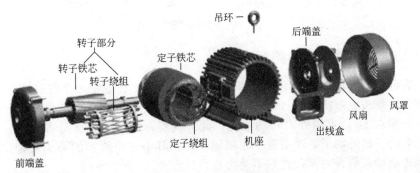

图 6-5 异步电动机结构

电动机接线端子

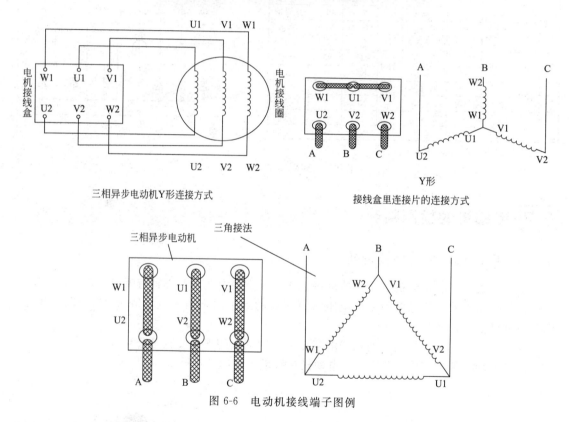

三相异步电动机Y形连接方式

Y形
接线盒里连接片的连接方式

图 6-6　电动机接线端子图例

6.2.2　电动机绕组首尾的检测判断

　　用万用表分别判断出 3 个绕组的两端，并且做好记号。任意把 3 个绕组的一头短接在一起，剩下的 3 根线头也短接起来（图 6-7）。再把万用表拨到毫安挡进行测量（表笔分别接到绕组的两个短接点上）。再用外力转动电机，此时观察万用表的指针是否会动。如果不动，说明头尾是对的。如果动了，说明有一相搞错了，把其中一个绕组的两头对调位置，再试，再看，如果还是动，则再对调，直到不动为止。

　　另外，电动机绕组首尾的判断也可以如图 6-8 所示的方式进行。

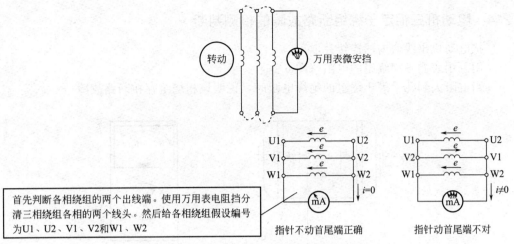

转动 万用表微安挡

首先判断各相绕组的两个出线端。使用万用表电阻挡分清三相绕组各相的两个线头。然后给各绕组假设编号为U1、U2、V1、V2和W1、W2

指针不动首尾端正确

指针动首尾端不对

图 6-7　电动机绕组首尾的万用表检测判断

首先判断各相绕组的两个出线端。用万用表电阻挡分清三相绕组各相的两个线头，并进行假设编号

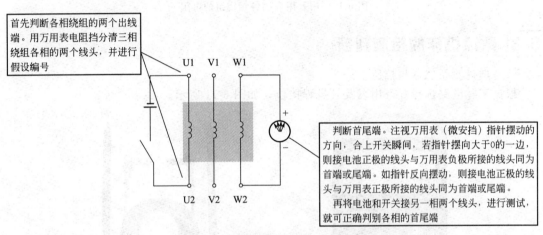

判断首尾端。注视万用表（微安挡）指针摆动的方向，合上开关瞬间，若指针摆向大于0的一边，则接电池正极的线头与万用表负极所接的线头同为首端或尾端。如指针反向摆动，则接电池正极的线头与万用表正极所接的线头同为首端或尾端。

再将电池和开关接另一相两个线头，进行测试，就可正确判别各相的首尾端

图 6-8　电动机绕组首尾的检测判断

6.2.3　电动机定子绕组接地故障的检测判断

① 把三相绕组间的连接线拆开，使各相绕组互不接通。

② 把万用表调到 R×10k 挡位上。

③ 将一支表笔碰触在机壳上，另一支表笔分别碰触三相绕组的接线端（图 6-9）。

④ 如果测得的电阻较大，则表明没有接地故障。如果测得的电阻很小或为零，则表明该相绕组有接地故障。

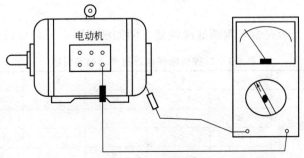

图 6-9　电动机定子绕组接地故障的检测判断

6.2.4 电动机三相定子绕组断路故障的检测判断

① 把电动机出线盒内的连接片取下。

② 用万用表测各相绕组的电阻（图 6-10）。

③ 当电阻大到几乎等于绕组的绝缘电阻时，说明该相绕组存在断路故障。

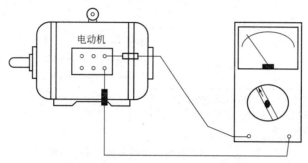

图 6-10　用万用表测各相绕组的电阻

6.3　数控机床的检测判断

（1）选择测量仪器与挡位

根据实际电路选择好万用表及其量程挡位，如图 6-11 所示。

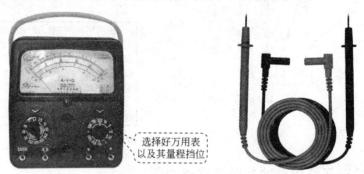

选择好万用表以及其量程挡位

图 6-11　选择好万用表及其量程挡位

（2）操作

电阻分阶法需要在断电状态下检测，为安全起见以及测量正确，需要把控制器线路的熔断器拔掉。根据两人或者一人操作采用不同策略，但是检测基本原理是一样的。下面以一人操作为例：把一支表笔固定在接触器线圈 6 端，另外一支表笔去接触所需测量点，有必要按动按钮，则按动按钮即可，如图 6-12 所示。

（3）判断

根据万用表读数是否正常来判断故障位置。例如根据图 6-12，可以做表 6-1 的判断。

表 6-1　数控机床强电万用表的检测判断

现象	测试	6-5	6-3	6-2	6-1	故障点
按下 SB2、KM 不吸合	按下 SB2 不放	R	R	R	∞	FR 有故障
		R	R	∞	∞	FR 或者 SB1 有故障
		R	∞	∞	∞	FR 或者 SB1、SB2 有故障
		∞				KM 线圈有故障

注：R 表示 KM 线圈电阻。

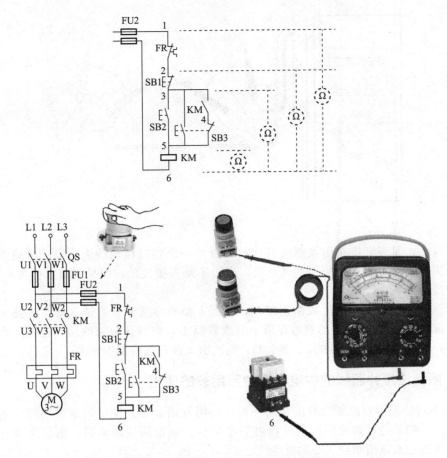

图 6-12　数控机床强电万用表的检测

6.4 线路的检测判断

6.4.1 线路导通的检测判断

① 把转动功能旋转开关调到欧姆挡位。

② 按选择按钮选择导通功能。

③ 将红表笔、黑表笔触碰被测物体的两端。

④ 确认蜂鸣器是否有提示音。数字万用表在被测物阻值 30Ω 以下时蜂鸣器会鸣叫。如果蜂鸣器无提示音，则说明线路接线、开关可能存在断路情况。

线路导通的检测如图 6-13 所示。

6.4.2 低压线路、低压设备漏电故障的检测判断

（1）工具

万用表、脚扣、登杆工具、腰带、软铜线一根全长 12m 左右、螺丝刀。

（2）方法与主要步骤

① 在配电室把送不出电的那路漏电断开，先排除该漏电是否有送不出电的可能。

② 排除是漏电负荷侧漏电时，需要拆除该漏电负荷侧的零线。用万用表的红表笔接在

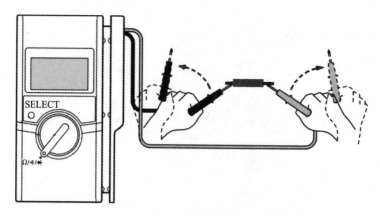

图 6-13 线路导通的检测

负荷侧零线上，黑表笔接在用软铜线与螺丝刀做的一个临时接地线上，但是接地点必须潮湿。如果测得的值为 2000Ω 以下到几百欧，说明不是直接接地。如果测得数值为 0Ω，则说明是直接接地。

③ 顺着线路找第一个分支或断连断开，根据上面的方法测量数值（架空线路 4 根弓子线必须全部拆除）。如果测量的数值在第一分支线路上，则找该分支线路。这样一个个地拆除接户线，拆到那个数值为 2000Ω 以上的，则说明该接户线有漏电现象。

6.4.3 插针法修补断线的供电电缆中万用表的使用

① 在中间的地方对准断线的位置插一根针，用万用表分别测针与电缆两端的通断。如果一端通，一端不通，则说明插的针接触到了芯线。如果两端都不通，则需要调整针的位置。这样可以把断点缩小到 1/2 的电缆线上。

② 针不要拔掉，在不通的 1/2 的电缆线上重复上述的①步，这样把断点缩小到了 1/4 的位置（图 6-14）。不断缩小范围，直到找到很小的范围。

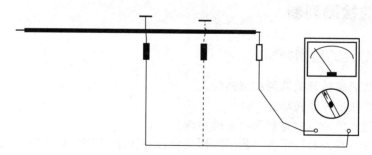

图 6-14 插针法修补断线的供电电缆中万用表的使用

6.4.4 电线好坏的检测判断

当电缆或电缆的内部出现断线故障时，由于外部绝缘皮的包裹，使断线的具体位置不易确定。用数字万用表检测判断电线电缆断点的方法与要点如下。

① 把有断点的电线/电缆一端接在 220V 市电的火线上，另一端悬空。

② 将数字万用表拨到 AC2V 挡，从电线/电缆的火线接入端开始，用一只手捏住黑表笔的笔尖，另一只手把红表笔沿导线的绝缘皮慢慢移动。此时，显示屏显示的电压值大约为

0.445V。当红表笔移动到某处时，显示屏显示的电压突然下降到零点几伏，然后从该位置向前（火线接入端）大约15cm处，即是电线/电缆断点所在。

③ 用该法检查屏蔽线时，如果仅仅是芯线折断而屏蔽层没断，则该方法不适用。

另外，电线好坏万用表的检测判断，还可以采用下列方法进行。

① 把有断点的电线一端接万用表的黑表笔，另一端接红表笔。

② 把万用表打在电阻 R×200 挡，在最有可能断线的地方来回折弯（图 6-15）。如果万用表能够显示忽通忽断，说明该处为断点。如果还不能够判断，则需要从电缆的一端开始折弯，直到找到断点。

说明 该方法适用于较短的电缆。

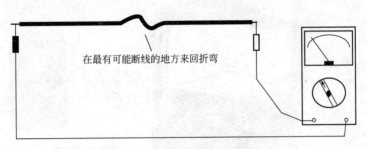

图 6-15　电线好坏的检测判断

6.5 灯具与开关插座面板的检测判断

6.5.1 荧光灯好坏的检测判断

① 把万用表调到直流 500V 挡，并把 1000V 的兆欧表并联。

② 分别与灯管两端的一只管脚相连（另一只管脚空着），以 120r/min 的转速摇动兆欧表。这时约有 1000V 直流电压加在两组灯丝间，以代替镇流器产生的 600～700V 电压，使荧光灯管内的气体放电发光。由于负阻效应，灯管的压降降到 300V 以下。如果灯管不亮，则说明灯管已坏。如果有微弱发光，则说明灯管严重衰老。如果灯管发光，则说明灯管良好。

③ 也可以通过测量灯管两端的电压来判断。灯管发光时，电压达 150～300V 为正常；300～450V 时，为衰老；高于 450V 时，为严重衰老。一般灯管功率愈大，正常工作时的电压也愈高。

④ 检测图例如图 6-16 所示。

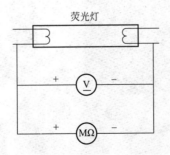

图 6-16　荧光灯好坏的检测判断

6.5.2 开关面板的检测判断

开关面板接线端的火线端头、零线端头应具有正常通、断状态,即用万用表电阻挡检测时,开关关闭电阻为0Ω,断开电阻为∞,如图6-17所示;如果恒0或者恒∞状态,说明开关异常。如果是新的开关,可以通过按动开关的感觉与声音、外观来判断:开关手感应轻巧、柔和,无紧涩感,声音清脆;开关开闭一次到位,应没有出现中间滞留的现象。另外,开关塑料面板应表面适感完美,没有气泡,没有裂纹,没有缺损,没有明显变形划伤,没有飞边等缺陷。

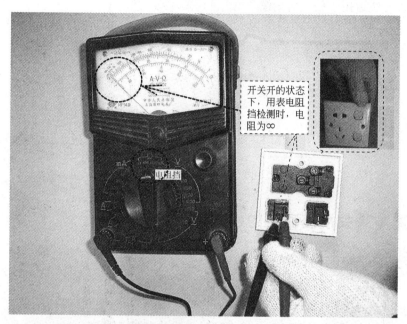

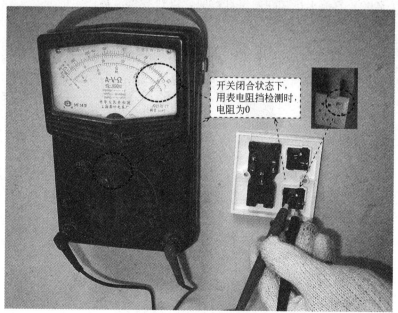

图 6-17 开关面板的检测判断

6.5.3 插座面板的检测判断

家居常用电器需要配套使用插座，一般功率大的为三孔插座，功率小的为二孔插座。插座面板的检测可以采用万用表电阻挡，具体方法与要点如下：插座面板的火线、零线、地线间正常均不通，即用万用表电阻挡检测时，电阻为∞，如图 6-18 所示。如果出现短路的现象，则不能够安装。

检测火线与零线接线端间电阻正常为∞

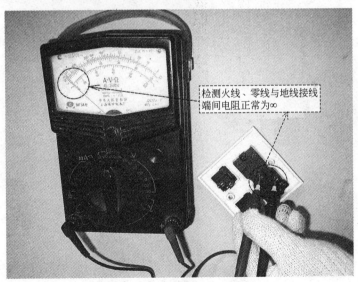
检测火线、零线与地线接线端间电阻正常为∞

图 6-18　插座面板的检测判断

参考文献

[1] 阳鸿钧等. 3G 手机维修从入门到精通. 第 2 版. 北京：机械工业出版社，2012.

[2] 阳鸿钧等. 电子维修妙招 600 例. 北京：中国电力出版社，2012.

[3] 陈铁山. 家电维修工作手册. 北京：化学工业出版社，2016.

[4] 王学屯. 家电维修技能边学边用. 北京：化学工业出版社，2015.

[5] 孙立群. 小家电维修技能完全掌握. 北京：化学工业出版社，2014.

[6] 阳鸿钧等. 元件检测判断通法与秒招随时查. 北京：化学工业出版社，2012.

[7] 阳鸿钧等. 汽车电工电子技能速成一点通. 北京：机械工业出版社，2016.

[8] 阳鸿钧等. 家装水电技能现场通. 北京：中国电力出版社，2013.